高职高专计算机类专业系列教材

C 语言基础入门与项目实践

杨亦红　徐闽燕　编著

化学工业出版社

·北京·

内 容 简 介

本书采用课时化、卡片化的设计理念，融合成果导向 OBE 的教育理念，从编程知识学习和能力的需求出发，聚焦学习成果的达成，并力求突出重点，深入浅出，希冀读者在项目实践与应用中掌握 C 语言基本知识和程序设计的基础知识、编程技能，提高程序设计素养。

本书共 17 课，内容涵盖了 C 语言基本程序设计语法，每个课时都有明确的学习目标和 OBE 成果描述，并提供热身问题引发思考，书中提供了较丰富的例程，并为每课提供了有一定趣味性的实践项目。每课小结后设有思维导图进行知识回顾，每课结束后均配套成果测评单元，部分编程类题型还提供参考代码，可以此检验学习成果的达成度，有利于读者持续改进。本书配套视频讲解及部分 C 代码，扫描二维码即可观看或下载。

本书适合作为高职高专院校计算机类专业 C 语言编程课程的教材，也可供 C 语言入门级的读者参考使用。

图书在版编目（CIP）数据

C 语言基础入门与项目实践 / 杨亦红，徐闽燕编著
. —北京：化学工业出版社，2021.6
高职高专计算机类专业系列教材
ISBN 978-7-122-38866-7

Ⅰ. ①C…　Ⅱ. ①杨…　②徐…　Ⅲ. ①C 语言-程序设计-高等职业教育-教材　Ⅳ. ①TP312.8

中国版本图书馆 CIP 数据核字（2021）第 061640 号

责任编辑：葛瑞祎　王听讲　　　　装帧设计：刘丽华
责任校对：王鹏飞

出版发行：化学工业出版社（北京市东城区青年湖南街 13 号　邮政编码 100011）
印　　装：三河市延风印装有限公司
787mm×1092mm　1/16　印张 13¼　字数 344 千字　　2021 年 8 月北京第 1 版第 1 次印刷

购书咨询：010-64518888　　　　售后服务：010-64518899
网　　址：http://www.cip.com.cn
凡购买本书，如有缺损质量问题，本社销售中心负责调换。

定　　价：45.00 元

前 言

近两年，编者曾在哈尔滨参加过基于成果导向教育改革与实践的学习（Outcome-Based Education，OBE），对于成果导向教育有了一定的认识，后来对成果导向 OBE 的教育理念进行了梳理，并思考如何将它与 C 语言程序设计相结合，开发适合的教材用于教学。

对于程序设计类课程，特别是 C 语言程序设计，一直是电子、信息类专业的专业基础课，其课程的教学效果对后续专业课程的进一步学习有着重大影响，在一定意义上将会直接决定学生专业学习的成效。

对于高职学生的学习现状来说，编程类课程往往是难以掌握的知识难点。怎样驱走学生潜意识里的编程恐惧感，怎样帮助学生取得编程成就感，以及怎样为后续涉及编程的专业课奠定基础，成为师生们应该共同思考的问题。为此，本教材编写以学生学习表现为焦点，关注学生修完课后应用 C 语言知识、编程技能、程序设计的素养，据此编排教学内容，设计相应实践项目，教学中力求使学生学与用相结合，从而优化教与学的过程。

本教材的特色与创新要点：

（1）引入 OBE 成果导向的教学理念。每课编写遵照确定学习成果、培育学习成果、评量学习成果的思路，每课提供课件、视频、例程源代码，读者可以据此在课前或课后对学习内容进行巩固，有利于持续提高学习效果。配套课件可登录化工社教学资源网 www.cipedu.com.cn 自行下载，相关视频、部分代码扫描二维码即可观看或下载。

（2）突出学生程序设计过程的成就感。习题或项目设置尽量贴近生活，嵌入动画、游戏化项目素材，部分难度较高的编程类题型提供参考代码，确保大部分读者在其知识范围内能够做出来，而且效果直观。同时，引导程序设计中的硬件思想：写程序时，要想着二进制、内存、寄存器、CPU 等。

本书适合作为高职高专院校计算机类专业 C 语言编程课程的教材。希望本书能帮助学习者掌握 C 语言基础知识和程序设计的基本实践技能，为学习者从计算机程序设计入门到成为编程高手打好基础。

本书由浙江工业职业技术学院杨亦红、徐闽燕编著。由于编写时间紧迫以及编者水平有限，书中难免存在疏漏和不妥之处，恳请使用本书的广大读者批评指正!

编 者

2021 年 3 月

目 录

第 1 课　认识计算机和计算机语言

【学习目标】

1．熟悉计算机体系结构。
2．了解编程与编程语言。
3．了解程序员的主要工作内容。
4．了解编程实践活动的步骤。

【OBE 成果描述】

1．能说出计算机组成部件及计算机工作过程。
2．能说出计算机语言（特别是 C 语言）的发展历史。
3．能说出 C 语言的主要特点。
4．能说出编程活动的一般步骤。

【热身问题】

1．按照生活经验，你对编程或程序员工作有什么看法？
2．假如这个世界上的所有计算机停止运行 10 分钟，你觉得会发生什么事？
3．C 语言曾经用来做什么或可以用来做什么？

计算机的组成和工作原理

1.1　计算机的组成和工作原理

“它们不厌其烦地执行人的指令；它们收集世间万物的知识，供人顷刻之间随心调取；它们是现代社会的中流砥柱，但其存在却往往备受忽视。”在计算机科学家彼特·本特利的著作《计算机：一部历史》中这么描述。

确实计算机在现实生活的重要性已经是十分显而易见的了，但计算机并不“显山露水”，甚至大多数人都觉不出它的存在。它不光默默地支撑着人们的网购、订票、打车、点餐、家电等日常生活的应用场景，更支撑着汽车工业、航空航天、仪器仪表、网络通信等各生产领域的应用场景。似乎无论从事哪一个行业，通晓计算机已经成为必不可少的条件。

> **【头脑风暴】**如果你在京东商城购买一本《C 语言程序设计》的书，想象下有多少计算机参与了你的这次网购活动？它们都起了什么作用？

计算机是如此的重要，以至于我们十分好奇它们为什么能够这么强大？它们是由哪些部件组成的？其工作原理又是怎样的呢？

直白地讲，计算机应该能对输入信息进行运算，并根据运算结果输出信息。现代计算机的组成是达成这一任务的客观需求。

计算机由硬件和软件两部分组成，硬件与软件的区别在于眼睛能否看得到，或者是能否用手触摸得到，软件本身是看不见的。这里，硬件包括**运算器、控制器、存储器、输入设备**

和输出设备等五大组成部件[1]（图1-1），而其中运算器与控制器又共同组成中央处理器（Central Processing Unit），简称CPU。这几部分在计算机中应该同时出现，缺一不可：

① 存储器不仅能存放数据，也能存放指令，形式上两者没有区别，但计算机应能区分是数据还是指令；

② 控制器能自动取出指令来执行；

③ 运算器能进行加减乘除四种基本算术运算，并且也能进行一些逻辑运算和附加运算；

④ 操作人员可以通过输入设备、输出设备和主机进行通信。

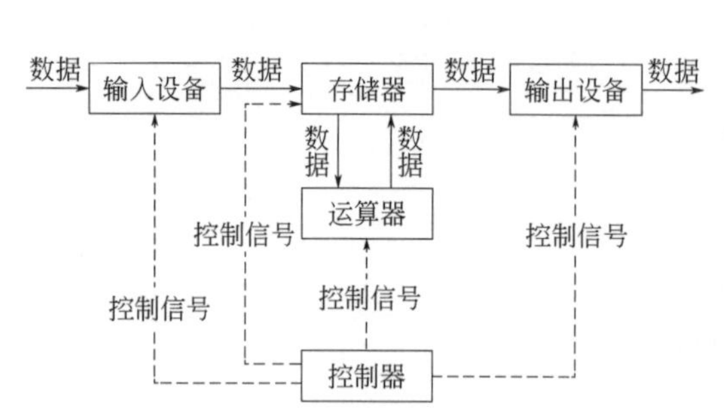

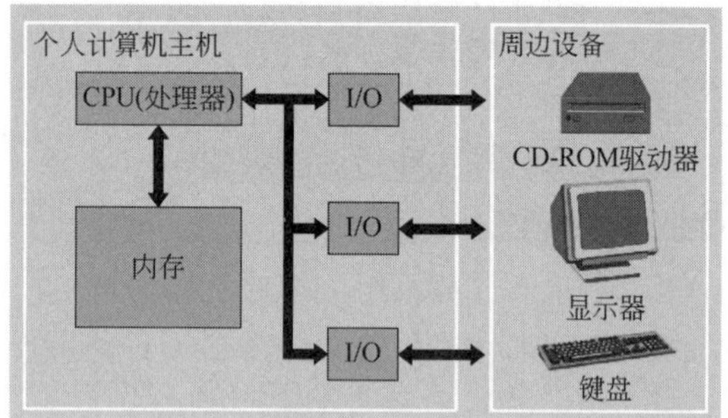

图1-1 冯·诺依曼体系结构及个人计算机硬件

而软件即计算机所执行的程序，是**指令和数据**的集合。指令控制计算机进行输入、运算、输出等动作，数据可能是指令的执行对象，也可能是指令执行后的输出。不过对于计算机来说，不管是指令还是数据，都只是**二进制数字**而已。

在习惯上，按照软件在计算机中的作用不同，通常把软件又分成系统软件和应用软件：

① 系统软件用于实现计算机系统的管理、调度、监视和服务等功能，其目的是方便用户，提高计算机使用效率，扩充系统的功能；

② 应用软件是为满足用户不同领域、不同问题的应用需求而提供的那部分软件，它可以拓宽计算机系统的应用领域，放大硬件的功能。

现代计算机概念通常是这样描述的：

计算机是一种能按照事先存储的程序自动高速进行大量数值计算和各种信息处理的现代化智能电子装置。

随着集成电路技术、电子信息技术等的发展，计算机不再仅仅以通常所见到的PC机的形式展示了，在计算机的概念字典里，诸如单片机、片上系统、并行计算机、网络计算机、光计算机、化学和生物计算机、量子计算机等新名词层出不穷，并且更多地体现出以下趋势：

① 高集成度的微型化；

② 高速度、海量存储、强功能的巨型化；

③ 相互通信、资源共享的网络化；

④ 具有模拟人的感觉和思维过程的智能化；

⑤ 能处理数字、文字信息、三维图形、动画，还可以用听觉、触觉甚至嗅觉等的多媒体化。

---

[1] 这种划分来自冯·诺依曼（被誉为计算机之父）的对于EDVAC（Electronic Discrete Variable Automatic Computer，离散变量自动电子计算机）的设计思想。

尽管现在计算机的形态已经发生了很多变化，但计算机的这一概念从本质上来说始终没有变化，所有的计算机都有着相似的硬件和软件组成，而执行的也是相似的任务。

程序员要做的事，就是**事先把程序写出来**，这就要涉及计算机语言了。

计算机语言的发展历史

1.2　计算机语言的发展历史

最早的计算机语言是机器语言，这也是世界上第一台计算机 ENIAC（1946 年 2 月 14 日问世）上使用的语言，这台机器使用最原始的穿孔纸带[1]（图 1-2），这种卡片上使用的语言是计算机唯一能识别的语言，人类很难理解。但问题是显而易见的：机器语言编写的程序**无明显特征，难以记忆，不便阅读和书写，局限性很大。**

想想那个时候编写仅由 0 和 1 组成的程序，是多么的费时、费力和费脑啊！不过即使是计算机发展到现在，人们通过不同方式编程，但最终输入计算机的还是这种机器语言。

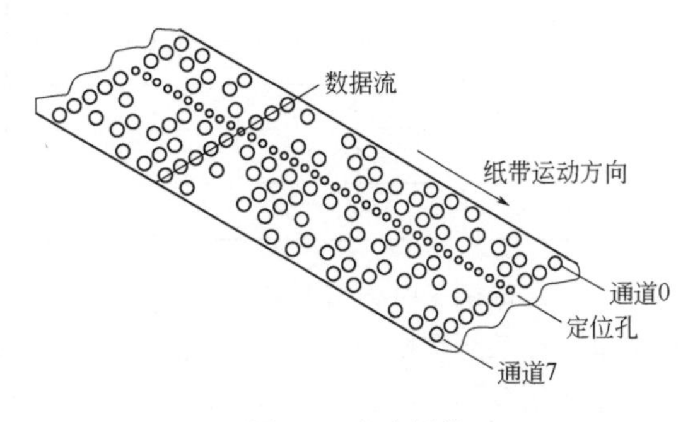

图 1-2　穿孔纸带

为了减轻编程员的痛苦，人们用一些容易理解和记忆的字母、单词（助记符）来代替一个特定的二进制指令。用这种以助记符为构成特征的**汇编语言**进行编程，比用机器语言编程来得相对有效率多了，只是后期需要借助相应的工具（汇编程序）将程序进行加工，转换为相应的机器代码。

汇编语言虽然部分减轻了人们的编程痛苦，提高了编程效率，但它仍然迫使人们按机器的思维进行编程，那个时代的程序员简直遭受着“非人”的待遇！

随着时代的发展，更符合人类思维习惯的**高级语言**就应运而生了，通过一种称为编译器的工具，就可以将其翻译成机器代码。所以计算机语言的发展历史实际上分为**机器语言、汇编语言和高级语言**三个阶段。

像我们所学的 C 语言、C++语言、JAVA 语言，都属于高级语言，不过在本质上它们都只是一种交流的规则、一种表达的工具、一种承载思想的容器而已。

1972 年，丹尼斯・里奇（Dennis Ritchie）在贝尔实验室发明了 C 语言[2]，并且与肯・汤普森（Ken Thompson）合作改写了 UNIX 操作系统。后来由于 C 语言的逐步流行，为解决各大公司所用的不同版本的 C 语言的不一致性，ANSI（美国国家标准学会）还制定和更新维护了 C 语言标准：ANSI C 标准（最新的标准是 2011 年修订的 ANSI C11），当前的 C 编译器都支持这个标准（极少例外）。

之后的近 50 年的编程历史中，C 语言一直作为一种流行语言“横行”编程世界，后来出

[1] 计算机的硬件作为一种数字电路元件（这就是计算机的本质），它的输出和输入只能是有电或者没电，所以计算机传递的数据是由“0”和“1”组成的二进制数（打孔表示 1，不打孔表示 0）。

[2] 20 世纪 60 年代，贝尔实验室的研究员 Ken Thompson 发明了 B 语言，并使用 B 编了个游戏——Space Travel，但当时他用的计算机 PDP-7 上没有操作系统，所以 Thompson 就自己为 PDP-7 开发操作系统（后来这个 OS 被命名为 UNIX）。Dennis Ritchie 也想玩 Space Travel，因而与 Ken Thompson 合作开发 UNIX，他的主要工作是改进 Thompson 的 B 语言，但改着改着就改出了一个新的语言，取名为 C 语言。（思考：为什么起名叫 C 语言？）

现的许多编程语言的开发借鉴了许多它的语法，且传承了它的许多特性，比如 C++（原先是 C 语言的一个扩展）、C#、Java、PHP、JavaScript、Perl、LPC 和 UNIX 的 C Shell 等。

表 1-1 是 TIBOE[1]发布 2019 年与 2020 年的编程语言排行榜。

表 1-1 TIBOE 发布 2019 年与 2020 年的编程语言排行榜

2020 年排名	2019 年排名	变化	编程语言	占有率	变化
1	2	︿	C	16.48%	0.40%
2	1	﹀	Java	12.53%	−4.72%
3	3		Python	12.21%	1.90%
4	4		C++	6.91%	0.71%
5	5		C#	4.20%	−0.60%
6	6		Visual Basic	3.92%	−0.83%
7	7		JavaScript	2.35%	0.26%
8	8		PHP	2.12%	0.07%
9	16	︽	R	1.60%	0.60%
10	9	﹀	SQL	1.53%	−0.31%

C 语言可用于开发各种操作系统、文字处理软件、图形、电子表格，甚至是其他语言的编译器，几乎所有操作系统如 Windows、Linux、UNIX 的大部分代码都是 C。C 语言之所以如此流行是有其原因的，这是由 C 语言的天然的优越性决定的：

① C 语言是一门可移植语言。这意味着在一台计算机系统（如 PC 机）中写出的 C 程序，无需修改或少量修改便可在其他计算机系统（如手机）中运行。

② C 语言短小精悍，只包含少量关键字（ANSI C 共规定了 32 个关键字）。

③ C 语言是模块化的，函数（function，另一个英文解释是功能）是 C 语言程序的基本构成单位，通过函数可以编写能重复使用的功能代码，提高产品开发效率。

④ C 语言是最接近硬件的高级语言，可直接访问物理地址，这给嵌入式开发或底层驱动开发带来极大的便利。

1.3 程序员要做的事

1.3 节与 1.4 节讲解视频

也许你看计算机很神奇，它总是能够把交给它的运算任务快速完成。但它只是按你告诉它的方法去做的，从这一角度来看，计算机其实也很笨，如果没有事先设定的程序，它甚至连最基本的 2、3、4 都不懂。计算机实际上跟“少不更事”的小孩一样，对程序员依赖得很。

程序员需要教会计算机应该在什么样的情况下做什么事（这就是程序），而且甚至不用跟它说为什么 1+2=3，它不需要理解这个，只要这么去做就是了。

程序员要做的事，就是在确保程序语法正确、逻辑正确的前提下，事先把程序正确地写出来。要做到这一点，必须：

① 全面分析项目所要解决的问题，进行完备的用户需求分析，提取所有工作流程；

② 通过总体设计、详细设计和代码编写形成程序；

---

[1] TIOBE 编程社区指数（The TIOBE Programming Community Index）是编程语言流行度的指标，该榜单每月更新一次，指数基于全球技术工程师、课程和第三方供应商的数量，包括流行的搜索引擎，如谷歌、必应、雅虎、维基百科、亚马逊、YouTube 和百度等。

③ 为确保程序的正确性，程序必须经过反复调试、修改、测试，最终完善才能将其交付用户正式使用。

更具体地说，以下事项往往成为程序员的工作事项：需求分析、旧代码维护、新代码编写、BUG 更改、软件功能测试等。对于初学程序设计的同学来说，学习 C 语言不仅限于对 C 语言语法的掌握，还要通过 C 语言的学习，建立程序设计的思维，比较深入地了解一些计算机系统的工作原理。

1.4　编程实践活动的步骤

总体上，开展一项具体的编程实践活动，应该包括以下步骤：

① 明确程序所要解决的问题，选择合适的解决方案和解决步骤；

② 正确编写程序；

③ 运行程序，检查结果是否符合预期。

其中，用类似 C 语言这种高级语言编写程序，需要经历：创建程序源文件；编译程序源代码；链接程序库[1]生成可执行文件；运行生成的可执行程序等（图 1-3）。

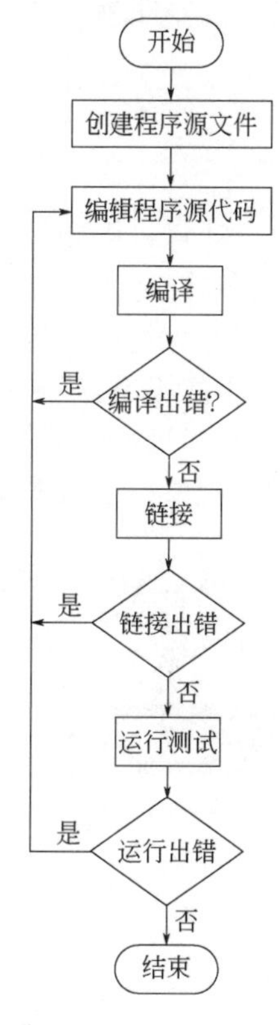

图 1-3　编程实践活动的步骤

现在所有这些步骤都可以在一个被称为集成开发环境（IDE）的软件里完成，这个软件包括了编辑、编译、调试运行等各步骤涉及的工具软件，并以菜单或工具条方式进行调用，极大地提高了开发效率。典型的 IDE 有 Visual Studio、Code Blocks、Dev C++、C Free 等。

图 1-4 是一个 C 语言程序在开发周期中各阶段的形态，可

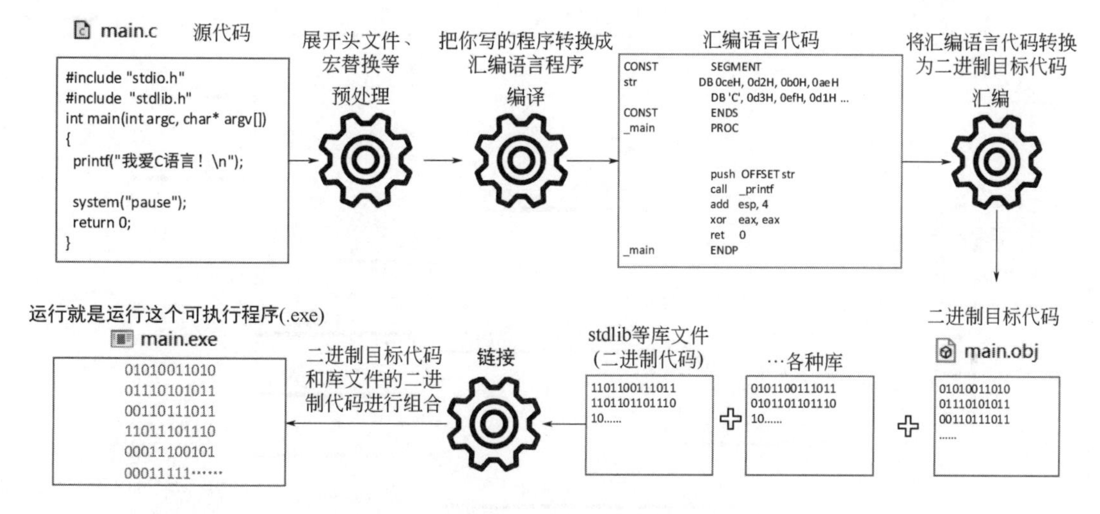

图 1-4　从高级语言到可执行的目标程序

[1] 程序库是各种标准程序、子程序、文件以及它们的目录等信息的有序集合。C 标准库也称为 ISO C 库，是用于完成诸如输入/输出处理、字符串处理、内存管理、数学计算和许多其他操作系统服务等任务的宏、类型和函数的集合，如 math、stdio、string 等库。

见：人们通过类似于人类语言的高级语言（C 语言是典型代表）来编写源程序，由高级语言的编译器(少不了的翻译员)将其编译成汇编语言程序，然后由汇编器将它对应到相应的 CPU 的二进制机器语言程序。这样程序员直接面向高级语言编程（不再需要学习相应处理器指令集了），机器理解二进制机器语言程序的意图并执行。

小 结

1．计算机由硬件和软件两部分组成，硬件包括运算器、控制器、存储器、输入设备和输出设备等五大组成部件，软件又分成系统软件和应用软件。

2．计算机语言的发展分为：机器语言、汇编语言和高级语言。工具程序编译器、汇编器可以将高级语言程序翻译成机器代码。现在有许多集成开发环境帮助完成程序的编辑、编译、调试和运行等工作。

3．程序员要做的事，就是在确保程序语法正确、逻辑正确的前提下，事先把程序正确地写出来。

4．熟悉编程活动的一般步骤，值得指出的是，程序开发过程中免不了出错，需要反复调试排除错误，才能最后生成可执行的程序产品。

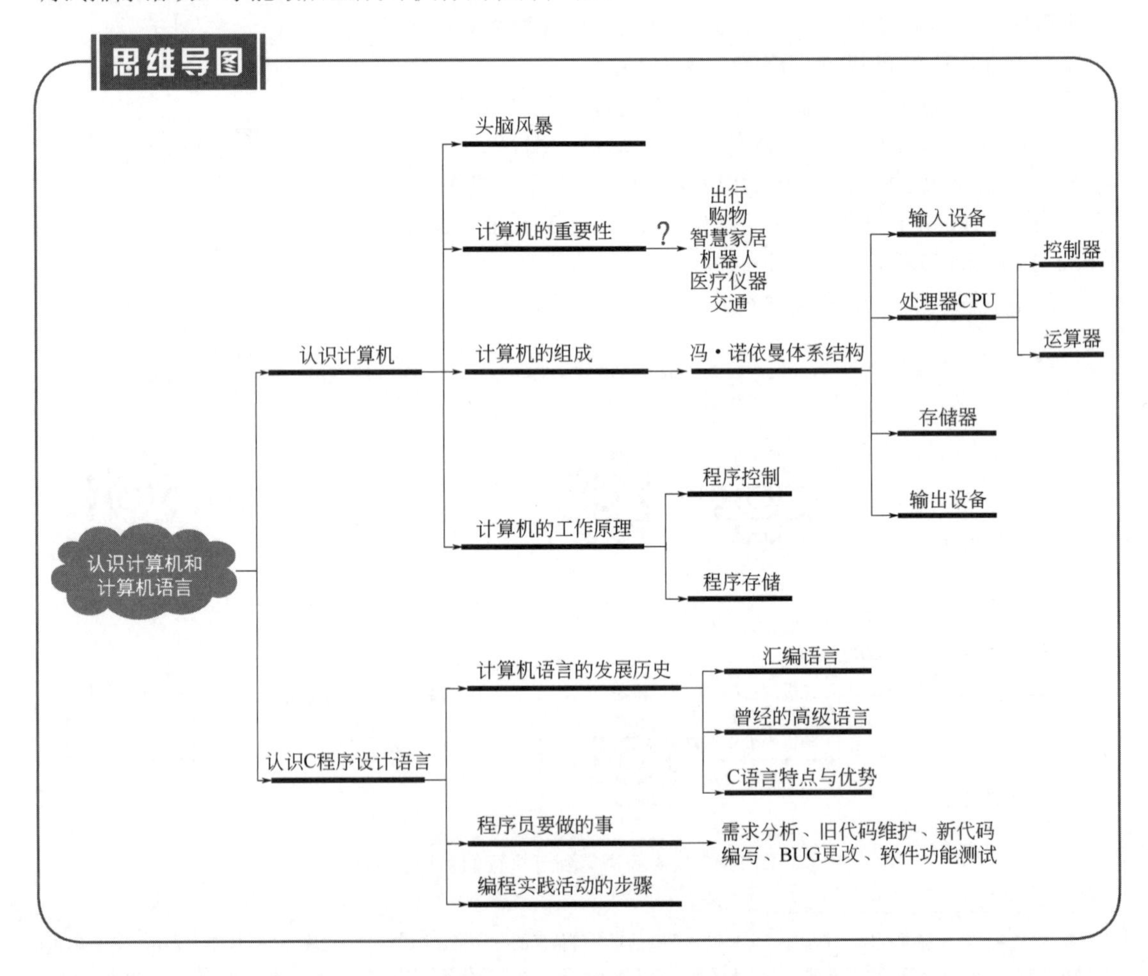

成果测评

一、选择题

1．关于计算机的描述，不正确的是（　　）。

A．计算机的世界里所有指令代码与数值都是 0 和 1 的序列

B．计算机是一种能按照事先存储的程序自动高速进行大量数值计算和各种信息处理的现代化智能电子装置

C．计算机系统是由软件系统和硬件系统两部分组成的

D．计算机可以不经编译直接执行 C 语言程序

2．下列计算机语言中，CPU 能直接识别的是（　　）。

A．自然语言　B．高级语言　C．汇编语言　D．机器语言

3．以下软件中，属于 C 语言的开发工具的是（　　）。

A．Internet Explore　B．Microsoft Word　C．Acrobat Reader　D．Visual C++ 6.0

二、判断题

1．按照冯・诺依曼体系结构，计算机的五大组成部件包括运算器、控制器、输入接口、输出接口和存储器。（　　）

2．汇编语言程序必须经汇编程序进行处理，转换为二进制机器程序，才能被计算机执行。（　　）

3．使用 arm 指令集的二进制程序也可以被 X86 机器所执行。（　　）

4．程序员必须负责程序的正确性，计算机只是被动执行程序。（　　）

5．相对于汇编语言，C 语言作为一种高级语言，具有明显的可移植性好、可读性好和可维护性好的优点。（　　）

三、问答题

1．编译器的用途是什么？

2．链接器的用途是什么？

3．开展一项具体的编程实践活动，应该包括哪些步骤？

第 1 课　配套代码下载

第 2 课　熟悉编程环境

【学习目标】

1．了解主流的编程开发环境。
2．熟悉程序的调试流程和调试方法。
3．熟悉 C 程序的基本结构。

【OBE 成果描述】

1．能说出主流的编程开发环境。
2．能说出使用编程开发环境进行程序开发和调试的要点。
3．会分辨一个实际程序中各部分的语法元素。

导学视频

【热身问题】

1．你觉得在怎样的编程开发环境下工作才够“爽”？
2．怎样的代码才是易阅读、易移植、易维护的？

2.1　集成开发环境简介和初步认识

2.1 节与 2.2 节讲解视频

在使用某一种编程语言开发环境时，都需要搭建相关的开发环境，而 C 语言也不例外。上一课已经讲过，C 语言的开发需要经过编辑、编译、链接、运行、调试等环节，这些也是一个 C 语言的开发环境所必须具备的。现代集成开发环境（IDE，Intergraded Development Environment），就像是一把“瑞士军刀”（图 2-1），它通常包含完成以上各步骤的工具，如编辑器、编译器、链接器、调试器，以及图形界面环境。

图 2-1　现代集成开发环境就像一把“瑞士军刀”

另外，集成开发环境中，往往也带有一些事先编译好的库，这些库中提供应用程序编程接口（API，Application Programming Interface）函数，如 stdio 库、math 库等，在使用时只要包含相应库的头文件，如#include “stdio.h”，即可调用 stdio 库中的子程序。

虽然 C 语言的 IDE 众多，但是 C 语言的绝大部分内容在各个 IDE 下都是通用的，程序员们可以根据自己的习惯选择一种使用。

> **【头脑风暴】**如果你去面试一家公司的软件开发工程师，而为了体现自己是一个编程达人，你应该怎样全面介绍你所用的开发环境？

表 2-1 列出了 Windows 环境下的一些流行或曾经流行的编程开发环境，而在 Linux 下使用 GCC（GNU Compiler Collection，GNU 编译器套件），它除了支持 C，还支持 C++、Java、Objective-C 等编程语言。

表 2-1　常用的编程开发环境

开发环境	描述	获取链接或方法
Microsoft Visual C++ 6.0/ Visual Studio 2019	Microsoft Visual C++ 6.0 是微软开发的一款经典的 C/C++ IDE（1998 年的产品）。现计算机等级考试采用 Visual Studio 2010 版（微软每隔一段时间就会对 VS 进行升级。VS 的不同版本以发布年份命名，如 Visual Studio 2019），增加了很多新特性，支持更多语言，是 Windows 下的标准 IDE，实际开发中大家也都在使用	Visual Studio 2019 下载
Dev C++ 5.11 for Windows	Dev C++是一款免费开源的 C/C++ IDE，内嵌 GCC 编译器（GCC 编译器的 Windows 移植版），是全国青少年信息学奥林匹克竞赛、全国青少年信息学奥林匹克联赛等比赛的指定工具。Dev C++的优点是体积小，只有几十兆，安装卸载方便，学习成本低，缺点是调试功能弱	Dev C++下载
C Free 5.0	C Free 整个软件非常轻巧，安装也比较简单，界面也比 Dev C++漂亮。但它的缺点也是调试功能弱。不过已经多年不更新了，组件都老了，编译后的程序文件在 Win8、Win10 下可能会存在兼容性问题	C Free 下载
Code::Blocks 17.12	一款开源、跨平台、免费的 C/C++ IDE。和 Dev C++非常类似，小巧灵活，易于安装和卸载。不过它的界面要比 Dev C++复杂一些，不如 Dev C++来得清爽	Code: : Blocks 下载
Turbo C 2.0	Turbo C 是一款古老的、DOS 年代的 C 语言开发工具，程序员只能使用键盘来操作 Turbo C，不能使用鼠标，所以非常不方便。但是 Turbo C 集成了一套图形库，可以在控制台程序中画图，看起来非常炫酷，所以至今仍然有人在使用	Turbo C 下载

本书采用 Visual Studio Community 2019（社区版）作为开发环境，大家学习时也可以根据自己的电脑配置情况，选择不同的开发环境。

2.1.1　安装 Visual Studio 2019 社区版

通过表 2-1 中的二维码链接地址下载软件，点击后会很快会得到一个 1.5KB 左右的安装文件：vs_Community.exe，双击运行它，当出现如下安装选项时（图 2-2），选择使用 C++的桌面开发，然后安装即可。安装时间较长，占硬盘空间大概为 7GB。

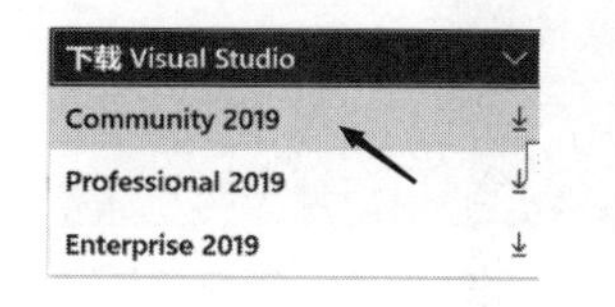

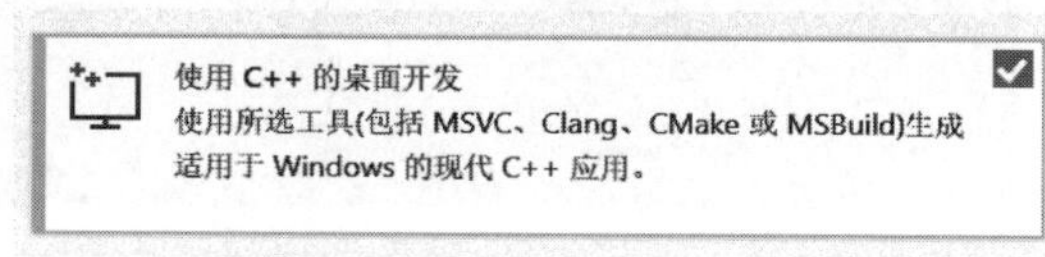

图 2-2　下载和安装

安装过程如图 2-3 所示，安装完成会提示重启电脑。

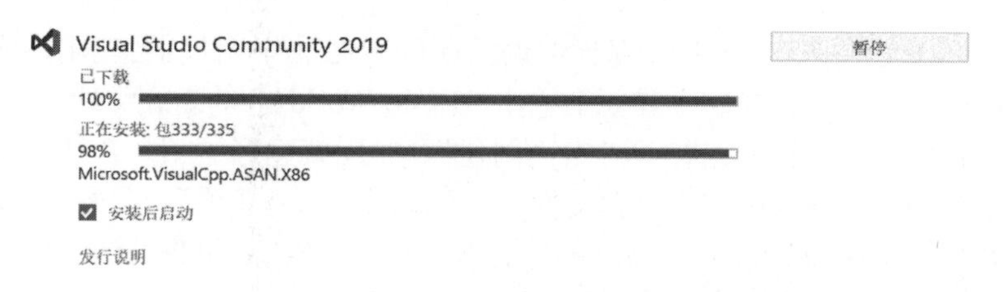

图 2-3　Visual Studio Community 2019 安装过程

2.1.2　初步使用 Visual Studio 2019 社区版

第一次使用，软件会提示选择开发设置，这里选择 Visual C++，在择定界面风格后点击启动 Visual Studio（图 2-4），接下来可以在“开始使用”中选择一项，开始编程开发过程（图 2-5 中是选择“继续但无需代码”后的界面）。

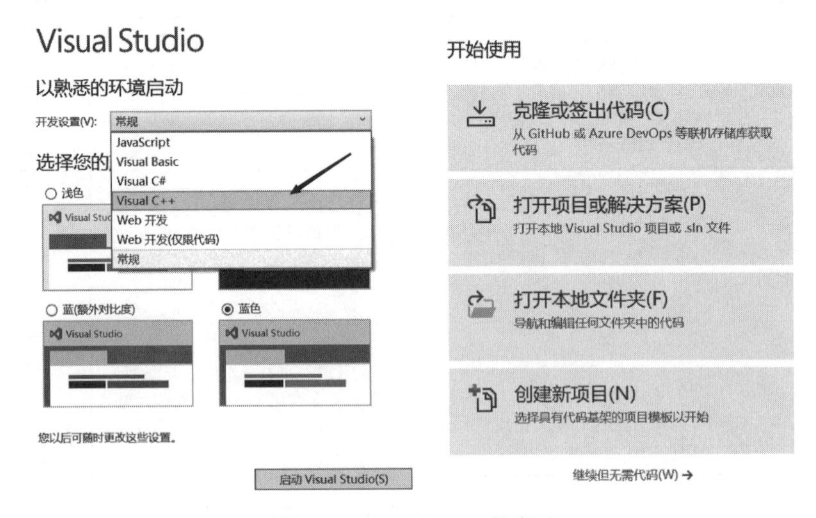

图 2-4　Visual Studio 的启动

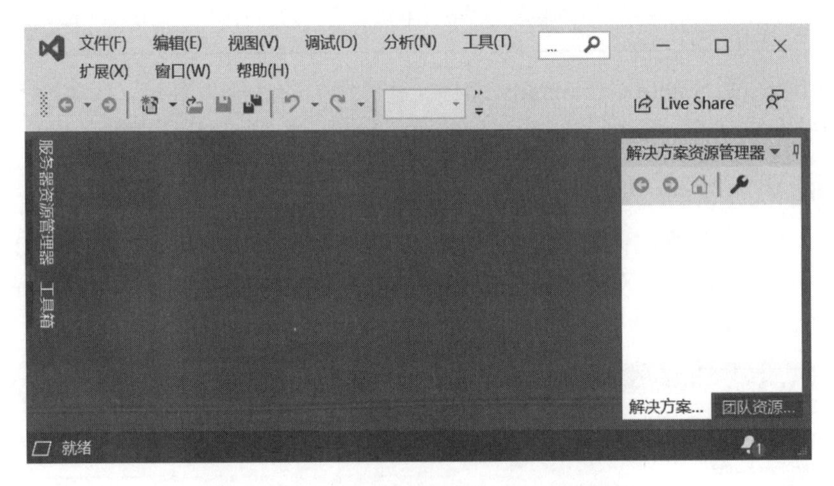

图 2-5　选择“继续但无需代码”后的界面

2.1.3　创建第一个 C 语言项目

点击菜单项“文件|新建|项目”，选择创建空项目（此项与“控制台应用”项目基本一样，只是它不会默认创建一个在控制台界面上输出“Hello World！”的.cpp 文件，见图 2-6），然后确定解决方案、项目的名称、路径，点击“创建”，如此就建好了第一个解决方案和项目。

在解决方案资源管理器中右击“源文件”，选择“添加|新建项”，在如下界面中选择 C++文件(.cpp)，名称处输入“main.c”，然后点击“添加”（图 2-7）。这里将默认的源文件扩展名.cpp 替换成.c，编译器便会使用 C 语言的规则代替 C++规则。

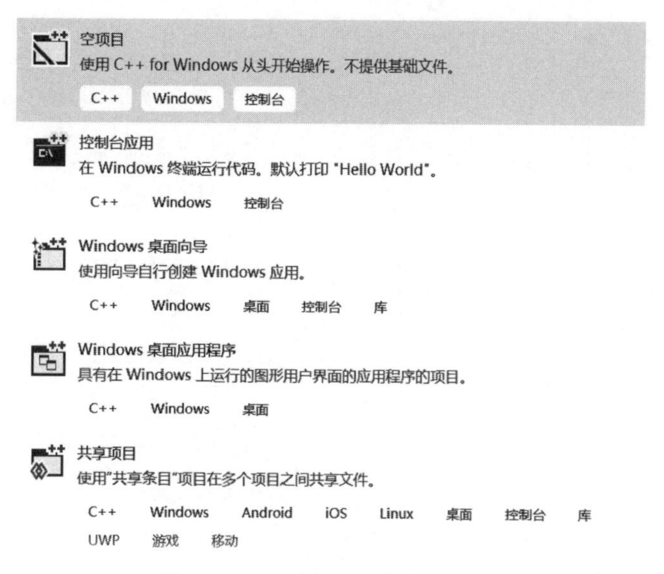

图 2-6　可以选择创建的项目类型

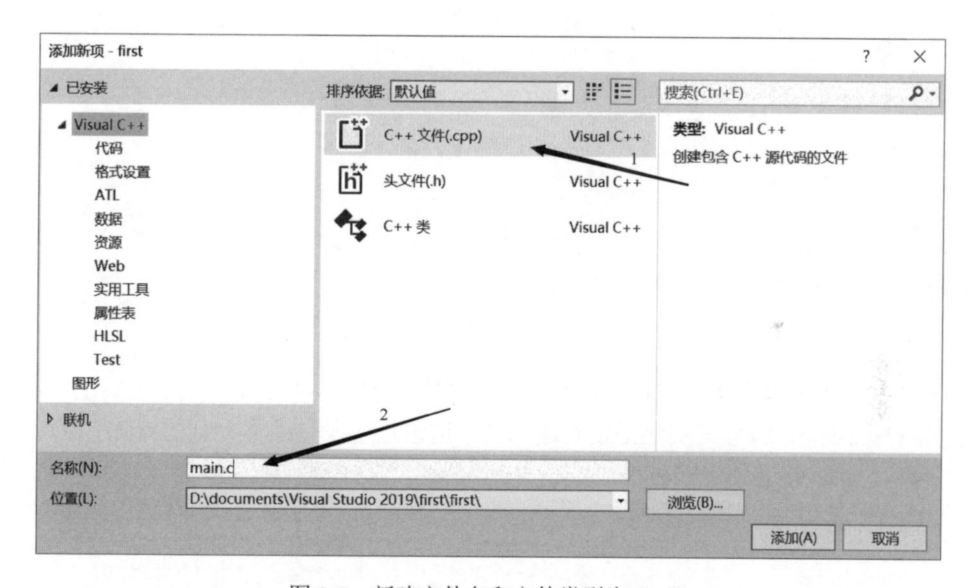

图 2-7　新建文件名和文件类型为“.c”

解决方案和项目，用于帮助你有效地管理开发工作所需的项，如文件夹、文件、依赖项、资源文件等。一个解决方案可以包括多个项目，而一个项目可以包含多个文件夹和源文件。

与解决方案中项目有关的信息存储在扩展名为.sln 和.suo 的两个文件中，而项目的详细信息存储在一个扩展名为.vcproj 的 xml 文件中，该文件同样存储在相应的项目文件夹中（图 2-8）。

【例程 2-1】以点阵方式输出汉字。

```
1   #include "stdio.h"
2   /*宋体：“和”的16*16点阵信息（数组），该数组由PCtoLCD2002软件生成（网上可下载） */
```

```
3   unsigned char table[] =
4   {
5       0x20,0x00,0x70,0x00,0x1E,0x00,0x10,0x3E,0x10,0x22,0xFF,0x22,0x10,
        0x22,0x18,0x22,
6       0x38,0x22,0x54,0x22,0x54,0x22,0x12,0x22,0x11,0x3E,0x10,0x22,0x10,
        0x00,0x10,0x00
7   /*"和",0*/
8   };
9   int main(int argc, char** argv)
10  {
11      int i, j;
12      short m = 0x01;
13      short x;
14
15      for (i = 0; i < 16; i+=1)
16      {
17          /* 第i行的点阵信息 */
18          x = (table[i*2 + 1]<<8)| table[i*2];
19
20          for (j = 0; j < 16; j++)
21          {
22              m = 1 << j;
23              /* 如果j列为1，输出*，否则输出空格 */
24              if ((x & m) != 0) printf("*");
25              else printf(" ");
26          }
27          printf("\r\n");//回车换行
28      }
29    return 0;
30  }
```

现在点击工具栏中的▶（或按F5键）运行程序，你是不是看到了一个大写的“和”在控制台输出（图2-9）？编程其实还是挺有趣的吧！这也是现在你经常看到的点阵LED屏、LCD液晶显示屏上显示文字图像的方法。

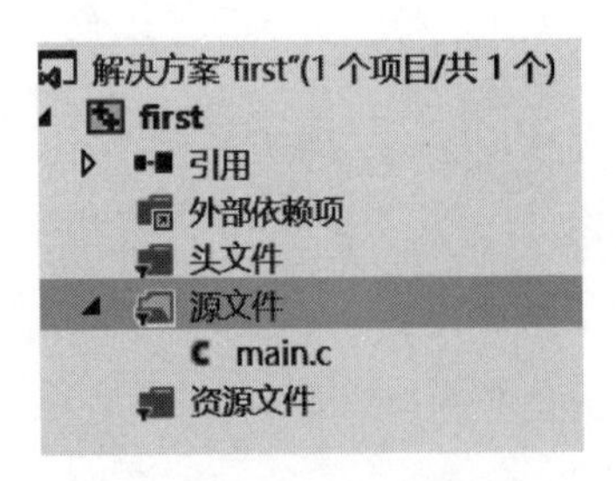

图2-8　解决方案与项目

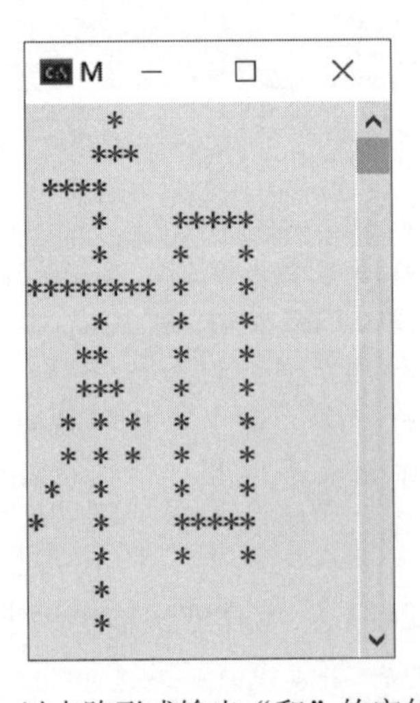

图2-9　以点阵形式输出“和”的宋体字型

找一找：请根据表 2-2 中所述的 C 程序代码元素要点，对应找出以上代码中相应的代码元素，如果找到相应元素，则在“检核”处打 √。

表 2-2　C 程序的代码元素要点

代码元素	描述	检核
预处理	编译器在正式编译程序之前需做的一些预处理工作（以#开头）	
函数、主函数、入口	C 程序由若干函数组成，main 是唯一主函数，且是程序的入口。函数的英语单词是 function，这表明函数是实现特定功能的代码块	
注释（单行、多行）	注释是给程序员看的，编译器会忽略。/* */和//分别是多行和单行注释	
分号（;）	分号表示一条可执行语句的结束	
大括号{ }	大括号表示一个语句块，常出现在函数定义、if、for 等结构中	
中括号[ ]	中括号表示定义一个数组，或引用数组元素	
小括号( )	小括号可以在函数定义中说明参数列表，或在表达式中参与运算优先级调整	
常量和变量	常量是程序运行中不变的量，通常有字符串常量、数值常量； 变量是程序运行中可以变化的量，通常对应程序运行时的一个内存单元（内存单元的大小由定义变量时的数据类型决定）	
输入输出函数	用于在控制台界面输出信息，如 printf 函数。如果从控制台输入信息，则相应函数是 scanf。函数调用和函数的定义不一样，函数调用需要按照函数定义时规定的调用接口进行调用（也就是使用函数的实现功能）	

【头脑风暴】在以上代码中，哪些代码格式或规范对你形成了较为深刻的印象？在你的理解中，为什么会有这种格式规范？

2.2　在集成开发环境中进行程序的调试

编写程序的过程，其实很难一次编译通过，这是一个不断修正完善的过程，有人形象地称之为 De-Bug，意为“除虫”。会调试程序，确定代码的错误并修正，是程序员必备的一项技能。所有的集成开发环境都提供调试器，可帮助程序员完成这一工作。

【例程 2-2】长度单位转换：在印刷线路板（PCB，Printed Circuit Board）的设计中，经常使用 mil 长度单位（英制，即千分之一英寸），它与公制单位 mm 之间的关系为 1mil = 0.0254mm。

```
1   #include "stdio.h"
2
3   #define K 0.0254
4   #define TO_MM(mil) (mil*0.0254f)
5
6   int main(int argc, char** argv)
7   {
8     int mils;
9     float mms;
10
11    mils = 10;
12    mms = TO_MM(mils);
13    //%d 和%f 是用于变量占位的格式符，分别表示后续变量列表中以整型、单精度浮点型输出值
14    printf("Hi,%dmil 等于 %fmm", mils, mms);
```

```
15
16  return 0;
17  }
```

请按如下步骤进行：

① 首先如前文所述，新建一个空的工程，然后在该项目中新建一 main.c 文件，并输入以上代码。

② 在图 2-8 中用鼠标选中 main.c，并在它的右击菜单中选择编译（或按 Ctrl+F7），对 main.c 文件进行编译，观察编译环境的输出信息。如果故意将第 9 行改成："float mils"（去除行末的分号），此时编译后会给出错误提示，见图 2-10。会根据错误提示排除代码中错误，是编程的一项基本技能。虽然双击错误行会定位在代码相应行处（图中是 11 行），但这一错误是因为在第 9 行处少了一个分号。

图 2-10 编译器的提示

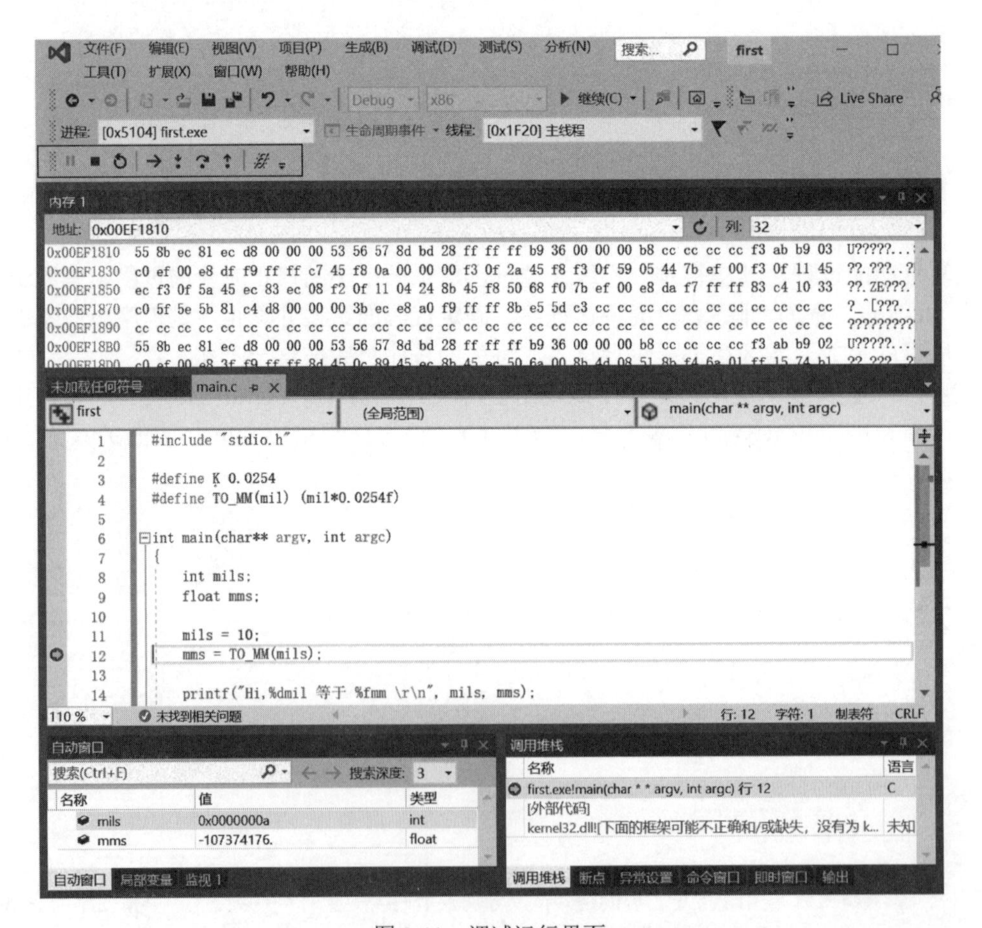

图 2-11 调试运行界面

另外，如果编译提示警告，也请一并重视，尽量排除。警告往往是所处理的代码中隐含了一些不合规的编码，虽然有时程序仍然被编译通过，但在一些场合下可能会造成大问题（主要是在项目的代码体量较大时，很难定位错误）。

③ 修正错误，然后在“生成”菜单中选择生成 first（或按 Ctrl+B），此时会生成可执行程序 first.exe（在编者的编程环境下，目录路径是 C:\Users\yangyihong\source\repos\first\Debug\first.exe），然后可以像之前那样点击工具栏中的▶ 调试运行程序，屏幕上显示的运行结果是：“Hi,10mil 等于 0.254000mm”。

④ 如果在代码行中设置断点（方法是光标定位到相应行，然后选“调度|切换断点”或按 F9），再运行程序，这时程序运行后会在断点所在行暂停下来，然后可以观察此时程序的运行环境，如：变量的值，某个内存单元现在的数值内容，当前的调用堆栈等信息。这些信息将帮助你全面理解程序在断点处的运行环境。

⑤ 程序暂停后，可以利用调试菜单中的工具按钮（在图 2-11 中已框出）进行诸如停止调试、重新启动、逐语句、逐过程、跳出等操作。

项目实践　电池充电的动画

电池充电的动画

（1）要求

通过 C 语言设计与实现一个电池充电的动画（图 2-12），使其能够动态显示充电变化的过程。

（2）目的

① 掌握运行一个 C 程序的步骤，理解并学会 C 程序的编辑、编译、链接方法。

② 了解 C 语言变量的定义方法。

③ 了解库函数 printf 的基础用法。

④ 了解怎样形成动画效果。

图 2-12　电池充电的动画

（3）步骤及记录

步骤 1：启动 Visual Studio 2019。

步骤 2：点击菜单项“文件|新建|项目”，选择创建空项目，然后确定解决方案、项目的名称、路径，点击“创建”，如此就建好了一个解决方案和项目。

步骤 3：在源文件夹中（图 2-8）新建 C 语言源文件 main.c，输入代码，保存。

步骤 4：编译、链接［菜单“生成|生成 xx（项目名称）”］。

步骤 5：运行程序。

（4）参考代码

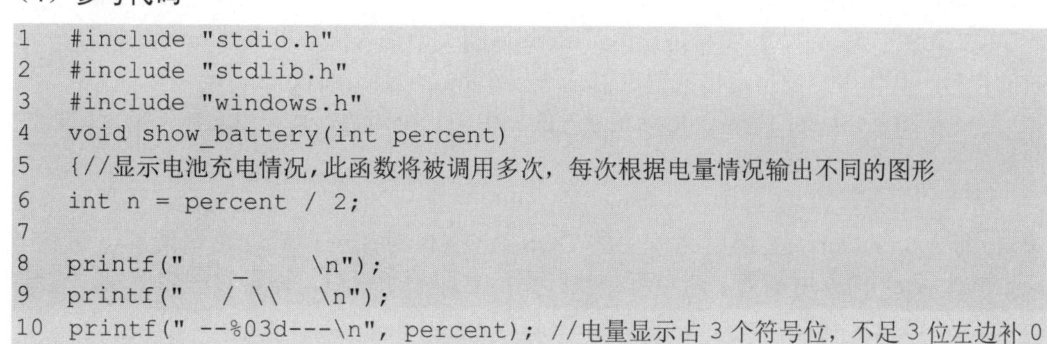

```
1  #include "stdio.h"
2  #include "stdlib.h"
3  #include "windows.h"
4  void show_battery(int percent)
5  {//显示电池充电情况，此函数将被调用多次，每次根据电量情况输出不同的图形
6  int n = percent / 2;
7
8  printf("    _    \n");
9  printf("   / \\   \n");
10 printf(" --%03d---\n", percent); //电量显示占 3 个符号位，不足 3 位左边补 0
```

```
11 if (n >= 50)printf("|--------|\n"); else printf("|        |\n");
   //根据电量值显示符号
12 if (n >= 40)printf("|--------|\n"); else printf("|        |\n");
13 if (n >= 30)printf("|--------|\n"); else printf("|        |\n");
14 if (n >= 20)printf("|--------|\n"); else printf("|        |\n");
15 if (n >= 10)printf("|--------|\n"); else printf("|        |\n");
16 printf(" --------\n");
17 }
18
19 int main(int argc, char* argv[])
20 {
21 int percent = 0, i;//percent 是电量值的百分比
22
23 //共循环 100 次
24 for (i = 0; i <= 100; i++)
25 {
26     system("cls");//清屏，准备更新显示
27     show_battery(percent); //按电量显示电池状态
28     percent += 1;//模拟电池电量加 1
29
30     Sleep(100);//画面暂停 100ms
31 }
32
33 printf(" 充电完成! \n");
34
35 system("pause");//等候任意按键，以继续
36 return 0;
37 }
```

代码解释：

① 第 1、2 行包含头文件 stdio.h、stdlib.h、windows.h，编译器在正式编译代码前将读入该头文件的内容，如此允许之后的代码行使用 stdio、stdlib（标准输入/输出库）、windows.h 库中所定义的各种函数、常量、宏等。

② 第 5 行是单行注释，帮助程序员理解代码，编译时忽略该行，不体现在最后生成的可执行程序中。

③ 第 19～37 行定义了主函数 main。其中第 19 行是函数头：main 是函数名，int 是函数的返回类型，( )里是函数的调用参数列表。第 20 行和第 37 行是一对大括号，其中的所有代码是 main 函数的函数体。

④ 第 8～16 行中，其实只是调用了 stdio 库的一个格式化输出函数 printf，请查一下该函数的接口，其作用是按指定格式输出信息（故称格式化输出函数）。

⑤ 第 30 行 Sleep( )是 windows.h 导入的库中的一个函数，其作用是休眠指定的毫秒，在此期间计算机处于非活动状态。

⑥ 第 26 行、第 35 行中，system( )是 stdlib 中的一个函数，作用是允许调用外部程序。第 26 行 system("cls")是调用系统中的 DOS 命令 cls 对控制台界面进行清屏。第 35 行中 system("pause")的作用是为了避免程序执行完后立即关闭窗口，而是让程序暂停，直到按下 Enter 键，窗口才消失。

小　结

1．了解了 C 语言的集成开发环境，特别是认识了 Visual Studio 2019 的界面，以及进行了初步的使用，接触到了解决方案、项目的建立。

2．了解了在 Visual Studio 2019 进行程序的编译、运行和调试，这些都是进一步学习的基础。这一课里也提及 C 程序代码中的语法元素，这些需要牢记。

3．利用 C 语言编写程序输出点阵文字和图案。

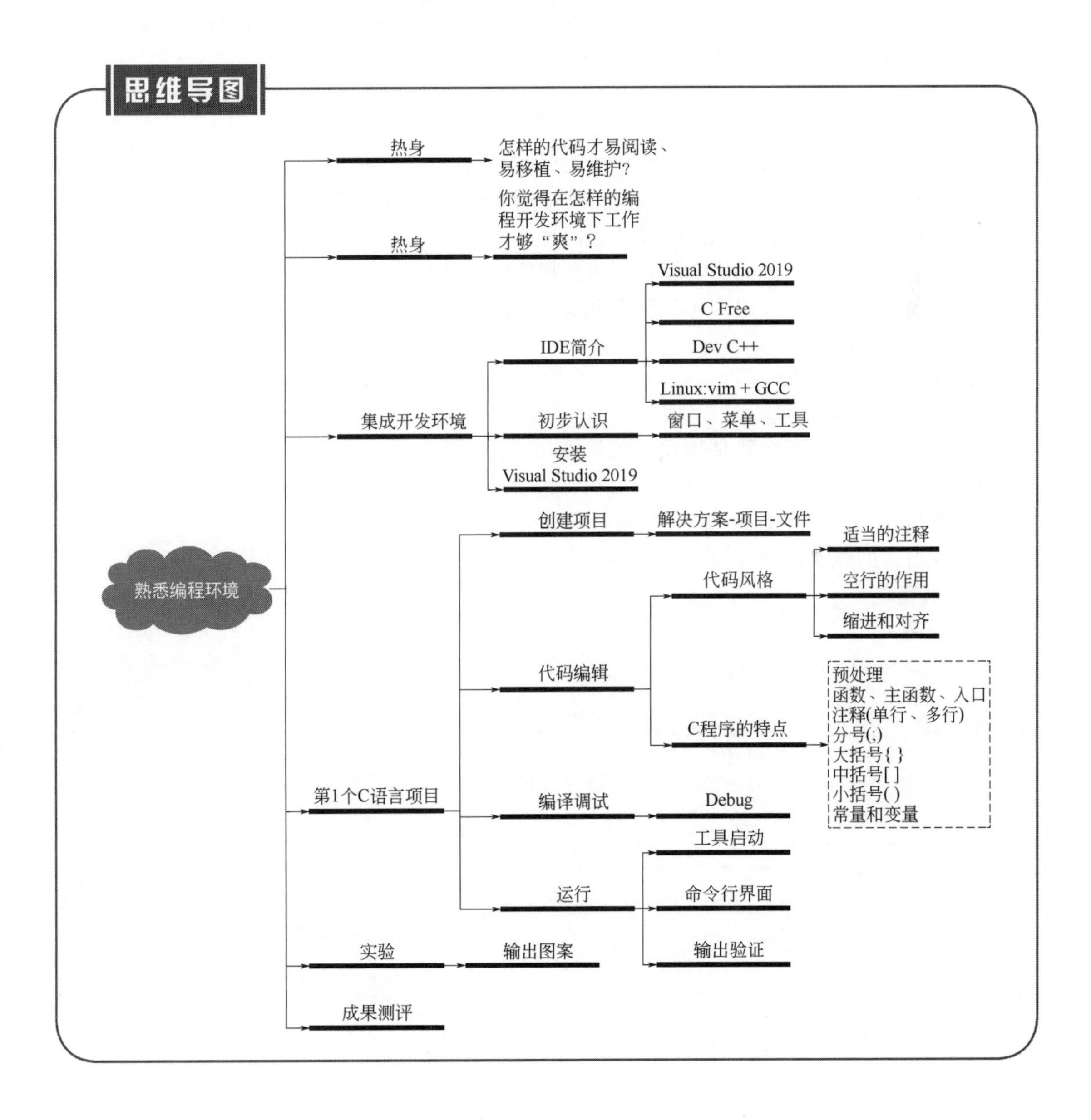

成果测评

一、判断题

1．C语言有两种类型的函数：库函数（library function）和用户自定义函数（user-defined function），前者是C编译器软件包的一部分，后者由程序员创建。（　　）

2．用Visual Studio 2019软件平台开发C语言软件项目时，要先建立一个空项目project，再往该project中添加C程序源文件。（　　）

3．集成开发环境都提供了各种菜单（如命名、保存源代码文件、编译程序、运行程序等），用户不用离开IDE就能顺利编写、编译和运行程序。（　　）

二、选择题

1．以下说法中正确的是（　　）。

A．C语言程序总是从第一个定义的函数开始执行

B．在C语言程序中，要调用的函数必须在main()函数中定义

C．C语言程序总是从main()函数开始执行

D．C语言程序中的main()函数必须放在程序的开始部分

2．以下（　　）是C语言中的包含头文件写法。

A．include<stdio.h>　　B．#include stdio.h

C．#include<stdio.h>　　D．#include[stdio.h]

3．以下正确的描述是（　　）。

A．C语言的预处理功能是指完成宏替换和包含文件的调用

B．预处理指令只能位于C源程序文件的首部

C．凡是C源程序中行首以“#”标识的控制行都是预处理命令

D．C语言的编译预处理就是对源程序进行初步的语法检查

三、填空题

如下程序：

```
1  #include <stdio.h>
2
3  int main(char **argv,int argc)
4  {
5      printf("**********************\n");
6
7      printf("每天学习C语言1小时!\n");
8
9      printf("**********************\n");
10     return 0;
11 }
```

① 哪一行是预处理语句？____。

② 哪些行是main函数定义？____。

③ 为何有些行没有分号？____。

④ 程序执行后的输出结果是下面这样吗？（行号仅表示输出行数，实际不显示。）____

```
1  **********************
2
```

```
3  每天学习 C 语言 1 小时！
4
5  **********************
```

四、编程题

请模仿【例程 2-1】，在 Visual Studio 2019 中编程，输出如下的图案。（注：可使用 PCtoLCD 2002 生成图案的 32×32 点阵数组。）

参考程序：

```
1  #include "stdio.h"
2  unsigned char table[] =
3  {
4      0x00,0x00,0x00,0x00,0x00,0x00,0x00,0x00,0x00,0x00,0x00,0x00,0x00,
       0x00,0x00,0x00,
5      0x00,0x00,0x00,0x00,0x00,0x00,0x3E,0x00,0x00,0x00,0x7F,0x00,0x00,
       0x80,0xE3,0x00,
6      0x00,0x80,0xC1,0x00,0x00,0x80,0xC1,0x00,0x00,0x80,0xC1,0x00,0x00,
       0x80,0xE3,0x00,
7      0x00,0x00,0x7F,0x00,0x00,0x00,0x7F,0x00,0x00,0x9F,0xE3,0x00,0x80,
       0xFF,0x80,0x01,
8      0xC0,0xF1,0x80,0x01,0xC0,0x60,0x00,0x03,0xC0,0x60,0x00,0x03,0xC0,
       0x60,0x00,0x00,
9      0xC0,0x71,0x00,0x00,0x80,0x3F,0x00,0x00,0x80,0x3F,0x00,0x00,0xC0,
       0x71,0x00,0x00,
10     0x60,0xC0,0x00,0x00,0x60,0xC0,0x00,0x00,0x30,0x80,0x01,0x00,0x30,
       0x80,0x01,0x00,
11     0x00,0x00,0x00,0x00,0x00,0x00,0x00,0x00,0x00,0x00,0x00,0x00
12  };
13  int main(char** argv, int argc)
14  {
15      int i, j;
16      int m;
17      int x;
18
19      for (i = 0; i < 32; i += 1)
20      {
21          /* 第 i 行的点阵信息 */
22          x = (table[i * 4 + 3] << 24) | table[i * 4+2]<<16| table[i * 4
            + 1]<<8| table[i * 4 ];
23
24
25          for (j = 0; j < 32; j++)
26          {
27              m = 1 << j;
28              /* 如果 j 列为 1，输出*，否则输出空格 */
29              if ((x & m) != 0) printf("*");
30              else printf(" ");
31          }
```

```
32          printf("\r\n");//回车换行
33      }
34      return 0;
35  }
```

第 2 课　配套代码下载

第 3 课　熟悉标识符规则和 C 语言中的数据

【学习目标】

1．熟悉标识符规则。
2．熟悉数据类型及其内存模型。
3．理解计算机中数的表示方法及数制的转换。
4．熟悉常量和变量的定义。

导学视频

【OBE 成果描述】

1．会遵循标识符规则对变量、函数等进行命名。
2．能说出不同数据类型的特点。
3．会定义变量，能说出变量与内存的关系。
4．会进行补码换算。
5．能进行二进制、八进制、十进制、十六进制数之间的转换。

【热身问题】

1．如果要发布一个“寻人启事”，你觉得应该描述哪些方面的信息？如何在计算机程序里进行描述呢？

2．生活中常见的闹钟是 12 格的，它最多可以表示 12 个小时。想象一下，如果可以用负数表示小时，那么−1 点、−2 点的位置应该在哪？能与 11 点、10 点区分出来吗？

3.1 节与 3.2 节讲解视频

3.1　一切皆有名——标识符

在日常生活中，称呼某个物品、人时，要用到它、他或她的名字，名字就是标识符。“树的影，人的名”“人过留名”“名扬天下”等，都是说名的重要性。

C 语言里出现的各种常量、变量、函数、语句块、文件等（即标识符，Identifier），都有名字。起名有一定规则，具体如下：

① 命名时只能用英文字母（含大小写）、数字和下划线；
② 数字不能作为第一个命名符号；
③ 不能使用 C 语言中的关键字（即语言本身已经占用的词，共 32 个，见表 3-1）。

表 3-1　C 语言中的关键字

char	double	enum	float	int	long	short	signed
struct	union	unsigned	void	break	case	continue	default
do	else	for	goto	if	return	switch	while
auto	extern	register	static	const	sizeof	typedef	volatile

另外，C 语言的编译器可能也会占用一些预定义标识符，如编译器预定义的系统常量：_FILE_、_LINE_、_DATE_、_TIME_、_STDC_等，这些预定义标识符也不能由用户

使用。

只要遵守标识符规则，那么你想怎样命名一个程序元素都可以。这也印证了思政课上所说的："自由这个词从来都是相对的，没有绝对的。"不过为了增加程序的可读性和可维护性，一般要求使用标识符时要尽量做到见名知意。

【例程 3-1】代码欣赏（Arduino 代码片段）。

```
1  int digitalRead(uint8_t pin)
2  {
3   uint8_t timer = digitalPinToTimer(pin);
4   uint8_t bit = digitalPinToBitMask(pin);
5   uint8_t port = digitalPinToPort(pin);
6
7   if (port == NOT_A_PIN) return LOW;
8
9   /*If the pin that support PWM output, we need to turn it off
10   before getting a digital reading*/
11   if (timer != NOT_ON_TIMER) turnOffPWM(timer);
12
13   if (*portInputRegister(port) & bit) return HIGH;
14   return LOW;
15  }
```

这里标识符使用了驼峰命名法：第一个单词首字母小写，后面其他单词首字母大写。另外还有匈牙利命名法、帕斯卡命名法、下划线命名法等，见表 3-2。

表 3-2　流行的命名方法

命名方法	说明	举例
匈牙利命名法	开头字母用变量类型的缩写，其余部分用变量的英文或英文的缩写，要求单词第一个字母大写	iLenght fCircleArea lpszStr
驼峰命名法	混合使用大小写字母来构成标识符的名字，其中第一个单词首字母小写，余下的单词首字母大写	bookPrices circleArea
下划线命名法	一个单词或多个单词组合(小写)，并以下划线分隔，单词要指明变量的用途	circle_area
帕斯卡命名法	每个单词的第一个字母都大写，又叫大驼峰式命名法	MyName

3.2　内存与数据类型

计算机的内存可以看作是一排房子，它包含许多房间，里面可以容纳不同类型的数据（二进制数），这些房间可以按需要把墙打通，组成更大的房间，所有房间通过一个房号来标识。C 语言中规定了图 3-1 中所示（32 位操作系统下）的几种基本数据类型，图中 char 型占用一个 byte（字节，包含 8 个二进制位），在 64 位系统中 long 型是 8 个字节的，本书以 32 位系统为例。

char、short、int、long 这几种数据类型，其二进制位的最高位用于表示数值的正负，然而前缀 unsigned 后的数据类型（如 unsigned int）中，其二进制位的最高位仅表示数值。这在程序设计中，由编译器来理解，如：一个内存字节可以解释成有符号类型，也可以解释成无符号类型，要看这个内存是 char 型的还是 unsigned char 型的。

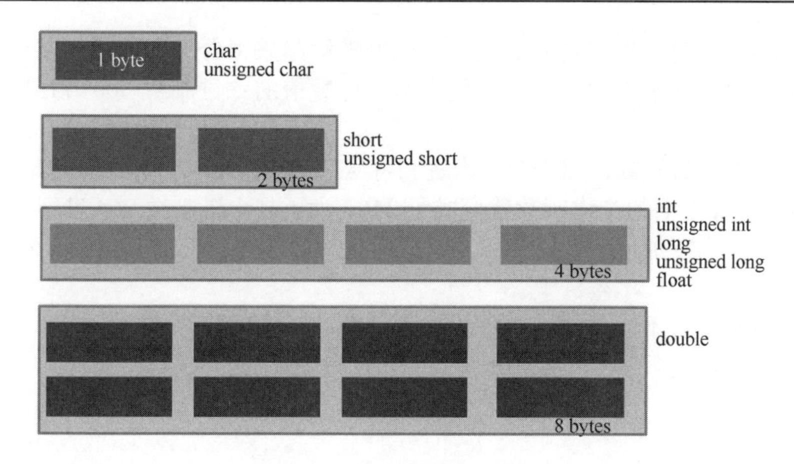

图 3-1　内存与数据类型

强调下，字符型 char 和 unsigned char，实际只是一种占一个字节内存单元的整型数据，只是使用时经常用于存储字符数据的 ASCII 码值而已。

某些嵌入式系统的代码中，为了方便进行代码移植，会使用 typedef 语法定义新的数据类型，如：

```
1  typedef unsigned  int  uint32_t;     //新的数据类型 uint32_t
2  uint32_t ticks;                      //定义 ticks 为 uint32_t
```

3.3　计算机中数的表示方法

计算机中数的表示方法 1

3.3.1　二进制、八进制、十进制和十六进制

大多数人都用十进制进行计数，这是因为我们有十个手指这一天然的计数工具（图 3-2）。小时候，我们刚开始学数数时，可没少用十个手指：0，1，2，3，…，9。有没有想过要是我们有 8 个或 12 个手指，也许我们平时用的计数制可能就不再是十进制了。但是 9 以后就没有符号可用了，唯一可行的办法是用 10 来表示接下来的数了。

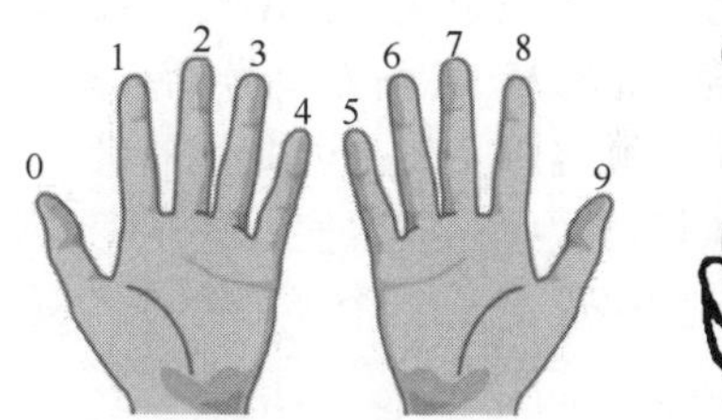

图 3-2　天然的计数工具——手

【头脑风暴】你能描述八进制数的计数规律吗？八进制数的 17 和十进制数的 17 一样吗？

计算机由于是数字电路，只能识别 0 和 1 两种状态，也就是相当于只有两个“手指”可以用来计数，它表示的数里不可能出现除 0 和 1 以外的符号。计数时按 0、1、10、11、100 往上计数，这样十进制数 2 相当于二进制数 10。

注意

十进制和二进制里都有 0、1 两个符号，但当它们在表示具体一个数时，其意义视其出现在数里的位置不同而不同。如十进制数 101 就是一百零一，二进制数 101 实际上是对应于十进制数 5。

不过在表示数据时，用二进制数表示，机器理解起来很舒服，但程序员看着就不爽了。人看十进制数 582 是挺容易领会的，但是表示同样数值的二进制数 001001000110 就超级别扭。

所以就有了十六进制数，用一个十六进制符号（0～9，A,B,C,D,E,F）来表示相应的等值 4 位二进制数，这样上面的二进制数就变成了 246。为了与十进制数 264 进行区分，C 语言中规定十六进制数前需要加前缀 0x 或 0X，这样十进制数 582 对应的等值的十六制数就表示为 0x246。

所以十六进制数只不过是二进制数的“速记”工具而已。出于同样原因，C 语言中也规定八进制数必须加前缀数字 0，故 018 在 C 语言里是非法的。

3.3.2 常量和变量

计算机中数的表示方法 2

常量分为整型常量、实型常量、字符型常量。也可以用标识符代表一个常量，此时该标识符为一个符号常量，使用符号常量有利于程序阅读和理解。

在表达整型常量时，可以用后缀 u（或 U）、l（或 L）明确常量类型，如：

0x22000000u　　u 或 U 明确说明为无符号整型数
102L　　l 或 L 明确说明为长整型数

在表达浮点型常量时，可用 f（或 F）、lf 或（LF）表示浮点型常量的类型，如：

3.1415f　　f 表示这是一个 float 型，即单精度型的常量
3.1415lf　　lf 表示这是一个 double 型，即双精度型的常量

C 语言中用单引号来表达字符型常量，则形如‘a’‘+’，不过也能看到利用转义表示格式：‘\ddd’或‘\xhh’表达的字符型常量（其中 ddd、hh 是字符的 ASCII 码，ddd 为八进制、hh 为十六进制）。如：‘a’也可以表示为‘\140’或‘\x60’。注意：不可写成‘\0xhh’或‘\0ddd’（整数）。

还有一些预先定义的常用转义序列，如‘\n’表示换行，‘\t’表示一个水平制表位（相当于占若干个空格）。而双引号括起来的则是字符串常量：“I love my family!”。

变量，顾名思义就是可变化的量，一个变量占据内存中一定的存储单元，变量的作用是在程序执行过程中存放数值。使用变量之前必须先定义变量，也就是申请内存资源。

【例程 3-2】输出一个半径为 5 的圆的面积。

```
1  #include "stdio.h"
2  #define PI 3.14159f  //浮点型常量
3
4  int main(int argc, char *argv[])
5  {
6   int radius;    /* 先定义变量 */
7   double area;
8
9   radius = 5;      //整型常量
10   area = PI * radius * radius;  //前面定义过变量，这里才能使用
11
12   printf("半径为%d 的圆的面积是%f\n", radius, area);
   //\n 是转义符，意思是换行
13
14   return 0;
15  }
```

定义 radius 和 area 后，在内存中就会占用 4 个字节和 8 个字节（图 3-3），之后程序运行里对变量的读和写实际就对应于对这些内存单元的读和写。如果未经定义的话，变量在内存中就不存在，当然谈不上读和写了。

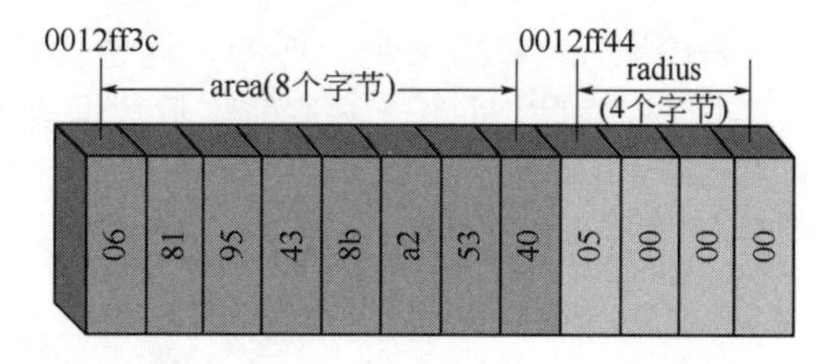

图 3-3 变量 radius 和 area 的内存形态

变量的定义语法是：

类型名 变量名; //如：char c;

类型名 变量名 = 值; //定义变量的同时，完成变量的初始化，如：int length = 12;

类型名 变量名, 变量名, 变量名; //同一类型的几个变量，可以一起定义，如 int a,b,c;

另外要注意：变量的定义，必须在{ }所包围的代码部分的开头部分，如【例程 3-2】中所示那样。

3.3.3 补码表示法

数据在计算机内存中以二进制形式存放，像 char、short、int、long 等带符号的数据类型在内存中是以补码形式存放的。

以整数为例，补码把最高二进制位解析成符号位：1 表示负数，0 表示正数。同时又将其他二进制位表示数值位。关于补码有一个快捷运算方法：

$X|_{补} = 2^n + X$ n 为 X 的数据类型所占的二进制位数，如 char 型为 8，int 型为 32。

为了帮助理解这个公式，请想象：如果有 16 个刻度的钟表，你可以看到在表盘上 5 点钟的位置与 21 点钟（2^4+5=21）的位置是同一个，−5 点的位置则与 11 点钟［2^4+(−5)=11］的位置是同一个（图 3-4）。

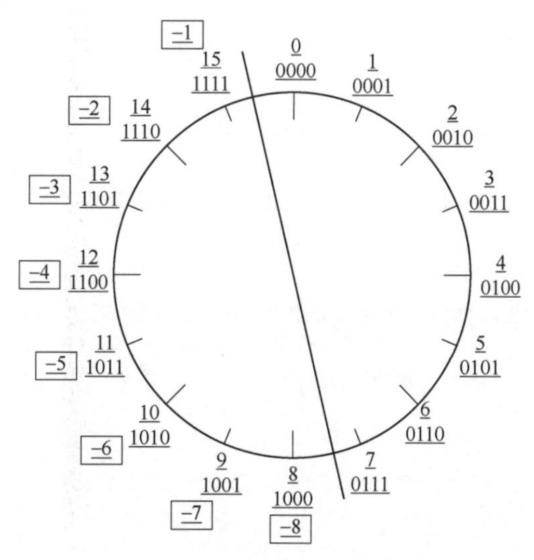

图 3-4 16 个刻度的钟表（4 位二进制）

现在想象你有一个 2^8=256 个刻度的钟表，如果是一个 char 型的常数−1，它的补码就是 2^8+(−1)=0xff，即二进制数 1111 1111。此时想象你有一个 2^{32} 个刻度的钟表。如果是一个 int 型的常数−1，它的补码就是 2^{32}+(−1)=0xffffffff，即二进制数 1111 1111 1111 1111。

 **想一想**：char 型的−128 的补码是多少？int 型的 0 的补码又是多少呢？

计算机中使用补码的好处是可以把减法作为加法来处理，如在 char 型的运算中，10−5=5

与 10+(2^8−5)运算结果是一样的，这也使计算更为简单，计算机硬件电路也更为简单。

现在，可以对比一下几种整数数据类型，数据的取值范围如图 3-5 所示。

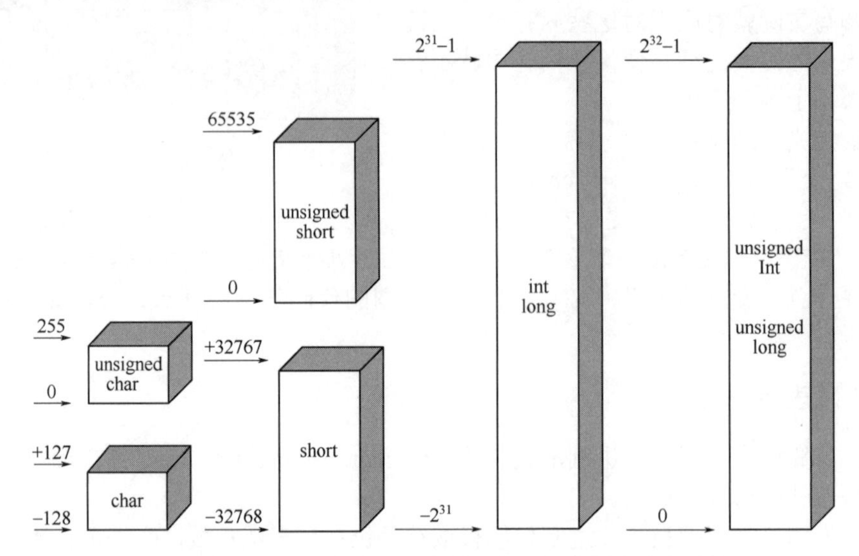

图 3-5　几种整型数据类型所能表达的数的范围（不溢出内存的情况下）

当一个数值超出了某种数据类型所能表达的数的范围时，将发生“溢出”现象（或者叫“回卷”现象），如将 270 存入 unsigned char 型变量，将只能在内存中得到 14 这个数（图 3-6）。因此在编程时一定要为要处理的数据选择合适数据类型的内存变量。

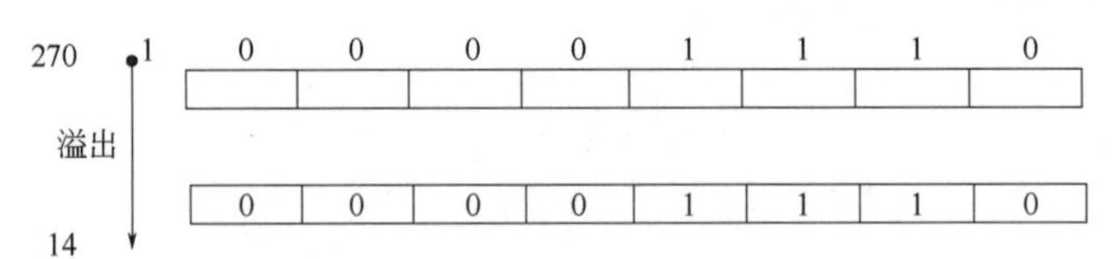

图 3-6　变量存储数据时的“溢出”现象

【例程 3-3】整数数据类型。

```
1  #include "stdio.h"
2
3  int main(int argc, char** argv)
4  {
5    char gender = 'M';
6    short age = 16;
7    int value = -5;
8    unsigned char max = 0xff;
9    unsigned short count = 4096;
10   unsigned int range = 4000;
11   //sizeof() 是一个运算符，用于计算不同数据类型的字节数
12   //\t 是转义字符，表示跳过一个制表位，\n 表示换行
13   printf("char\tshort\tint\tunsiged char\tunsigned short\tunsigned
     int\n");
14   // \ 是续行符，当一行写不下时可以使用
15   printf("%d\t%d\t%d\t%d\t\t%d\t\t%d\n",sizeof(char),sizeof(short),\
           sizeof(int),
```

```
16   sizeof(unsigned char), sizeof(unsigned short),\
         sizeof(unsigned int)\
17   );
18
19   return 0;
20  }
```

可以在第 13 行设置断点，此时可以在局部变量窗口看到图 3-7（a）所示内容，可以看到这几种类型的变量存放的数据内容和长度［程序的输出结果见图 3-7（b)］。

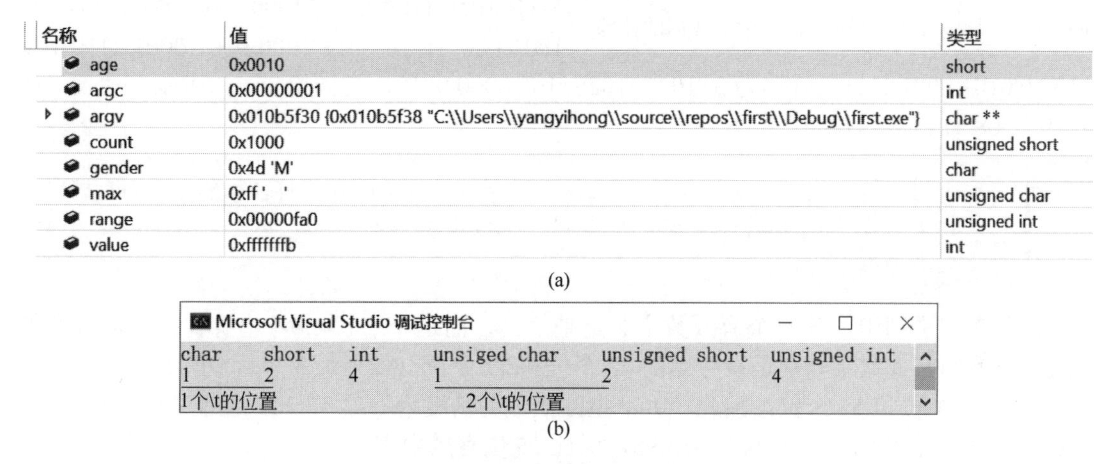

图 3-7　整型变量的内容和长度

3.3.4　浮点型数据

浮点型数据，也称实型数据，有两种形式：

① 小数形式，例如：.123、123.、123.0、0.0。浮点数规格化的表示是在字母 e 或 E 之前的小数部分，小数点左边有且只能有一位非 0 数字。

② 用指数形式表示，例如：123e3、123E3。指数形式表示时是按照规格化方法表示的。

在内存中，float 型数据分为 1 位符号位、8 位阶码（指数）、23 位尾数共 4 个字节表示。double 型分为 1 位符号位、11 位阶码（指数）、52 位尾数共 8 个字节表示。因此后者称为双精度浮点数。位分布情况见图 3-8。

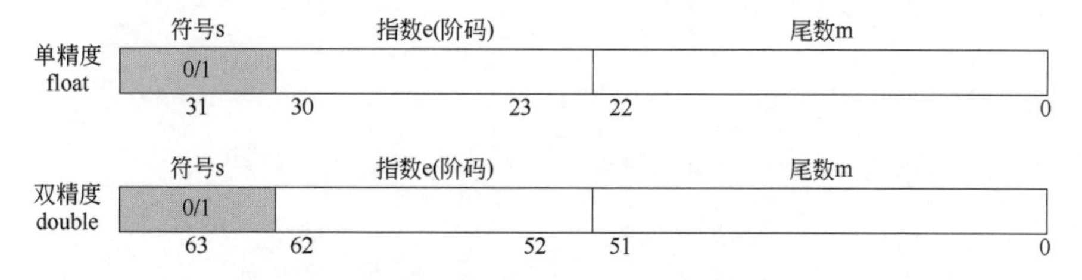

图 3-8　单精度数和双精度数的内存数据的位分布情况

以 float 型为例，阶码在内存中的存储值 e=实际的指数值+127，而尾数 m 存储值为实际的小数部分值去掉最前面的前导 1 和小数点。在 double 型中，阶码 e=实际的指数值+1023。

如图 3-9 所示，单精度数 3.14159 转换为二进制数 $11.00\ 1001\ 0000\ 1111\ 1101_2$，规格化后为 $1.100\ 1001\ 0000\ 1111\ 1101\times2^1$。现在去除小数点和前面的 1，可以得到尾数 100 1001

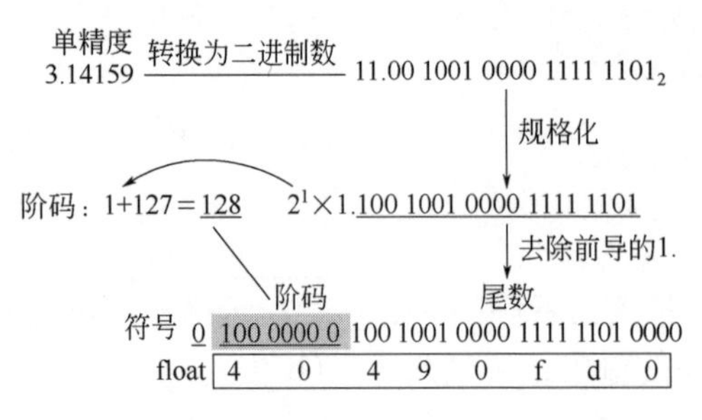

图 3-9 单精度数 3.14159 在内存中的数据的计算

0000 1111 1101 0000，阶码为 1+127=128，即 1000 0000，这样相应十六进制形式表示成 0x40490fd0。

双精度数的转换规则类似，如：12.56 lf 转换为二进制数为 1100. 1000 1111 0101 1100 0010 1000 1111 0101 1100 0010 1000 1111_2，规格化后为 1.100 1000 1111 0101 1100 0010 1000 1111 0101 1100 0010 1000 $1111_2\times2^3$，尾数为 1001 0001 1110 1011 1000 0101 0001 1110 101 1 100 0 0101 0001 1111，阶码为 3+1023=1026=100 0000 0010，这样相应十六进制形式表示成 40 29 1e b8 51 eb 85 1f。

注意

十进制转二进制（整数部分）：把该十进制数，用二因式分解，取余，并倒着排列。

把十进制中的小数部分转为二进制：把该小数不断乘 2，取整，直至没有小数为止，顺着排列。

由于在二进制中，第一个有效数字必定是“1”，而这个“1”并不会存储。单精度和双精度浮点数的有效数字分别是有存储的 23 个位和 52 个位，加上最左手边没有存储的第 1 个位，即是 24 个位和 53 个位。因此，float 型浮点数的精度为 $\lg2^{24}$=7.22，保证 **7 位有效数字**，而 double 型浮点数的精度为 $\lg2^{53}$=15.95，保证 **15 位有效数字**。

编程时如果计算精度足够的情况下，尽量用 float 型，以节省内存资源，这在内存资源缺乏的单片机中更应注意。

【例程 3-4】变量在内存中的表示。

```
1  #include "stdio.h"
2
3  int main(int argc, char** argv)
4  {
5   float fValue;
6   double dValue;
7   unsigned char cValue;
8
9   fValue = 3.14159;//浮点常量，默认是 double 型的，而 3.14159f 是 float 型的
10   dValue = 12.56;
11   cValue = 270;
12
13   printf("fValue = %f\n", fValue);
14   printf("dValue = %f\n", dValue);
15   printf("cValue = %d\n", cValue);//发生溢出，故输出 14
16
17   return 0;
18  }
```

若在 13 行设断点，内存中的变量值如图 3-10 所示，这已经在上文计算和解释过了。

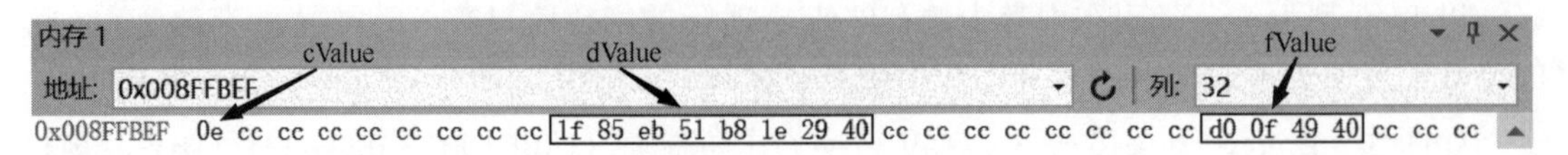

图 3-10 【例程 3-4】中的变量在内存中的值

项目实践　数字电子钟

（1）要求

设计一个数字电子钟（图 3-11），要求能够显示当下的时分秒信息，并且能够随时间消逝而递增变化。

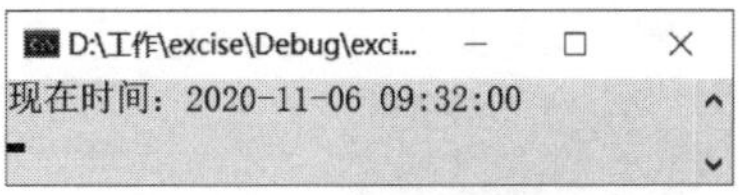

（2）目的

① 掌握运行一个 C 程序的步骤，理解并学会 C 程序的编辑、编译、链接方法。

D:\工作\excise\Debug\exci...
现在时间：2020-11-06 09:32:00

图 3-11　数字电子钟

② 掌握 C 语言标识符规则、字符串常量。

③ 了解库函数 printf、time、localtime、sin 等的基础用法。

④ 初步了解 EasyX 库的安装与使用。

⑤ 了解在界面上刷新时钟信息的方法。

（3）步骤及记录

步骤 1：启动 Visual Studio 2019。

步骤 2：点击菜单项“文件|新建|项目”，选择创建空项目，然后确定解决方案、项目的名称、路径，点击“创建”，如此就建好了一个解决方案和项目。

步骤 3：在源文件夹中（图 2-8）新建 C 语言源文件 main.c，输入代码，保存。

步骤 4：编译、链接［菜单“生成|生成 xx（项目名称）”］。

步骤 5：运行程序。

（4）参考代码

【方案一】

```
1   #include<stdio.h>
2   #include "stdlib.h"
3   #include <time.h>
4   #include "windows.h"
5
6   int main()
7   {
8    char str[50]; //字符数组的定义，标识符 str，元素个数 50
9    struct tm* nt;//定义指向 tm 结构的指针变量：nt
10    time_t t;
11
12    while (1)
13    {
14     system("cls");//清屏函数
15
16     t = time(NULL);
17     nt = localtime(&t);
18
19     strftime(str, 50, "%Y-%m-%d %H:%M:%S", nt);//输出字符串格式化
20     printf("现在时间：%s\n", str);
21     Sleep(100);
22    }
23    getchar();
24
```

```
25    return 0;
26    }
```

【方案二】

通过 EasyX 库来实现数字电子钟的绘制。首先要从 https://easyx.cn/下载 EasyX 库的安装包并安装，界面如图 3-12 所示。

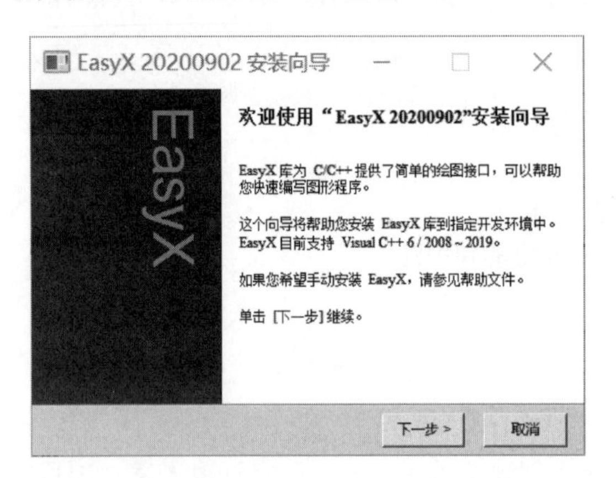

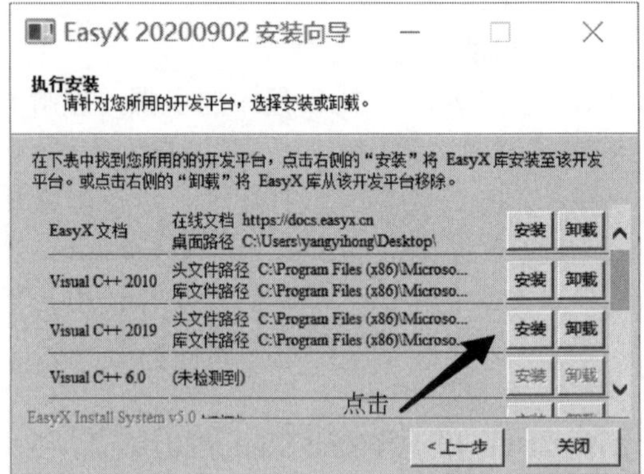

图 3-12　安装 EasyX 库界面

接下来，要注意步骤 3，由于 EasyX 库是面向 C++语言编译规则的，步骤 3 要改成：在源文件夹中（图 2-8）新建 C 语言源文件 main.cpp，输入代码，保存。

```
1  #include<graphics.h>
2  #include<math.h>
3  #include<conio.h>
4  #include<mmsystem.h>
5  #pragma comment(lib, "winmm.lib")
6  #define PI 3.1415926535      //定义π值
7  /*按时分秒信息绘制时针，分针和秒针*/
8  void DrawHand(int hour, int minute, int second)
9  {
10   double a_hour, a_min, a_sec;
11   int x_hour, y_hour, x_min, y_min, x_sec, y_sec;
12   a_sec = second * 2 * PI / 60;
13   a_min = minute * 2 * PI / 60 + a_sec / 60;
14   a_hour = hour * 2 * PI / 12 + a_min / 12;
15   //计算时分秒末端位置
16   x_sec = (int)(120 * sin(a_sec)); y_sec = (int)(120 * cos(a_sec));
17   x_min = (int)(100 * sin(a_min)); y_min = (int)(100 * cos(a_min));
18   x_hour = (int)(70 * sin(a_hour)); y_hour = (int)(70 * cos(a_hour));
19   //绘制秒针
20   setlinestyle(PS_SOLID, 2);setcolor(RED);
21   line(200 + x_sec, 200 - y_sec, 200 - x_sec / 3, 200 + y_sec / 3);
22   //绘制分针
23   setlinestyle(PS_SOLID, 5);setcolor(BLUE);
24   line(200 + x_min, 200 - y_min, 200 - x_min / 5, 200 + y_min / 5);
25   //绘制时针
26   setlinestyle(PS_SOLID, 7);setcolor(GREEN);
27   line(200 + x_hour, 200 - y_hour, 200 - x_hour / 5, 200 + y_hour / 5);
```

```
28  }
29  /*-------------初始化表盘-------------*/
30  void DrawDial()
31  {
32   setbkcolor(WHITE);cleardevice();
33   setcolor(BLACK);
34   circle(200, 200, 160);circle(200, 200, 2);circle(200, 200, 60);
35
36   settextstyle(20, 0, _T("宋体"));
37   outtextxy(320, 190, _T("3"));outtextxy(195, 320, _T("6"));
38   outtextxy(70, 190, _T("9"));outtextxy(190, 70, _T("12"));
39
40   mciSendString(_T("play Music repeat"), 0, 0, 0);
41   setfillcolor(RED);
42
43   for (int i = 0; i < 60; i++)
44   {
45       int x = 200 + (int)(145 * sin(PI * 2 * i / 60));
46       int y = 200 + (int)(145 * cos(PI * 2 * i / 60));
47
48       if (i % 15 == 0) bar(x - 5, y - 5, x + 5, y + 5);
49       else if (i % 5 == 0) solidcircle(x, y, 3);
50       else putpixel(x, y, YELLOW);//画一个像素
51
52       for (int i = 0; i < 11; i++)
53       {
54           x = 200 + (int)(28 * sin(PI * 2 * i / 11));
55           y = 200 + (int)(28 * cos(PI * 2 * i / 11));
56           putpixel(x, y, LIGHTCYAN);
57       }
58       for (int i = 0; i < 30; i++)
59       {
60           x = 200 + (int)(100 * sin(PI * 2 * i / 30));
61           y = 200 + (int)(100 * cos(PI * 2 * i / 30));
62           putpixel(x, y, RED);
63       }
64   }
65  }
66
67  int main()
68  {
69   system("title 我的时钟");
70   initgraph(400, 400);//绘制窗口
71
72   DrawDial();
73
74   setwritemode(R2_XORPEN);// 设置 XOR 绘图模式 R2_XORPEN
75   SYSTEMTIME ti;             //定义变量保存当前时间
76
77   mciSendString(_T("open 闹钟.mp3 alias Music"), 0, 0, 0);//打开音乐文件
78   while (!_kbhit())         //按任意键退出钟表程序
```

```
79  {
80      GetLocalTime(&ti);
81      DrawHand(ti.wHour, ti.wMinute, ti.wSecond);//画表针
82      Sleep(1000);//延时 1s
83      DrawHand(ti.wHour, ti.wMinute, ti.wSecond);//消除表针
84
85  }
86  mciSendString(_T("close &Music"), 0, 0, 0);
87  closegraph();
88  return 0;
89 }
```

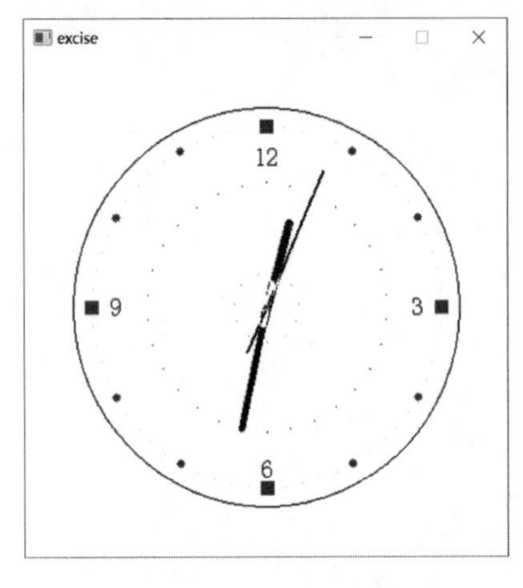

图 3-13　运行效果

运行效果如图 3-13 所示。

代码解释：

① 第 1～4 行包含头文件 graphics.h 以调用 EasyX 库中各种库函数；包含头文件 math.h 以调用各种数学运算函数，如 sin、cos 等；包含头文件 mmsystem.h，以允许调用以 mci 开头的多媒体播放函数 mciSendString。

② 第 8～28 行中 DrawHand 函数封装了绘制时针、分针和秒针的指令，这由 setlinestyle 和 setcolor、line 等函数配合完成，这里注意 74 行绘图模式 R2_XORPEN。

③ 第 30～65 行中 DrawDial 函数用于绘制表盘，包括刻度、标示等。其中涉及 init_graph、setbkcolor、setwritemode、circle、bar、solidcircle 等由 EasyX 库提供的绘图函数，需要查阅手册来理解。

④ 第 40、77、86 行中的 mciSendString 是用来播放多媒体文件的 API 指令，可以播放 PEG、AVI、WAV、MP3 等多媒体文件，其参数就是播放的指令，如 open、play、close 等。

⑤ 第 80 行用 GetLocalTime 来取得当前的时间信息。

⑥ 整段代码也清楚地表达了利用 EasyX 画图的代码框架。一般使用 EasyX 库时，按如下流程：

```
1   #include <graphics.h>
2   #include <conio.h>
3
4   int main()
5   {
6      // 初始化图形驱动库
7      initgraph(640, 480);
8      setbkcolor(BLUE);
9      cleardevice();// 设置背景颜色，并以此重绘屏幕
10
11    //各种绘图操作，如设置颜色，画直线、矩形等
12    setcolor(RED);
13    rectangle(100, 100, 300, 300);
14
15    _getch();// 让程序停下来，Press any key to exit
16    closegraph();//关闭图形驱动
17  }
```

小　结

1．了解了 C 语言的标识符规则，学习了计算机中数据的表示，即数据是有类型的，表达数据有不同的数制、补码表示法，另外还知道了常量和变量的概念。

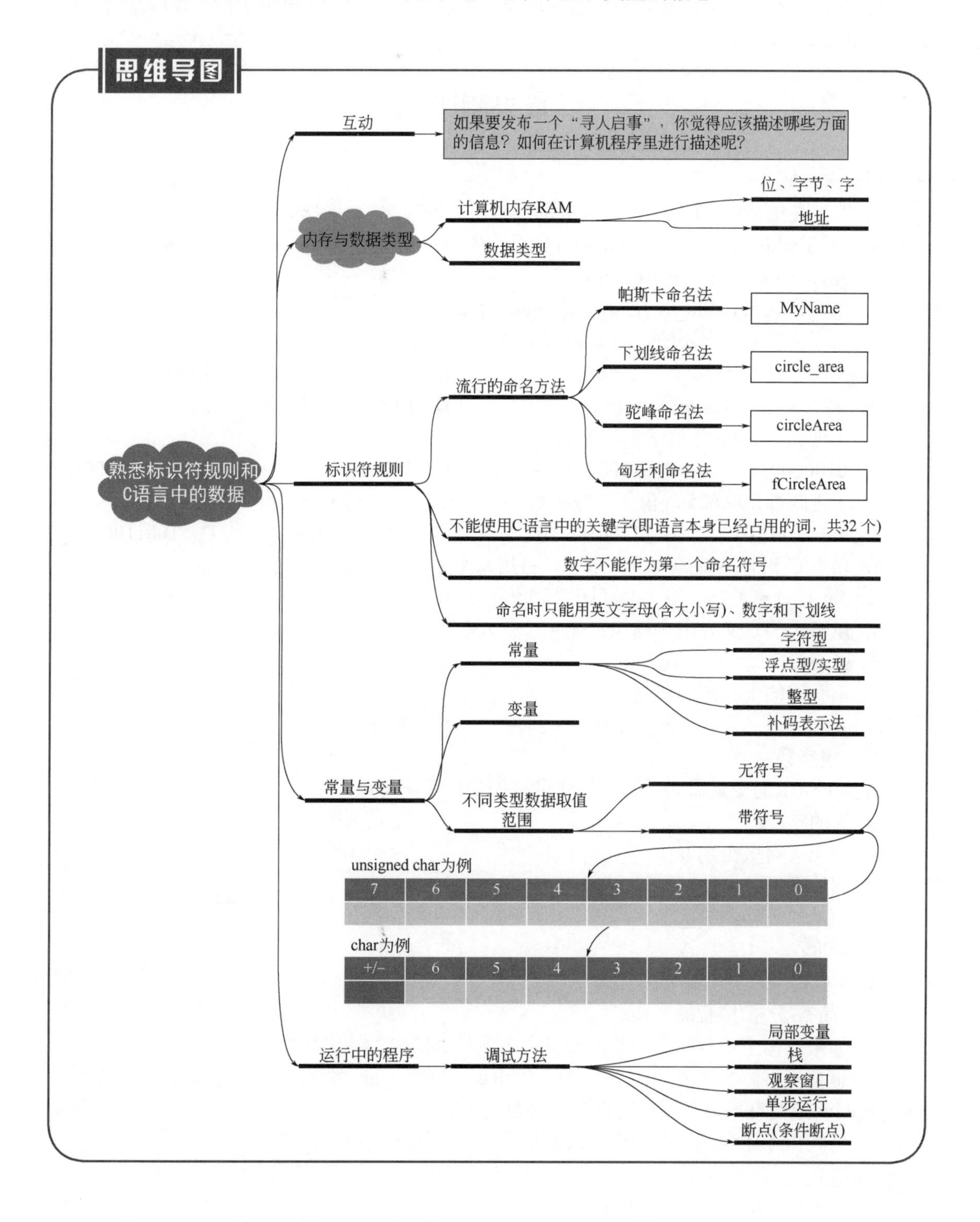

2．懂得计算机只能识别二进制数，所有在计算机表达的信息都是二进制的，所以要学会其他数制与二进制数之间的转换。

3．要想把计算机世界与现实世界联系起来，应理解每一种数据类型在内存中的形式，体会定义一个变量就是在内存中分配一个内存空间（其大小取决于变量的数据类型），而某个变量内存空间的大小就决定了这一变量能表达的数的范围。

4．调试运行时，学习获知程序运行环境的方法，如：断点、单步运行、观察窗口、栈、自动变量窗口等。

成果测评

一、选择题

1．以下变量名中，（　　）是有效的（合法）变量名。（多选）

A．23variable　　B．total_score　　C．Weightin#s　　D．one

E．gross-cost　　F．Radius

G．this_is_a_variable_to_hold_the_width_of_a_box

2．以下选项中，合法的一组C语言数值常量是（　　）。

A．028　　.5e-3　　−0xf　　B．12.　　0xa23　　4.5e0

C．.177　　4e1.5　　0abc　　D．0x8A　　10,000　　2.e5

3．十进制数2003等值于二进制数（　　）。

A．0100000111　　B．10000011　　C．110000111　　D．11111010011

4．十进制数100.625等值于二进制数（　　）。

A．1001100.101　　B．1100100.101　　C．1100100.011　　D．1001100.11

5．以下C语言支持的数据类型中，占用八个字节的数据类型是（　　）。

A．float　　B．double　　C．int　　D．char

6．以下不能定义为用户标识符是（　　）。

A．double　　B．_0　　C．_int　　D．s2

7．不合法的十六进制数是（　　）。

A．oxFF　　B．0xabc　　C．0x11　　D．0x19

二、填空题

为如下所示的变量命名，并声明变量，如书的页码可以声明为：int pages。

a．人的年龄：____。

b．一个人有多少朋友：____。

c．圆的半径：____。

d．商品的价格：____。

e．温度：____。

f．测验的最高分（假设是100）：____。

三、简答/分析/编程题

1．如果把一个小数赋值给整型变量会出现什么情况？请编程验证。

2．请编程将一个负值，如−1，赋值给char型变量、int型变量、unsigned char型变量、unsigned int型变量，请仔细观察内存中的数值形态。

3．请找出下述程序中的错误，改正后写入右边的方框内。

```
1  include  <stdio.h>
2  main
3  (
4     float  g;  h;
5     float  tax,   rate;
6     g  =  e21;
7     tax = rate*g;
8  )
```

4. 假设 ch 是 char 型的变量。请分别使用预定义转义符、转义序列(八进制)、转义序列(十六进制)、十进制值、八进制值和十六进制值等形式，把回车字符（CR，ASCII 编码 0x0d）赋给变量 ch。

参考代码：

```
1  #include <stdio.h>
2  /*回车的 ASCII 码值是 十六进制 0x0d ，十进制是 13，八进制是 015*/
3
4  int main(int argc, char* argv[])
5  {
6     char ch;
7
8     ch = '\r';//预定义转义符
9     ch = '\015';//转义序列(八进制)
10     ch = '\x0d';//转义序列(十六进制)
11
12     ch = 13;
13     ch = 015;
14     ch = 0x0d;
15
16     return 0;
17  }
```

第 3 课　配套代码下载

第4课　与计算机的互动——信息的输入和输出

【学习目标】

1．熟悉字符的输入、输出。

2．掌握格式化输入/输出函数。

【OBE 成果描述】

导学视频

1．会用 getchar、putchar 函数进行字符的输入、输出。

2．会使用 printf 和 scanf 对不同的输入/输出格式字符串进行变量的输入、输出。

【热身问题】

生活中，我们在打印（print）一个文件前，通常需要检查一下文件的排版格式是不是合理，那么：

1．如何在只能输出文本的控制台界面下进行排版呢？

2．可能会有哪些格式排版的需求呢？

4.1　以文本方式互动

4.1 节与 4.2 节讲解视频

今天的你可能已经习惯于在互联网上处理各种事务，比如购物、聊天、办公，大多数时候你接触的可能是文本、图片、声音、动画等丰富多彩的各种媒体信息，很多时候只要点点鼠标就可以了。但网络的另一头是如何与你进行互动的呢？

事实上，在通过类似网络、串行通信等方式传达信息时，所有的信息都必须序列化为二进制流或文本流，而且以文本方式互动仍然是人与机器交互的重要手段。

各种无显示器仅保留通信接口的计算机设备（headless system）中运行的程序，表达信息的最基本手段就是文本（在控制台界面下的程序也可归属于这一类情况）。

字符是最基本的，可能接触到的字符中，有些字符如字母、标点符号、数字等是屏幕中实际可以显示的，有些字符是不显示的，只是用于做格式控制或排版用的，在 ASCII 码中就存在许多如换行、空格、水平制表符，甚至用于设备控制的像响铃、拒绝接收等特殊“字符”。

在 C 语言中，stdio 库（standard　input & output）用于在控制台屏幕（或文件）中，进行基本的文本的输入/输出操作，要使用这个库的代码，只要用#include “stdio.h”包含头文件就可以了，这样编译器在编译程序时会将其链接到用户程序。

以下几个函数是现阶段可能常用的输入/输出函数，需要掌握：

```
int putchar(int _Character);
int printf( char const* const _Format, ...);
int getchar(void);
int scanf(char const* const _Format, ...);
```

_Format 可以是一个简单的常量字符串，也可以分别指定 %s、%d、%c、%f 等来输出或读取字符串、整数、字符或浮点数。

4.2　文本信息的输出

putchar 函数用于只输出一个字符（可以是任何字符，包括控制字符），使用方法如【例程 4-1】所示。运行结果如图 4-1 所示。

【例程 4-1】输出一个字符。

```
1  #include "stdio.h"
2
3  int main(int argc, char** argv)
4  {
5    char ch = 'b';
6
7    putchar('a');
8    putchar('\t');
9    putchar('\x32');
10   putchar('\\');
11   putchar(ch);
12
13   return 0;
14 }
```

printf 函数的功能是输出经过格式控制（排版）的文本，需要掌握其格式控制方法，请仔细分辨输出格式。

【例程 4-2】文本的格式化控制。

```
1  #include "stdio.h"
2
3  int main(int argc, char** argv)
4  {
5    printf("字符: %c %c \n", 'a', 65);
6    printf("十进制数: %d %ld\n", 1977, 650000L);
7    printf("前导空格: %10d \n", 1977);
8    printf("前导 0: %010d \n", 1977);
9    printf("不同的数制: %d %x %o %#x %#o \n", 100, 100, 100, 100, 100);
10   printf("单精度浮点数: %4.2f %+.0e %E \n", 3.1416, 3.1416, 3.1416);
11   printf("宽度控制: %*d \n", 5, 10);
12   printf("%s \n", "我会成功的! ");
13
14   return 0;
15 }
```

程序的运行结果如图 4-2 所示。

图 4-1　【例程 4-1】运行结果

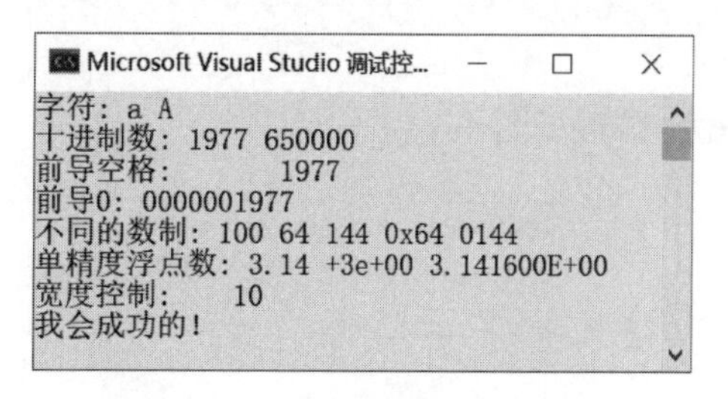

图 4-2　【例程 4-2】运行结果

printf 函数的第一个参数是格式化控制字符串，其中，需要注意%c、%f 等格式控制符（图 4-3），它们相当于在输出信息中为实际输出信息占位。

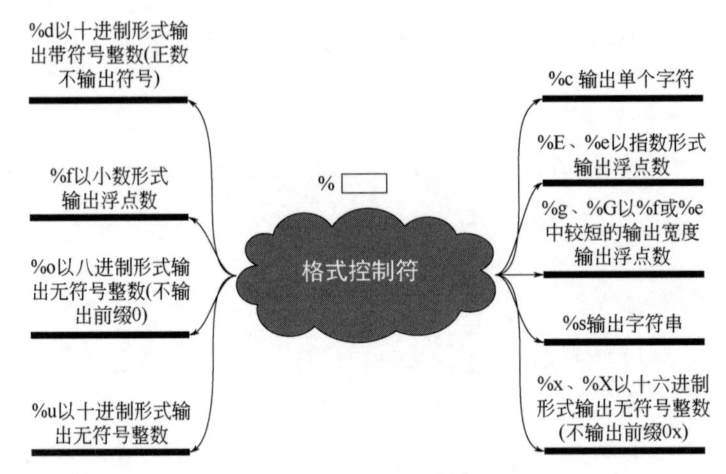

图 4-3 常用的格式控制符

对格式更为精细的控制如下，请仔细研究下，有时候很有用哦！

① %md 数据占 m 位，不足 m 位时，左端补以空格。

② %-md 数据占 m 位，左对齐，不足 m 位时右端补以空格。

③ %ld 输出长整型（long）数据，格式符也可以是 d、o、x、u。

④ %.nf 输出 n 位小数位。

⑤ %.ns 表示在字符串中截取的字符个数。

⑥ %m.nf 输出浮点数共占 m 位，n 为小数点后面的位数。

⑦ %m.ns 输出字符串总共占 m 位，但只取字符串中左端 n 个字符。

【例程 4-3】 printf 函数的格式控制。

```
1  #include <stdio.h>
2  int main()
3  {
4   int a = 15;
5   long float b = 123.1234567;
6
7   printf("a(%%d)=%d, a(%%5d)=%5d, a(%%o)=%o, a(%%x)=%x\n\n", a, a, a,
    a);
8   printf("b(%%f)=%f, b(%%lf)=%lf, b(%%5.4lf)=%5.4lf,  b(%%e)=%e\n\n",
    b, b,
    b, b);
9   return 0;
10  }
```

输出结果见图 4-4。

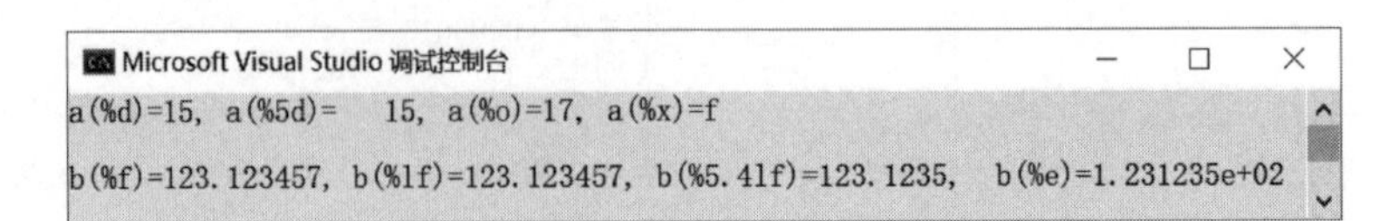

图 4-4 输出结果

4.3　文本信息的输入

文本信息的输入

int getchar(void)函数从标准输入（通常指键盘）获取一个字符（一个无符号字符），见【例程 4-4】。

【例程 4-4】getchar 和 putchar 函数。

```
1  #include <stdio.h>
2
3  int main()
4  {
5      char c;
6
7      printf("请输入字符：");
8      c = getchar();
9
10     printf("输入的字符：");
11     putchar(c);
12
13     return(0);
14 }
```

scanf 函数可为变量获取从键盘上输入的指定格式的数据，因而称为格式化输入函数，见【例程 4-5】。注意：int scanf(char const* const _Format, ...)中要求“...”处的列表是所有变量的地址，而不是变量本身，这与 printf 函数完全不同，要特别注意。

【例程 4-5】scanf 和 printf 函数。

```
1  #include "stdio.h"
2  int main(void)
3  {
4     int a, b, c;
5     scanf("%d%d%d", &a, &b, &c); // &是地址运算符，分别得到 a，b，c 的内存地址
6     //scanf("%d,%d,%d", &a, &b, &c); //此时可用‘,’确认输入
7     printf("%d,%d,%d\n", a, b, c);
8     return 0;
9  }
```

程序运行时需要输入三个变量的值，此时每个值输入后，用空格或回车确认输入（要求与格式控制字符串的分隔符保持一致）。程序运行时，输入（由你自由决定）及输出如图 4-5 所示。

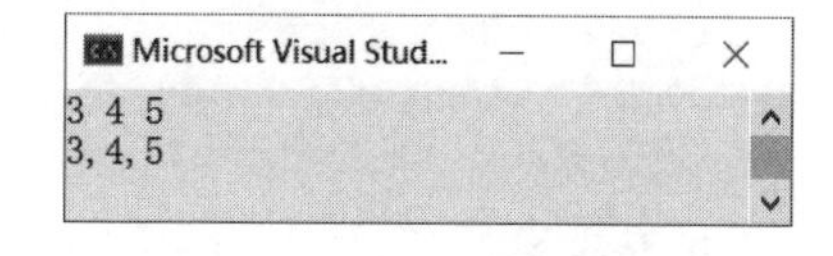

图 4-5　【例程 4-5】运行结果

scanf 所用的格式控制字符串大部分与 printf 相同，只是不能进行输入精度的控制，如下面的语言是错误的：scanf("%5.2f", &f)。

项目实践　电子元器件库存清单

（1）要求

通过 C 语言设计程序，输出一份“电子元器件库存清单”（图 4-6），包括序号、名称、参数、封装、单价（元）、库存数量（个）等字段。

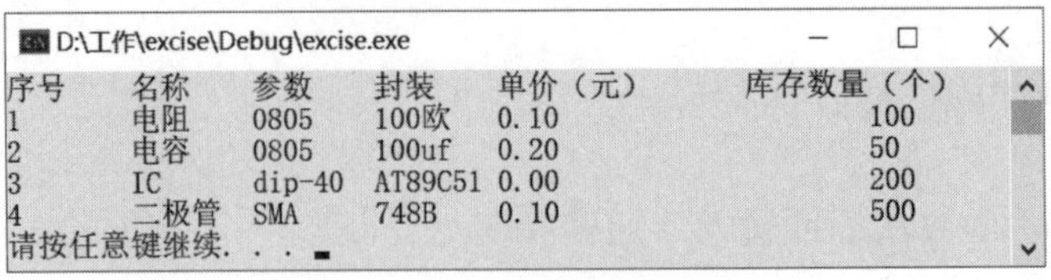

```
D:\工作\excise\Debug\excise.exe
序号    名称    参数    封装    单价（元）      库存数量（个）
1       电阻    0805    100欧   0.10                    100
2       电容    0805    100uf   0.20                    50
3       IC      dip-40  AT89C51 0.00                    200
4       二极管  SMA     748B    0.10                    500
请按任意键继续. . .
```

图 4-6　电子元器件库存清单样例

（2）目的

① 理解 C 语言标识符命名规则、常量与变量。

② 理解各种数据类型及其内存布局。

③ 掌握各种格式化控制输出。

（3）步骤及记录

步骤 1：启动 Visual Studio 2019。

步骤 2：点击菜单项“文件|新建|项目”，选择创建空项目，然后确定解决方案、项目的名称、路径，点击“创建”，如此就建好了一个解决方案和项目。

步骤 3：在源文件夹中新建 C 语言源文件 main.c，输入代码，保存。

步骤 4：编译、链接［菜单“生成|生成 xx（项目名称）”］，注意编译器的提示。

步骤 5：运行程序。

（4）参考代码

```
1   #include <stdio.h>
2   #include <stdlib.h>
3
4   int main(int argc, char* argv[])
5   {
6     printf("序号\t 名称\t 参数\t 封装\t 单价（元）\t 库存数量（个）\n");
7
8     printf("%d\t%s\t%s\t%s\t%-10.2lf\t\t%d\t\n", 1, "电阻", "0805", "100欧",
      0.1, 100);
9     printf("%d\t%s\t%s\t%s\t%-10.2lf\t\t%d\t\n", 2, "电容", "0805", "100uf",
      0.2, 50);
10    printf("%d\t%s\t%s\t%s\t%-10.2lf\t\t%d\t\n", 3, "IC", "dip-40",
      "AT89C51", 2, 200);
11    printf("%d\t%s\t%s\t%s\t%-10.2lf\t\t%d\t\n", 4, "二极管", "SMA", "748B",
      0.1, 500);
12
13    system("pause");
14    return 0;
15  }
```

扩充学习：

在实际应用产品中，常通过数据库来保存表格，查询、修改也比较方便，比如在 Android 手机里就用 sqlite 数据库来保存通讯录，可以自行找资料了解一下。

小　结

1．了解文本信息格式化输入和输出，通过 stdio 库中的 getchar、putchar、printf、scanf 等函数，对格式控制符进行了深入学习。

2．要注意常用的几种格式符，如%c、%d、%f 等的基本形式，也要注意类似于%m.nf 这种带有域宽、小数位数控制的形式。

3．通过 scanf 函数为变量输入值时，使用如&a（这里 a 是某个变量名）的形式。

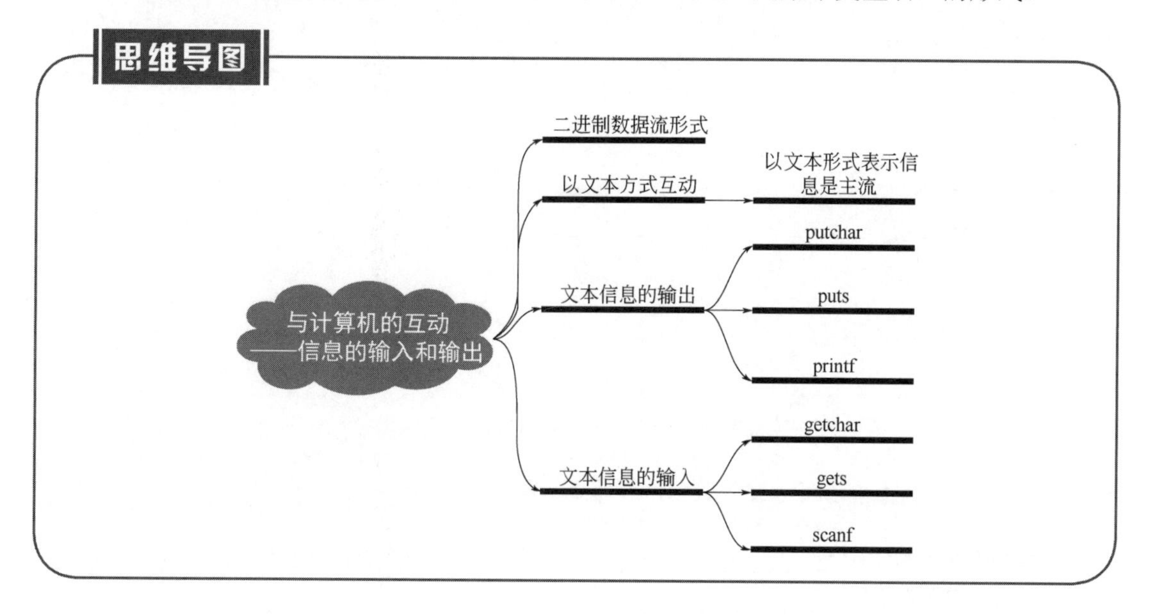

成果测评

一、选择题

1．在以下选项中，正确的输出语句为（　　）。

```
1  #include <stdio.h>
2
3  int main() {
4      float pi = 3.14159;
5
6      ______________;
7      return 0;
8  }
```

A．printf("%d\n", pi)　　　B．printf("%f\n", pi)

C．printf(pi)　　　D．printf("%c\n", pi)

2．以下正确的 scanf 函数用法是（　　）。

A．scanf("f",&f)　　B．scanf("%f",&f)　　C．scanf("&f",%f)　　D．scanf("%f",f)

二、填空题

1．在以下程序中补充完整格式符，使其可以正常输出。

```
1  #include <stdio.h>
2  int main()
3  {
4    int age = 18;
5    float height = 1.85f;
6    char unit = 'm';
7
```

```
8   printf("小王今年______岁\n", age);
9   printf("小王身高为______\n", height, unit);
10  printf("______", "小王现在在学习C语言");
11
12  return 0;
13 }
```

2．如下代码中：

```
1  int main()
2  {
3    char c1, c2;
4
5    c1 = 'a';
6    c2 = 'b';
7
8    printf("%c %c\n", c1, c2);
9    printf("%d %d\n", c1, c2);
10
11  return 0;
12 }
```

① 转义符\n的作用是____________________；%d格式控制符的作用是__________________；%c格式控制符的作用是____________________。

② 输出结果是____________________。

③ 将第5、6行改为：

```
c1=a; /* 不用单引号 */
c2=b;
```

编译能通过吗？____（能/不能）。

④ 再将第5、6行改为：

```
c1="a"; /* 用双引号 */
c2="b";
```

编译能通过吗？____（能/不能）。

⑤ main函数的返回值类型是____________。

三、简答/分析/编程题

1．查阅ASCII码相关知识，并通过以下程序输出一张数字0～9的ASCII码表（题图4-1），观察格式控制的效果及几种数制之间的关系。

参考代码：

```
1  #include "stdio.h"
2
3  int main(int argc, char** argv)
4  {
5   char ch = '0';
6   unsigned char i;
7
8   printf("字符\t十进制\t十六进制\t八进制\n");
9   for (i = 0; i < 10; i=i+1)
10   {
11      printf("%c\t%d\t0x%x\t\t0%o\n", ch, ch, ch, ch);
```

```
12      ch = ch + 1;
13    }
14
15    return 0;
16  }
```

2．题图 4-2 中是某位程序员的购物清单，请在下划线处补充相关代码行，以输出该购物清单，物品价格自拟。

```
Microsoft Visual Studio ...
字符    十进制  十六进制        八进
制
0       48      0x30            060
1       49      0x31            061
2       50      0x32            062
3       51      0x33            063
4       52      0x34            064
5       53      0x35            065
6       54      0x36            066
7       55      0x37            067
8       56      0x38            070
9       57      0x39            071
```

题图 4-1　数字 0～9 的 ASCII 码

题图 4-2　程序员的购物清单

参考代码：

```
1   #include "stdio.h"
2
3   int main(int argc, char* argv[])
4   {
5     printf("\t\t 程序员的购物清单\n");
6     printf("----------------------\n");
7
8     printf("机械键盘............%.2f\n",500.0);
9   ______________________________
10  ______________________________
11  ______________________________
12  ______________________________
13  ______________________________
14  ______________________________
15  ______________________________
16    return 0;
17  }
```

第 4 课　配套代码下载

第 5 课　熟知运算 1——赋值、算术和关系运算

【学习目标】

1．理解运算符的类型、优先级和表达式的概念。

2．掌握赋值运算符、算术运算符、关系运算符的运算规则。

3．掌握类型转换的概念。

导学视频

【OBE 成果描述】

1．会正确分析赋值运算、算术运算、关系运算相关的运算表达式。

2．会综合优先级和结合性概念，得出一个综合运算表达式的运算结果。

3．会恰当地运用类型转换知识理解运算的结果。

【热身问题】

在这个机器发展迅速的时代，你一定会对计算机的能力有深刻的认识：无论你做什么，都会有意无意地使用到某种类型的计算机，不管是为了工作还是休闲，你能描述当你进行如下活动时，你所在的数字世界里发生了什么吗？

1．通过手机在美团上下单订餐时。

2．当你打开家里的电视机看电视时。

3．当你外出旅游，通过滴滴打车时。

4．当你通过食堂的刷卡机付款买饭时。

5.1~5.3 节
讲解视频

5.1　专长是运算

计算机最根本的能力或专长是运算，它通过运算来实现各种领域所需的功能。在第 4 课里已经讲过了运算的对象：常量和变量。现在该是一心扑在“运算”上，把“运算”搞清楚的时候了。

总的来说，生活经验告诉我们，计算机除了需要懂得通常意义的计算外，还要懂得取舍，如此才能适应各种不同的生活场景。计算机所必须具有的计算能力主要应该包括：算术运算，关系运算，逻辑运算，赋值运算，位运算等。有些运算符只需要一个运算对象，称为一元运算符，类似地，需要两个运算对象的就是二元运算符。C 语言中唯一的三元运算符是条件运算符。C 语言中的运算符见图 5-1。

运算符作用于操作数（常量、变量或函数）形成表达式。一个表达式中如果有多个运算，此时运算过程取决于它所包括的运算符的优先级和结合性：优先级确定了不同运算符的运算顺序，而结合性则确定了多个相同优先级运算符出现在同一表达式中的运算顺序。

当不确定一个表达式中运算符优先级时，应该用圆括号( )明确优先级，这也是值得提倡的编程习惯。

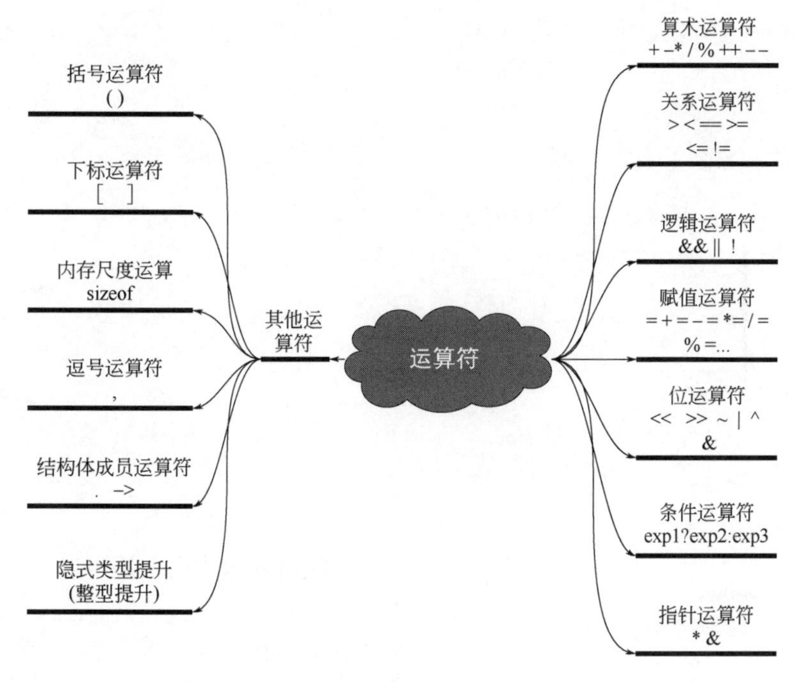

图 5-1　C 语言中的运算符

5.2　赋值运算符

赋值运算用来在变量中存储数据。其实这一动作做起来比听起来还简单，所涉及的只是一个等号（=），赋值不改变右值（图 5-2）。

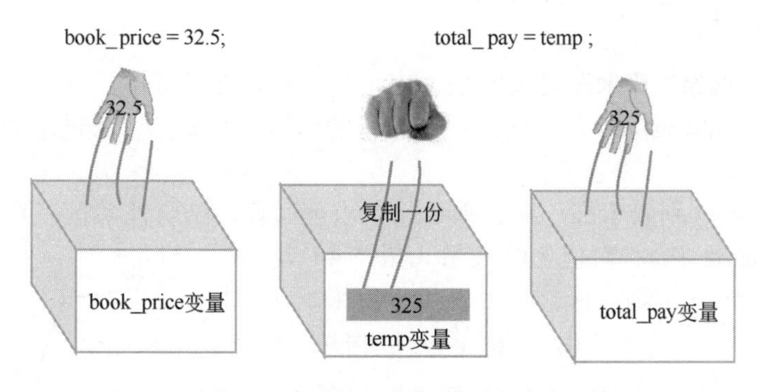

图 5-2　赋值不改变右值（temp 变量的值得以保留）

赋值运算的语法格式是：

变量 = 表达式;

但这个赋值符号不解析成“等于”，在 C 语言里要测试两个数是否相等的符号是两个等号（==），结合性是右结合。当然这个变量必须是在前面已经定义过的，而表达式可以是数字、字符或任何可以产生值的数学表达式。

【例程 5-1】赋值运算符。

```
1  #include "stdio.h"
2  /* 赋值运算符 */
```

```
3  int main(int argc, char* argv[])
4  {
5   float book_price;
6   int book_amounts = 10;
7   float temp, total_pay;
8
9   book_price = 32.5; //赋值运算
10   temp = book_price * book_amounts;
11
12   total_pay = temp;
13   printf("%d 本书,每本%3.2f 元,总价是%3.2f 元\n",book_amounts,book_price,
     total_pay);
14
15   return 0;
16  }
```

运行结果见图 5-3。

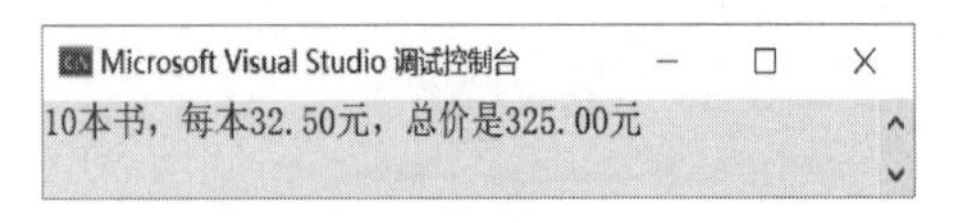
Microsoft Visual Studio 调试控制台
10本书，每本32.50元，总价是325.00元

图 5-3 【例程 5-1】的运行结果

在一个赋值表达式中，还可以有一种更精炼的表达形式：

表达式$_1$ op= 表达式$_2$;　　等价于

表达式$_1$ =(表达式$_1$) op (表达式$_2$);

例如：i = i + 2;　　等价于　　i += 2;

大多数双目运算符都有这种精炼的形式：+、−、*、/、%、<<、>>、&、^、| 等，相应地有：+=、−=、*=、/=、%=、>>=、<<=、&=、^=、|=等，但要注意的是，x *= y + 1 实际上等价于 x = x * (y + 1)，而不是 x = x * y + 1。

5.3 简单的算术题——算术运算

简单的“加减乘除”算术题对大家来说应该是没有什么挑战性，不过在用 C 语言来重新阐释时，除已有的加减乘除外，又增添了一些新的运算符和规则，不过总的来说仍然是简单的运算。

+、−、*、/、%分别表示加、减、乘、除、求模运算，结合性都是左到右结合。++表示递增 1，−−表示递减 1。相对优先级关系（图 5-4）是++和−−高于/、*、%，+、−则最低。+、−还可以用来表达一个正数，或一个负数。如+120.0，−78 等，这时+或−为一元运算符或单目运算符。

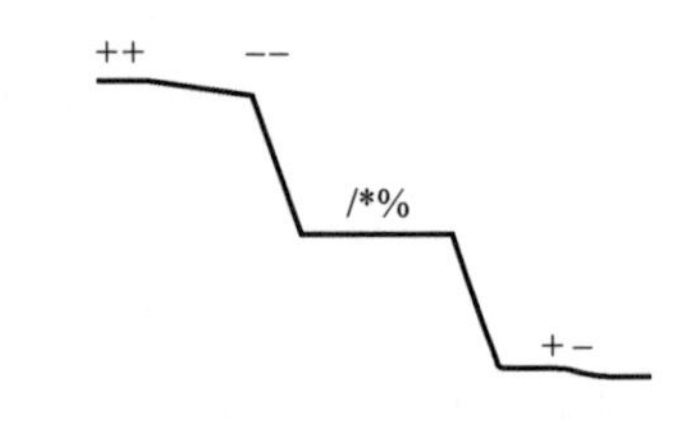

图 5-4 算术运算符的相对优先级关系（++和−−相对最高）

参与%运算的两个数必须是整数，*、/运算中只要有浮点数参与就进行浮点数的运算，否则执行整数运算，如 16/5 结果是 3，只取整数部分（不是四舍五入）。算术运算符的相关说明见图 5-5。

【例程 5-2】算术运算符 1。

```
1  #include <stdio.h>
2
3  int main(int argc, char* argv[])
4  {
```

```
5      float a = 16.0, b = 5.0;
6      int i = 16, j = 5;
7      int c = 2;
8
9      float fResult;
10      int iResult, iRemain;
11
12      fResult = a / b;    // fResult 的结果是 3.2
13      printf("fResult = a / b;运算后 fResult:%f\n", fResult);
14      iResult = i / j;    // iResult 的结果是 3，直接丢弃小数点后的数
15      printf("iResult = i / j;运算后 fResult:%d\n", iResult);
16      iRemain = i % j;    // iRemain 的结果是 1
17      printf("iRemain = i % j;运算后 iRemain:%d\n", iRemain);
18      fResult = a / b * c; //同一优先级，看结合性，结果是：6.4
19      printf("fResult = a / b * c;运算后 fResult:%f\n", fResult);
20      fResult = a + b / c; //不同优先级，看优先级，结果是：18.5
21      printf("fResult = a + b / c; 运算后 fResult:%f\n", fResult);
22
23      return 0;
24  }
```

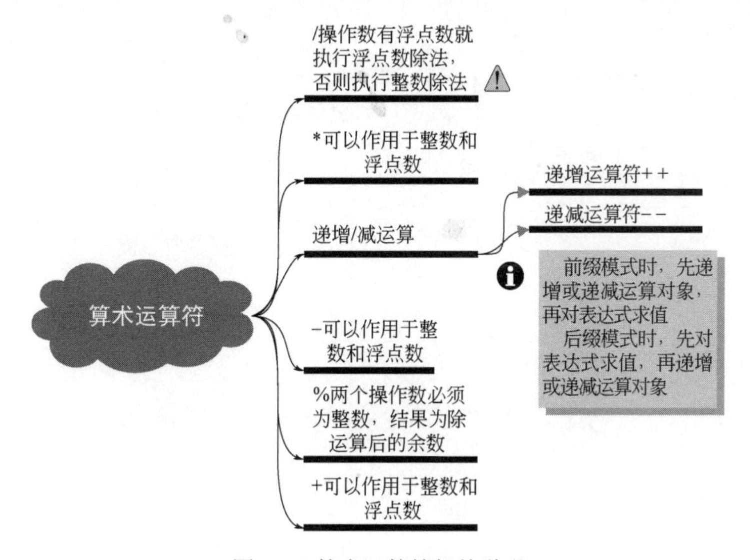

图 5-5　算术运算符相关说明

程序运行结果如图 5-6 所示。

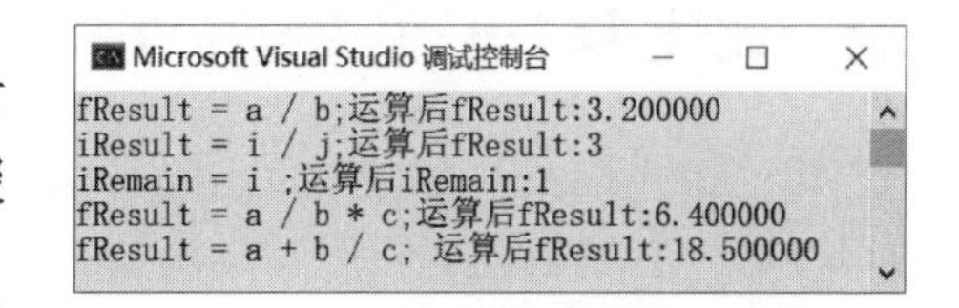

图 5-6　【例程 5-2】的运行结果

递增运算符和递减运算符只能用于变量，不可用于常量，都有运算符前缀（++x 或--x）和后缀（x++或 x--）两种形式。

① 前缀模式时，先递增或递减运算对象，再对表达式求值；

② 后缀模式时，先对表达式求值，再递增或递减运算对象，见【例程 5-3】。

【例程 5-3】算术运算符 2。

```
1  #include "stdio.h"
2
3  int main(int argc, char* argv[])
4  {
5     int i = 16;
6     int j = 5;
7     int iNeg;
8     int iPreFixInc, iPostFixInc;
9     int iPreFixDec, iPostFixDec;
10     int iRes;
11
12     iNeg = -j;            // “负”运算符，iNeg 被赋值后的值为-5
13     printf("iNeg:%d\n", iNeg);
14     iPostFixInc = i++;   /*后缀形式的增 1，iPostFixInc 得到 i 增 1 前的值 16，然后
       i 增 1 即 17*/
15     printf("iPostFixInc:%d i:%d\n", iPostFixInc, i);
16     iPreFixInc = ++i;   /*前缀形式的增 1，i 先增 1 即 18，然后 iPreFixInc 得
       到 i 的值 18*/
17     printf("iPreFixInc:%d i:%d\n", iPreFixInc, i);
18     iPostFixDec = j--; //类似，请分析
19     printf("iPostFixDec:%d j:%d\n", iPostFixDec, j);
20     iPreFixDec = --j;
21     printf("iPreFixDec:%d j:%d\n", iPreFixDec, j);
22     iRes = i - -j; /*两个-号中前有空格，表示 i 减负 j，如果把空格去掉 C 语言编
       译器会认为-减 1 运算*/
23     printf("iRes:%d\n", iRes);
24     return 0;
25  }
```

程序运行结果见图 5-7。

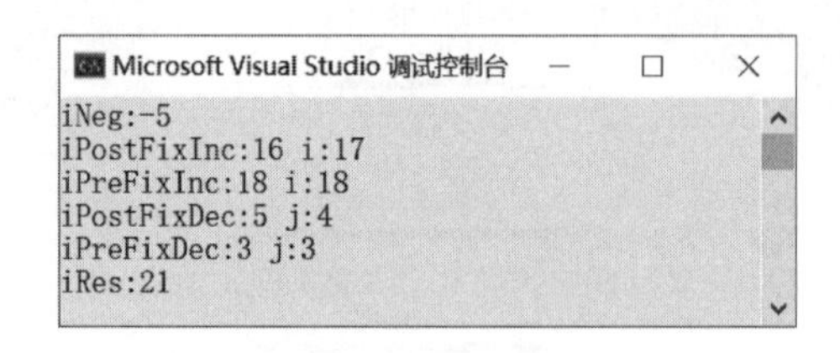

图 5-7 【例程 5-3】的运行结果

5.4 节与 5.5 节
讲解视频

5.4 比比看——关系运算符

生活中我们总是在做比较，比较之后我们决定下一步该做的事情。计算机之所以“智能”，实际上体现在能根据比较的结果决定下一步如何运算——“比比”再“看”，这首先就是比较或关系运算（图 5-8）。

【头脑风暴】请你沉下心来想想，在你坐车、找教室上课、玩纸牌、购物时，不经意进行的思维活动中有哪些逻辑行为呢？

图 5-8　关系运算符

从运算结果上看，关系运算表达式的结果要么是真（1）要么是假（0）。

关系运算符的优先级整体都低于算术运算符，并且六个关系运算符中，只有两个优先级，>、<、>=、<=的优先级大于==和!=。

如下的表达式：x == y < z 应该理解为 x == (y < z)，编译器将先计算 y < z，结果为真（1）或假（0），然后 x 再与其进行比较是否相等。

例 5-1　计算如下表达式的值。

a.　(1 + 2 * 3)

b.　10 % 3 * 3　–　(1 + 2)

c.　((1 + 2) * 3)

d.　(5 == 5)

答案：a. 7；b. 0；c. 9；d. 1。

5.5　类型转换

C 语言中，当两个不同类型的数据参与运算时，会进行自动类型转换或隐式类型转换，由于都是从较小类型转换为较大类型，又称为类型升级。

unsigned char 和 unsigned short、char 和 short 型数据会提升类型到 int 型，如有必要[1]还会继续提升至 unsigned int 型，还可以进一步提升至 unsigned long 型乃至 unsigned long long 型：

```
int -> unsigned int -> long -> unsigned long -> long long -> unsigned long long
```

而 float 型则会转换成 double 型（浮点运算都是以双精度进行的）：

```
float -> double
```

当发生赋值时，类型会转换成被赋值变量的类型，可能会涉及类型降级，将会降低精度或截断数据，可能得不到预期的结果。

当发生函数调用时，所传实参与形参类型不一致时，也会把实参自动转换为形参类型后再赋值。函数返回时，return 后表达式的值会转换为函数类型。

【例程 5-4】隐式类型转换。

```
1  # include <stdio.h>
2  int main(void)
3  {
```

[1] 此处必要是指有符号整型和 unsigned 整型混合运算时。

```
4       char ch;
5       int a = -10;
6       unsigned int b = 5;
7       float f = 50.71;
8
9       printf("a>b的结果是%d\n", a > b);
        //结果是1，表明a的类型int被提升为unsigned int
10
11      ch = f;
12      printf("现在：ch = %c\n", ch);//结果是2，f的类型降级，赋值给ch
13
14      return 0;
15  }
```

程序运行结果如图5-9所示。

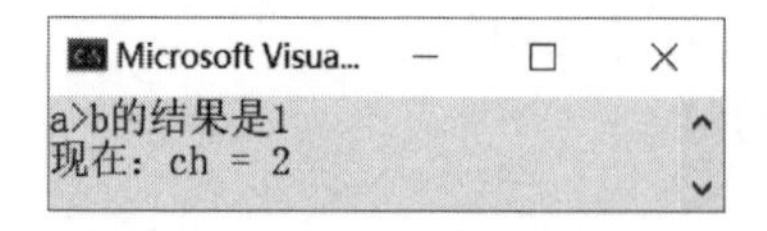

图5-9 【例程5-4】的运行结果

在发生隐式类型转换时，编译器会给出warnings，以提醒用户确认是否有误（图5-10）。

错误列表

整个解决方案 | 错误 0 | 警告 3 | 消息 0 | 生成 + IntelliSense

搜索错误列表

	代码	说明	项目	文件	行	禁止显示
⚠	C4018	">": 有符号/无符号不匹配	excise	main.c	9	
⚠	C4244	"=": 从"float"转换到"char"，可能丢失数据	excise	main.c	11	
⚠	C4305	"初始化": 从"double"到"float"截断	excise	main.c	7	

图5-10 发生隐式类型转换时编译器的提示

在编程时应尽量避免隐式类型转换，以防止理解错误，从而获得明确的结果，这时应该用强制类型转换（见【例程5-5】），语法格式是：

(类型)表达式;

括号内的类型就是希望转换成的目标类型。

【例程5-5】强制类型转换示例。

计算某工厂目前可出厂的产品总件数，用total表示，该工厂共有三个车间，已知：1车间目前完成10.9件，2车间目前完成12.7件，3车间目前完成11.8件。

```
int total;
total = (int)10.9 + (int)12.7 + (int)11.8;  // 强制类型转换，结果是33，符合题意
```

但若是写成：

```
int total = 10.9 + 12.7 + 11.8; //结果是35，与题意不符
```

一般而言，不应该混合使用类型（因此有些语言直接不允许这样做），但是偶尔这样做也是有用的。C语言的原则是避免给程序员设置障碍，但是程序员必须承担使用的风险和责任。

项目实践　弹跳运动小球

（1）要求

① 设计一个弹跳运动小球，使小球从某一指定起点自由释放，到达窗口边缘时进行反弹（图 5-11），请使用 EasyX 库在屏幕上画出小球的运动过程。

② 小球的弹跳速度可以设定。

③ 小球每弹跳一次，速度衰减为原速度的 0.9。

图 5-11　弹跳小球

（2）目的

① 掌握运行一个 C 程序的步骤，理解并学会 C 程序的编辑、编译、链接方法。

② 掌握赋值运算符、关系运算符、算术运算符的运算规则。

③ 理解隐式类型转换。

④ 初步了解 EasyX 库的安装与常用绘图函数的使用。

（3）步骤及记录

步骤 1：启动 Visual Studio 2019。

步骤 2：点击菜单项“文件|新建|项目”，选择创建空项目，然后确定解决方案、项目的名称、路径，点击“创建”，如此就建好了一个解决方案和项目。

步骤 3：在源文件夹中新建 C 语言源文件 main.c，输入代码，保存。

步骤 4：编译、链接［菜单“生成|生成 xx（项目名称）”］。

步骤 5：运行程序。

（4）参考代码

```
1   #include <graphics.h>  //引入 EasyX 图形库
2   #include <CONIO.H>
3   #include <math.h>
4
5   #define High 320
6   #define Width 400
7   #define ball_radius 10
8   int main()
9   {
10    int ball_y = High / 2;
11    int ball_x = Width / 2;
12    int ball_vx = 10;
13    int ball_vy = 10;
```

```
14
15
16     initgraph(Width, High);   //初始化画布
17     setbkcolor(WHITE);
18     cleardevice();
19     BeginBatchDraw();  //开始批量绘图
20
21     while (1)
22     {
23
24        setcolor(YELLOW);  //圆的线条为黄色
25        setfillcolor(GREEN);   //圆内部位绿色填充
26        fillcircle(ball_x, ball_y, ball_radius);  //画圆
27
28        FlushBatchDraw();  //将之前的绘图输出
29
30        Sleep(20);
31
32        setcolor(WHITE);
33        setfillcolor(WHITE);
34        fillcircle(ball_x, ball_y, 200);
35
36        ball_y = ball_y + ball_vy;
37        ball_x = ball_x + ball_vx;
38
39        if (ball_x <= ball_radius || ball_x >= Width - ball_radius)
40           ball_vx = -1 * ball_vx * 0.9;
41        if (ball_y <= ball_radius || ball_y >= High - ball_radius)
42           ball_vy = -1 * ball_vy * 0.9;
43
44     }
45
46     EndBatchDraw();  //结束批量绘制，并执行未完成的绘制任务
47     closegraph();
48     return 0;
49  }
```

小　结

1．了解了运算符的分类、优先级、结合性等概念。
2．学习了算术运算符的运算规律，特别需要关注/、++和--运算符。
3．学习了关系运算符的运算规律，关系运算符的优先级低于算术运算符。
4．进一步学习了数据类型转换的规则，需要注意隐式类型转换对运算结果的影响。

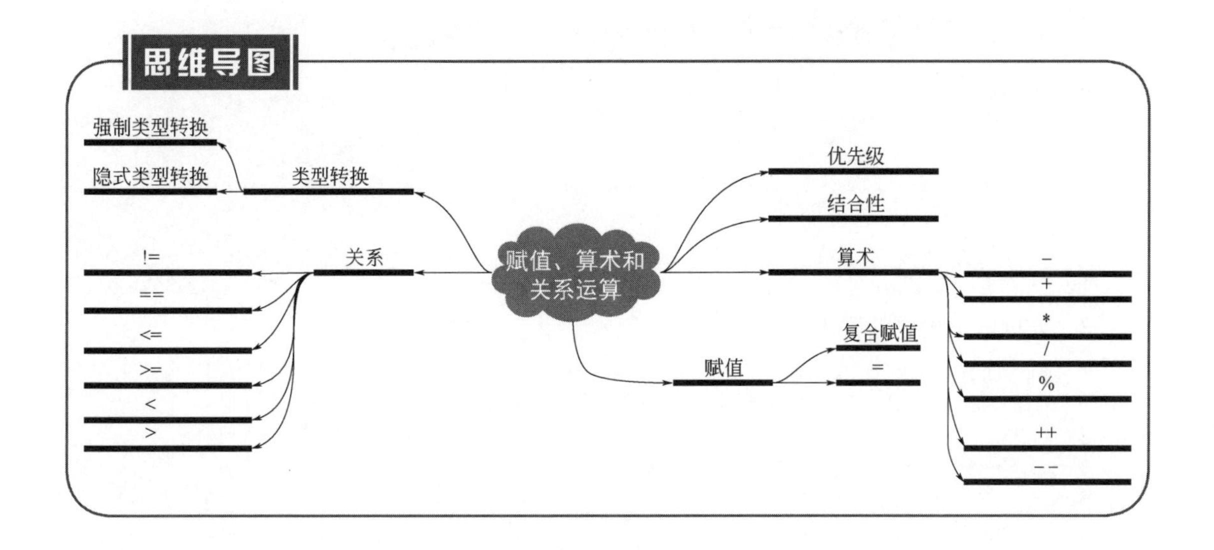

成果测评

一、判断题

1. 增 1/减 1 运算符的前缀运算如++j 和后缀运算 j++的表达式值是相同的。(　　)
2. 若有“int i=10,j=2”，则执行完 i*=j+8 后 i 的值为 28。(　　)
3. 若 a=3,b=2,c=1，则关系表达式“(a>b)==c”的值为“真”。(　　)
4. 关系运算符<=与==的优先级相同。(　　)
5. 在进行赋值转换时,变量的类型被自动转换为赋值号右边的表达式值的类型。(　　)

二、选择题

1. 若有说明：“int x = 3, y = 2; float m = 2.5, n = 3.6”，则表达式(x + y) % 2 + (int)m / (int)n 的值是（　　）。

A. 0　　B. 1　　C. 1.5　　D. 2

2. 在 C 语言中，要求参加运算的数必须是整数的运算符是（　　）。

A. /　　B. *　　C. %　　D. =

3. 若给出说明：“int i = 3”，表达式(i / 2) + 4 的值是（　　）。

A. 5　　B. 3　　C. 5.5　　D. 4

4. 有定义“int a = 8, b = 5, c;”，执行语句“c = a / b + 0.4;”后，c 的值为（　　）。

A. 1.4　　B. 1　　C. 2.0　　D. 2

5. 设有“char w; int x; float y; double z;”，则表达式 w * x + z − y 的值的数据类型为（　　）。

A. float　　B. char　　C. int　　D. double

6. 设有“int x = 11;”，则表达式（x++ * 1 / 3）的值是（　　）。

A. 3　　B. 4　　C. 11　　D. 12

三、简答/分析/编程题

1. 分析以下程序的输出。

```
1  #include <stdio.h>
2  int main(int argc,char **argv)
3  {
```

```
4      int a = 100, b = 20, sum, sb;
5
6      sum = a + b;
7      sb = a / b;
8
9      printf("sum=%d,sb=%d", sum, sb);
10
11  return 0;
12  }
```

2．分析以下程序的输出。

```
1  #include <stdio.h>
2  int main(int argc,char **argv)
3  {
4      int i = 8, j = 10, m, n;
5
6      m = ++i; n = j++;
7      printf("%d,%d,%d,%d", i, j, m, n);
8
9      return 0;
10  }
```

3．分析以下程序的输出。

```
1  #include <stdio.h>
2  int main(int argc,char **argv)
3  {
4      char c = 'k';
5      int i = 1, j = 2, k = 3;
6
7      float x = 3e+5, y = 0.85;
8      int result_1 = 'a' + 5 < c, result_2 = x - 5.25 <= x + y;
9
10     printf("%d, %d\n", result_1, -i - 2 * j >= k + 1);
11     printf("%d, %d\n", 1 < j < 5, result_2);
12     printf("%d, %d\n", i + j + k == -2 * j, k == j == i + 5);
13
14  return 0;
15  }
```

第 5 课　配套代码下载

第 6 课　熟知运算 2——逻辑与决策

【学习目标】

1．了解常用的流程图符号。

2．掌握逻辑运算符的运算规则。

3．掌握 if 语句的语法形式。

4．掌握条件运算符的运算规则。

【OBE 成果描述】

1．会用逻辑运算符表示多重条件。

2．能用 if 语句控制程序流程。

3．会用条件运算符来表述逻辑与决策。

导学视频

【热身问题】

要说生活中最为“仙气爆棚”的语句，我想那一定是“如果...”句式了，如：

1．如果有一节永远有电的五号电池，能用来做什么？

2．如果你的辅导员掉水里了，根据所学的专业你能做什么？

3．如果计算机是中国发明的，键盘应该是怎样的？

当诸如此类天马行空的思绪，在你的脑中一闪而过的时候，生活都仿佛变得生动了一些！而在 C 语言程序中，也正是有了 if 语句，有了逻辑判断，才使得计算机多了一份灵动，程序才会更符合人们的心意。

6.1　流程控制语句和流程图

6.1 节与 6.2 节讲解视频

在设计软件产品的功能时，经常会需要根据当前数据做出判断，以决定下一步的操作。比如说，当你登录微信时，软件要求输入正确的账号与密码，若输入不正确，则需要给出提示，并提供密码找回操作的入口。

其实，生活中我们会经常陷于这种“非此即彼”的决策境地，这在程序设计中就是流程控制了。通常，C 语言程序会按照语句在源代码文件中出现的顺序从上至下来执行。程序控制语句用于改变语句的执行顺序，它可以让程序的其他语句执行多次，或完全不执行（根据不同情况而异）。

if 语句是 C 语言的程序控制语句之一，当然，除此之外，还有 while 和 do...while 语句等。第 5 课所学的关系运算就主要用于在程序控制语句中构建流程判断条件，而即将介绍的逻辑运算则用于构建更为复杂的流程判断条件。

流程图是一种用来描述程序流程转换的方法，它采用图形表示算法，直观形象，易于理解，或者说有助于更好地理清编程思路。ANSI（American National Standards Institute）规定了常用的流程图符号，如图 6-1 所示。

图 6-1 常用的流程图符号

试一试：你能用流程图表示以下的微信登录授权流程吗？
- ✓ 点击微信授权登录按钮。
- ✓ 根据提示框点击允许授权，拒绝保持在当前页面不变。
- ✓ 如果已经绑定过手机，直接跳到登录后的页面。
- ✓ 未绑定则跳转到绑定手机页面，填写手机号码与获取到的验证码，并设置登录密码。
- ✓ 绑定数据通过后，跳转到登录页面。

6.2 逻辑运算符

很多时候，一个决策条件并不是用一个简单的关系表达式就可以描述的，比如：在高考后填志愿时，你一定用过复合条件，如专业、地域、历年分数线，甚至学校的伙食条件等，如此多项条件综合后才促成你的志愿填报。

试想一想，你当初是否考虑过用“除非…”“且…”“或者…”等句式来综合这些条件呢？如前所述，C 语言中，逻辑运算符&&（逻辑与）、||（逻辑或）、!（逻辑非）就用于构建这种比简单关系运算表达式更复杂的决策条件。

如果表达式中使用了逻辑运算符，那么该表达式的计算结果（为真或假，1 或 0）由参与运算的对象（或子表达式）的计算结果（为真或假，1 或 0）来决定，其运算规则参见图 6-2。

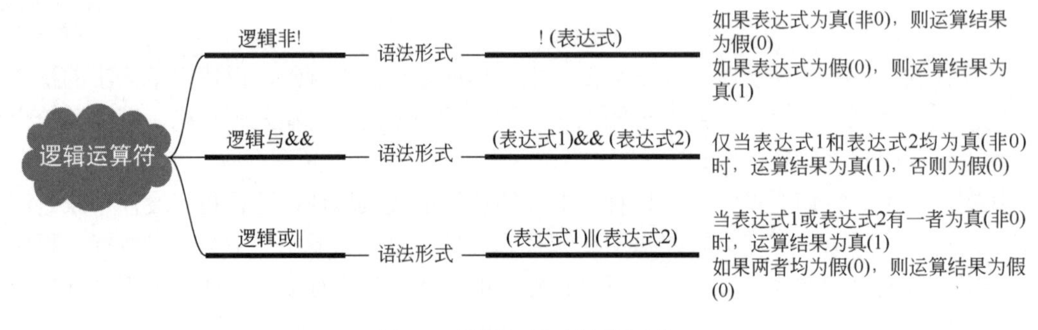

图 6-2 逻辑运算符运算规则

注意 C 语言中某个表达式的值为 0 就等同于逻辑 0，值非 0 就等同于逻辑 1。请你务必体会下，任何数值都可以解释为真或假。

三个逻辑运算符的优先级关系是：! 高于&&，而&& 高于||。表达式中同时出现时需要注意这点。

例 6-1 逻辑运算符示例如下。

```
(2 == 2)||(6 < 5 )       //运算结果为 1，因为一个运算表达式为真（1）
(8 > 2) && (5 == 5)      //运算结果是 1，因为两个子运算表达式均为真（1）
```

```
!(5 > 6)                    //结果为真（1），因为5>6的结果是假（0）
```

【头脑风暴】如果要询问“a是否落在50和100之间”，在C语言中可以这样写：

```
(a >= 50) && (a <= 100)
```

千万不要写成50 <= a <= 100，在数学里可以这样写，但在C语言中这样写的运算结果是：无论a是什么值，其结果均是真（1）。你能分析原因何在吗？

逻辑运算符&&和 || 在进行运算时，还有一个有趣的运算特性——“逻辑短路现象”：仅计算逻辑表达式中的一部分便能确定结果，而不对整个表达式进行计算，这有时会影响运算结果。举例解释如下：

【例程 6-1】逻辑短路现象。

```
1  #include "stdio.h"
2  int main(int argc, char** argv)
3  {
4    int i=1, j=1, k=1;
5    int r;
6    //下面发生逻辑或运算短路现象：++j 和++k 都不会进行运算
7    r = (++i) || (++j) && (++k); //++i 的计算值是 2，其逻辑值是 1，已可确定整
     个表达式的值
8
9    printf("r = %d\n", r);
10   printf("i = %d,j = %d,k = %d\n", i, j, k);
11
12   return 0;
13 }
```

输出结果如图6-3所示。

图6-3　【例程6-1】的运行结果

6.3　沾沾if语句的“仙气”

当判断条件[1]成立时，就会执行后面的执行语句。当判断条件不成立时，就执行else中的执行语句，如图6-4（a）所示。如果不需要处理判断条件不成立时的情况，就不需要写else语句，如图6-4（b）所示。如果要处理多种判断条件下的情况，可以用图6-4（c）中的多分支语法形式。

6.3节与6.4节讲解视频

【例程 6-2】当你需要去银行ATM取钱的时候，除了插入银行卡还需要输入密码。

取钱流程提示：如果没有流程控制，你插完卡随便输入密码，机器不判断直接就让你把钱取了，是不是很方便？但是万一哪天你卡掉了呢？想来，别人也很方便！

这时就需要进行流程控制：密码对了，让你取钱；密码错了，再来一次。控制逻辑见图6-5。

[1] 判断条件就是一个值为真（1）或假（0）的表达式［任何值为非0的表达式都可视为逻辑真（1）］。

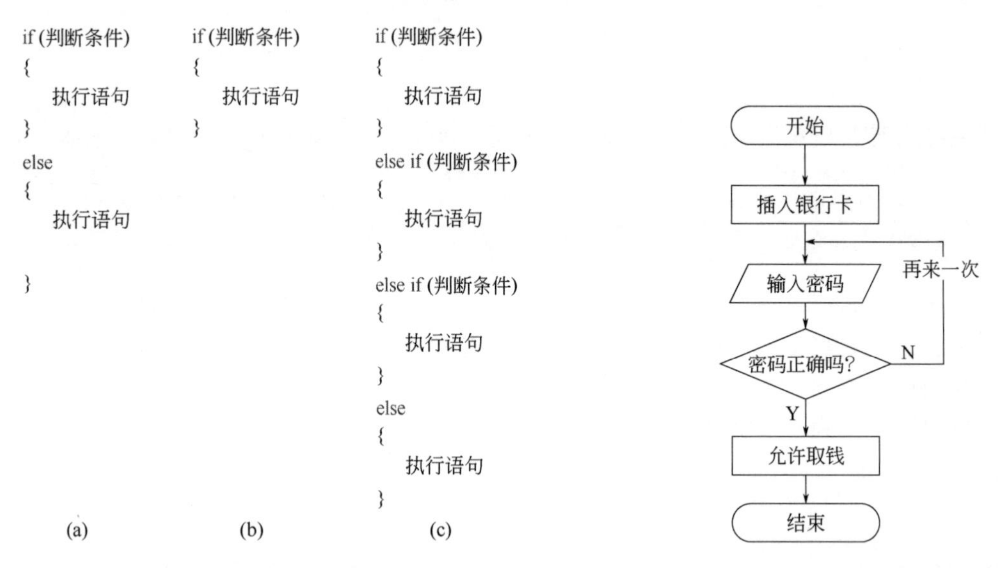

图 6-4 if 语句的三种形式

图 6-5 在 ATM 上取钱的控制逻辑

```
1   #include "stdio.h"
2   #include "string.h"
3
4   /*防止编译器给出“error C4996”*/
5   #define _CRT_SECURE_NO_WARNINGS
6
7   #define PASSWORD "175482"    //预置密码
8   int main(int argc, char** argv)
9   {
10      char passwd[10] = { '\0' };
11
12      printf("请输入密码! \n");
13      scanf("%s", passwd);
14
15      //strcmp 是字符串比较函数，返回 0 时表示相等
16      if (strcmp(passwd, PASSWORD) == 0)
17      {
18         printf("密码无误，允许取钱! \n");
19      }
20      else
21      {
22         printf("密码有误，请重新输入! \n");
23       }
24       return 0;
25   }
```

思考：但这里有个弊端，万一有位大哥意志坚定，把 000000~999999 都输入了一遍，你的密码迟早会被套出来的。解决方法是增加一项检测，如果密码输错三次，卡就会被吞掉——我们严重怀疑卡不是你的，没收！你能画出程序的这种控制逻辑的流程图吗？

请不要在 if 语句的表达式末尾加分号。分号会导致该行被当作单独的语句，必须慎重处理，见【例程 6-3】。

【例程 6-3】在 if 语句中，慎重处理分号。本例中 80 分也被错误地认定为 100 分了。

```
1  #include "stdio.h"
2  int main(int argc, char** argv)
3  {
4    //定义一个变量，用于存储分数
5    int score = 80;
6    //判断这个变量是否等于 100
7    if (score == 100);
     //这个分号，将导致无论 score 是否为 100，都会输出“恭喜你考了一百分”
8        printf("恭喜你考了一百分");
9
10   return 0;
11 }
```

有的时候只用 if...else 是不能够满足用户的需要的，这时使用 if...else if...可能也是必要的，比如【例程 6-4】中的场景。注意 C 语言中，else 总是与离它最近的 if 相配对，而与程序的缩进、书写等没有任何关系。

【例程 6-4】王子求婚。程序运行结果如图 6-6 所示。

```
1  #include "stdio.h"
2  #include "stdlib.h"
3
4  #define _CRT_SECURE_NO_WARNINGS
5
6  int main(int argc, char** argv)
7  {
8    int  nChoice;
9
10   printf("你愿意嫁给我吗？\n");
11   printf("1.是\n");
12   printf("2.否\n");
13   printf("3.考虑考虑\n");
14
15   scanf("%d", &nChoice);
16
17   if (nChoice == 1)  //小心不要少写一个=号
18   {
19       printf("我愿意!\n");
20   }
21   else if (nChoice == 2)
22   {
23       printf("不愿意!\n");
24   }
25   else
26   {
27       printf("考虑考虑!\n");
28   }
29 }
```

图 6-6　【例程 6-4】的运行结果

在用户编程处理具体问题时，逻辑运算符可以帮助用户设定相对复杂的判断条件，【例程 6-5】表示了某个电子商城对商品订单金额的计算方法。

【例程 6-5】某电子商城的商品订单金额的计算方法。

```
1  #include "stdio.h"
2  #include "stdlib.h"
3  /*
4  0 元<订单金额<199 元，重量超出 20kg 的，超出重量按 1 元/kg 另外加收续重运费；
5  199 元≤订单金额<299 元，重量超出 30kg 的，超出重量按 1 元/kg 另外加收续重运费
6  */
7  int main(int argc, char** argv)
8  {
9     float fPrice;
10    float fWeight;
11    float fPay;
12
13    printf("请输入商品的价格："); scanf("%f", &fPrice); //可以在一行书写
14    printf("请输入商品的重量："); scanf("%f", &fWeight);
15
16
17    if (fPrice > 0 && fPrice < 199) {  //与逻辑运算表示两个条件均符合
18        fPay = fPrice + (fWeight - 20) * 1.0; //超出部分按 1 元/kg 计算运费
19    }
20    else if(fPrice >= 199 && fPrice < 299)
21    {
22        fPay = fPrice + (fWeight - 30) * 1.0;
23    }
24    else
25    {
26        fPay = fPrice;      //免运费
27    }
28    printf("您的订单共需要支付%3.2f 元。\n", fPay);
29 }
```

程序运行结果如图 6-7 所示。

图 6-7 【例程 6-5】的运行结果

6.4 条件运算符

条件运算符（?:）允许将简单的 if-else 逻辑嵌入到单个表达式中。其语法形式是：

条件表达式 1？表达式 2：表达式 3

其求值规则为：如果条件表达式 1 的值为真，则以表达式 2 的值作为条件表达式的值，

否则以表达式 3 的值作为整个条件表达式的值。则【例程 6-5】中的程序可以写成：

```
1  int main(int argc, char** argv)
2  {
3     float fPrice;
4     float fWeight;
5     float fPay;
6
7     printf("请输入商品的价格: ");scanf("%f", &fPrice);
8     printf("请输入商品的重量: ");scanf("%f", &fWeight);
9
10    fPay = (fPrice > 0 && fPrice < 199) ? (fPrice + (fWeight - 20) * 1.0) :
11        (fPrice >= 199 && fPrice < 299) ? (fPay = fPrice + (fWeight - 30)
          * 1.0)  : fPrice;
12
13    printf("您的订单共需要支付%3.2f 元。\n", fPay);
14 }
```

条件运算符是唯一的三元运算符。条件运算符具有右结合性，例如，a ? b : c ? d : e 形式的表达式按 a ? b : (c ? d : e) 计算，它的优先级较低，只高于赋值运算符，但低于所有其他运算符。

项目实践　标准体重判断

（1）要求

设计完成一个标准体重判断程序。程序运行后，按照提示信息，用户输入性别、身高（cm）和体重（kg）。男性的标准体重为身高减去 105；女性的标准体重为身高减去 110。设体重与标准体重上、下偏差 2kg 均属标准体重，否则为非标准体重。

（2）目的

① 了解常用的流程图符号。

② 掌握逻辑运算符的运算规则。

③ 掌握 if 语句的语法形式。

④ 掌握条件运算符的运算规则。

（3）步骤及记录

步骤 1：启动 Visual Studio 2019。

步骤 2：点击菜单项“文件|新建|项目”，选择创建空项目，然后确定解决方案、项目的名称、路径，点击“创建”，如此就建好了一个解决方案和项目。

步骤 3：在源文件夹中新建 C 语言源文件 main.c，输入代码，保存。

步骤 4：编译、链接［菜单“生成|生成 xx（项目名称）”］，注意编译器的提示。

步骤 5：运行程序。

（4）参考代码

```
1  #include "stdio.h"
2  #include "math.h"
3  #define MALE   1
```

```
4   #define FEMALE 0
5
6   int main(void)
7   {
8     float height, weight, standard;
9     int gender;
10
11    printf("请输入性别:(1 男, 0 女)");
12    scanf("%d", &gender);
13    if (gender != MALE && gender != FEMALE)
14    {
15      printf("性别输入错误!\n");
16      return -1;
17    }
18
19    printf("请输入身高 cm 和体重 kg:");
20    scanf("%f%f", &height, &weight);
21
22
23    if (gender == MALE)
24    {
25      standard = height - 105;
26    }
27    else if (gender == FEMALE)
28    {
29      standard = height - 110;
30    }
31
32    if (fabs((double)(standard - weight)) <= 2)
33       printf("恭喜, 您是标准体重! \n");
34    else
35       printf("您是非标准体重! 要努力了\n");
36    return 0;
37  }
```

运行结果见图6-8。

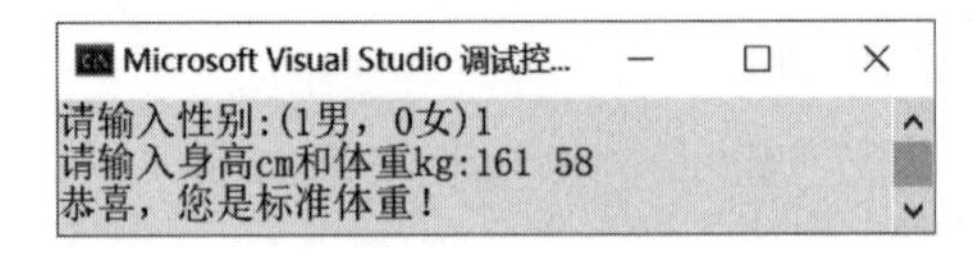

图6-8 运行结果

小 结

1. 了解了逻辑运算符的运算规则。

2. 进一步学习了if语句的语法规则及三种表达语法。

3. 关系运算、逻辑运算的组合运算通常会出现在if语句中表示判断条件,要学会控制条件的表达。

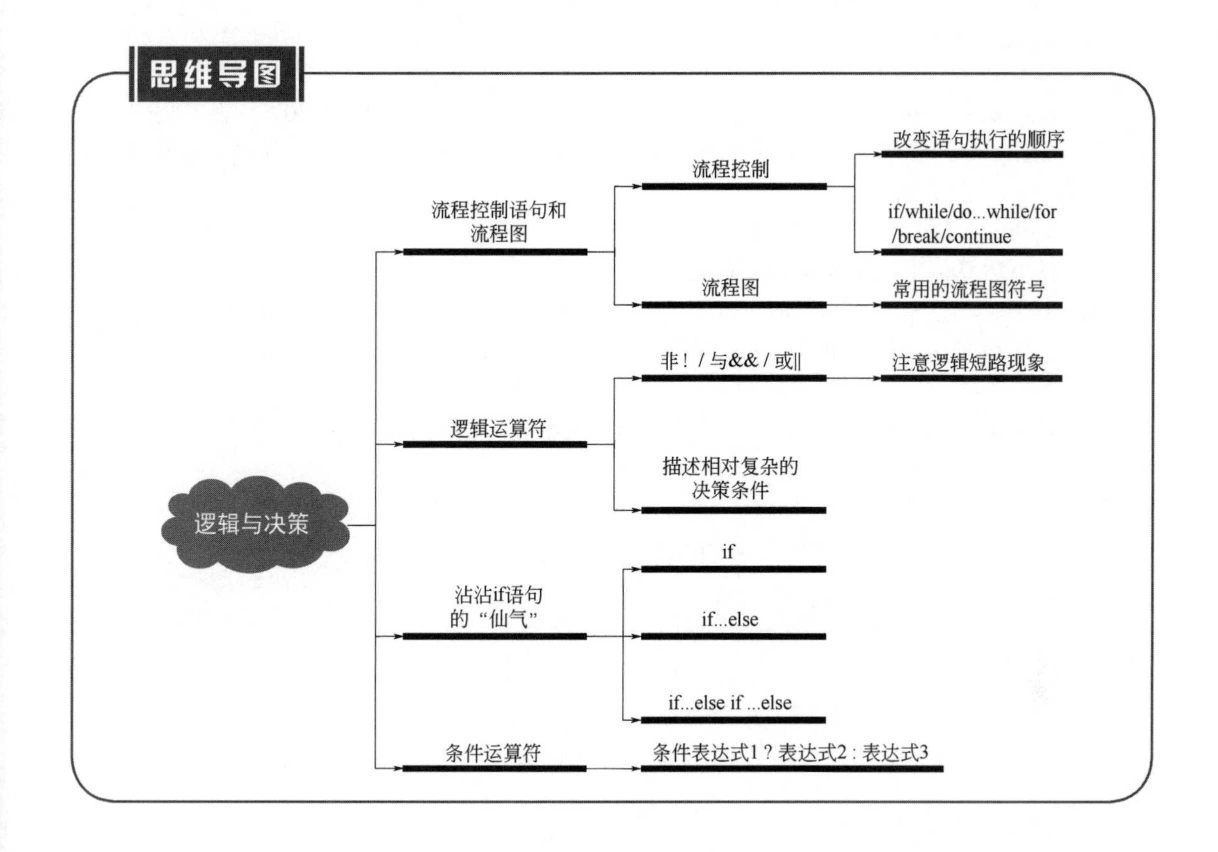

成果测评

一、判断题

1．如果 x = 4，y = 6，z = 2，对下述各表达式求值，判断结果为真还是假。

a．if (x == 4)　　（　　）

b．if (x != y − z)　　（　　）

c．if (z = 1)　　（　　）

d．if (y)　　（　　）

2．可以安全地认为，一旦& &和||左边的表达式已经决定了整个表达式的结果，则右边的表达式不会被求值。（　　）

3．++i 在 i 存储的值上增加 1 并向使用它的表达式“返回”新的、增加后的值；而 i++ 对 i 增加 1，但返回的是原来的、未增加的值。（　　）

4．要检查一个数是不是在另外两个数之间，可以用(a<b<c)作为 if 语句的决策条件。（　　）

5．若“int a = 3, b = 4, c = 5;”，则表达式!(a + b) + c − 1 && b + c / 2 的值是 1。（　　）

二、选择题

1．已知 x = 43，ch = 'A'，y = 0，则表达式 x >= y && ch < 'B' && !y 的值是（　　）。

A．0　　B．语法错　　C．1　　D．“假”

2．已知 x = 10，y = 20，z = 30，均为 int 型，以下语句执行后，x、y、z 的值是（　　）。

```
if (x > y)
```

```
z = x; x = y; y = z;
```

A．x = 10, y = 20, z = 30　　　　B．x = 20, y = 30, z = 30

C．x = 20, y = 30, z = 10　　　　D．x = 20, y = 30, z = 20

3．已知 year 为整型变量，不能使表达式 (year % 4 == 0 && year % 100 != 0) || year % 400 == 0 的值为“真”的数据是（　　）。

A．1990　　B．1992　　C．1996　　D．2000

4．以下运算符中，优先级最高的是（　　）。

A．||　　B．%　　C．!　　D．==

5．下列 m 值中，能使 m % 3 == 2 && m % 5 == 3 && m % 7 == 2 为真的是（　　）。

A．8　　B．23　　C．17　　D．6

6．若 a=1，b=3，c=5，d=4，执行完下面一段程序后，x 的值是（　　）。

```
1  if (a < b)
2      if (c < d)x = 1;
3      else if (a < c)
4          if (b < d)x = 2;
5          else x = 3;
6      else x = 6;
7  else x = 7;
```

A．6　　B．3　　C．2　　D．1

7．为了避免在嵌套的条件语句 if...else 中产生歧义，C 语言规定 else 子句总是与（　　）配对。

A．缩排位置相同的 if　　　　B．其之前最近的 if

C．之后最近的 if　　　　D．同一行上的 if

8．若 w=1，x=2，y=3，z=4，则条件表达式 w<x?w:y<z?y:z 的值是（　　）。

A．4　　B．3　　C．2　　D．1

9．以下程序的运行结果是（　　）。

```
1  #include <stdio.h>
2  int main()
3  {
4     int m = 5;
5     if (m++ > 5) printf("%d\n", m);
6     else printf("%d\n", m--);
7     return 0;
8  }
```

A．4　　B．5　　C．6　　D．7

10．以下语句中，语法正确的是（　　）。

A．
```
if (x > 0)
  printf("%f", x)
else
  printf("%f",--x)
```

B．
```
if (x > 0)
{
  x = x + y;
  printf("%f", x)
}
else
  printf("f", -x)
```

C．
```
if (x > 0)
{
  x = x + y;
  printf("%f", x)
};
else
  printf("%f", -x)
```

D．
```
if (x > 0)
{
  x = x + y;
  printf("%f", x);
}
else
  printf("%f",-x);
```

三、简答/分析/编程题

1．写一个 if 语句，判断某人是否是法定成年人（21 岁），且不是老年人（65 岁）。

2．请绘出 6.1 节中的试一试里，微信登录授权流程的流程图。

3．编程实现：输入一个整数，判断它是否能被 3、5、7 整除，并输出以下信息之一。

① 能同时被 3、5、7 整除；

② 能被其中两个数整除（要具体指出哪两个数）；

③ 能被其中一个数整除（要具体指出哪一个数）；

④ 不能被 3、5、7 任何一个数整除。

参考代码：

```
1  #include "stdio.h"
2
3  int main(void)
4  {
5     int a;
6     printf("请输入一个整数:"); scanf("%d", &a);
7
8     if (a % 3 == 0 && a % 5 == 0 && a % 7 == 0) {
9          printf("%d 能同时被 3、5、7 整除!\n", a);
10  }
11  else if (a % 3 == 0 && a % 5 == 0)
12  {
13         printf("%d 能同时被 3、5 整除!\n", a);
14  }
15    else if (a % 7 == 0 && a % 5 == 0)
16  {
17         printf("%d 能同时被 7、5 整除!\n", a);
18  }
19  else if (a % 3 == 0 && a % 7 == 0)
20  {
21         printf("%d 能同时被 3、7 整除!\n", a);
22  }
23  else if (a % 3 == 0) {
24         printf("%d 能被 3 整除!\n", a);
25  }
26  else if (a % 5 == 0) {
27         printf("%d 能被 5 整除!\n", a);
28  }
29  else if (a % 7 == 0) {
30         printf("%d 能被 7 整除!\n", a);
31  }
32  else {
33         printf("%d 不能被 3、5、7 任何一个数整除!\n", a);
34  }
35
36  return 0;
37  }
```

4．设 a=0，b=1，c=2，设计一个简单的程序，验证下面两个表达式的结果。

① a==10&&b||c==5

② ++a&&b--&&(c=5)

参考代码：

```
1  #include "stdio.h"
2
3  int main(void)
4  {
5    int a = 0, b = 1, c = 2;
6
7    printf("a==10&&b||c==5 的结果是：%d\n", a == 10 && b || c == 5);
8    printf("++a&&b--&&(c=5) 的结果是：%d\n", ++a && b-- && (c = 5));
9    return 0;
10 }
```

第 6 课　配套代码下载

第 7 课　熟知运算 3——位运算与其他运算

【学习目标】

1．掌握位的逻辑运算符、移位运算符的运算规则。
2．掌握逗号运算符、赋值运算符的运算规则。
3．熟知各种运算符优先级的次序。

【OBE 成果描述】

导学视频

1．会使用位运算符进行二进制位的操作，如屏蔽、拼接、取反等。
2．会区分指针、指针变量和普通变量，能用指针操作变量。
3．会按逗号运算符的运算规则，计算逗号表达式的值。
4．能够分析运算表达式中的混合运算，并得出正确的结果。

【热身问题】

你应该看到过广场上炫彩的 LED 屏吧，有没有想过它是如何实现信息的各种显示效果的？如闪烁、平移、动画等。

其实，各种被显示的信息其实都是内存中的数据，对其施以相应的位运算操作，再由显示器显示，就可以实现相应的效果。

位运算符

7.1　位运算符

在前面各个例子的调试中，可以看到计算机里的数据都是在内存中以二进制数存储的，如果能有办法对二进制数中的各个位直接操纵，那对内存的使用将是极为灵活的。

位运算就是对数的二进制位直接进行运算（图 7-1），这涉及与&、或|、异或^、求反~、左

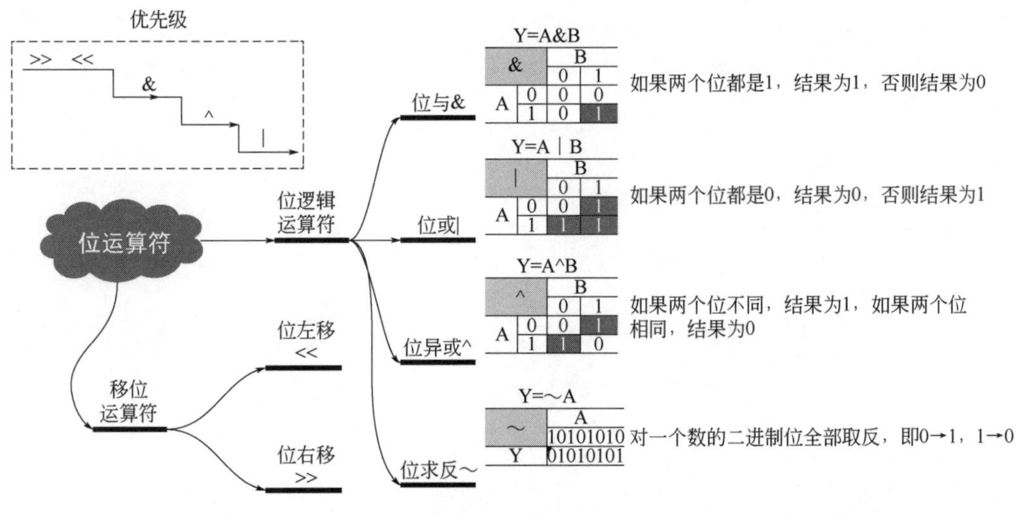

图 7-1　位运算符

移<<、右移>>等，位运算符对它们的运算对象的各个位执行 AND、OR 和 XOR（异或）等逻辑操作。运算优先级最高的是<<和>>，&的优先级高于^，| 的优先级最低。注意：位是最小的存储单元，只可能是 0 或 1 这两个值。

移位运算符中：<<运算符把位左移，>>运算符把位右移。语法如下：

x << n　　和　　x >> n

每个运算符都把 x 中的位沿指定方向移动 n 个位置。右移时，在变量的高位补 n 个 0；左移时，在变量低位补 n 个 0。

以上除位求反，其他都是二元运算符，它们都具有自左向右的结合性（【例程 2-1】中给出了一种使用案例）。

【例程 7-1】位运算的常见用法：屏蔽、清除、拼接、取反。

```
/* P1 变量的值代表某个 CPU 端口输出的电平，假设其位控制一个 LED 灯*/
1  #include "stdio.h"
2  #include "windows.h"
3
4  typedef unsigned char uint8_t ;
5  void Show(uint8_t x)
6  {
7     uint8_t m;
8     /*%02X：英文字母变大写，如果输出字符不足两位的，输出两位
9     宽度，右对齐，空的一位补 0。超过两位的，全部输出*/
10     printf("0x%02x:", x);
11     for (int i = 0; i < 8; i++)
12     {
13        m = 0x80 >> i;
14        /* 如果 j 列为 1，输出*，否则输出空格 */
15        if ((x & m) != 0)
16           printf("O ");  //输出 O 表示点亮 LED 灯
17        else
18           printf("_ ");//输出_表示关闭 LED 灯
19     }
20     printf("\n");
21  }
22  int main(int argc, char** argv)
23   {
24     uint8_t P1,m,i;
25
26     printf("依次点亮所有灯:\n");
27     P1 = 0x01;
28     for (i = 0;i < 8;i++)
29     {
30        Show(P1);
31        P1 = P1 << 1;
32        Sleep(50);
33     }
34     printf("点亮所有灯:\n");
35     P1 = 0xff; Show(P1);
36     Sleep(1000);
37
```

```
38      printf("关闭高 4 位对应的灯(&):\n");
39      P1 = P1 & 0x0f; Show(P1);
40      Sleep(1000);
41
42      printf("第 1, 3, 5, 7 位灯关闭(^):\n");
43      P1 = P1 ^ 0x55; Show(P1);
44      Sleep(1000);
45
46      printf("高 4 位相应的灯按 1010 值显示\n 不影响低 4 位（屏蔽&+拼接|）:\n");
47      P1 = (P1 & 0x0f)|0xa0; Show(P1);
48      Sleep(1000);
49
50      printf("显示状态取反(~):\n");
51      P1 = ~P1; Show(P1);
52      Sleep(1000);
53
54      return 0;
55  }
```

程序运行结果见图 7-2。

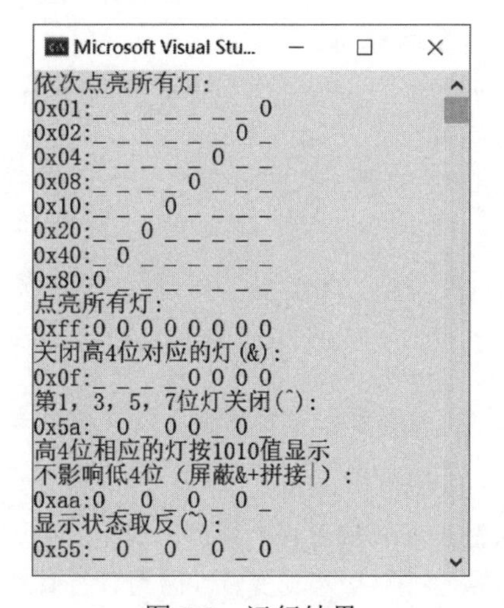

图 7-2　运行结果

位运算最常见的用法是，用于修改内存数据中的位，比如使用与运算清除一个字节中的特定位，而不影响其他位的信息（即屏蔽），使用异或运算对一个字节中的特定位取反，以及代码第 47 行中对两个字节的数据进行拼接。

7.2　特殊的变量，特殊的运算——指针变量与*、&运算符

特殊的变量，
特殊的运算

为了管理内存方便，C 语言编程器给内存中的每个字节都设了一个编号，这个编号称为地址，而地址的别名就是“指针”。由于计算机内存中的存储空间（以字节为单位）是连续的，因此地址也是连续的。

C 语言之所以经久不衰，特别是在嵌入式计算机的应用领域中长期作为主要编程语言存在，一个重要原因是因为有指针，有指针可以方便地使用所有内存数据结构、变量，处理内存地址，从而编出精炼而高效的程序。

指针变量是一种特殊的变量，它专门存储内存的地址（地址就是指针，在 X86 中占 4 个字节），如果类比到长街里的一排房子，那指针变量就是专门存放其他房间地址的房子，如图 7-3 所示。指针变量示例如图 7-4 所示。

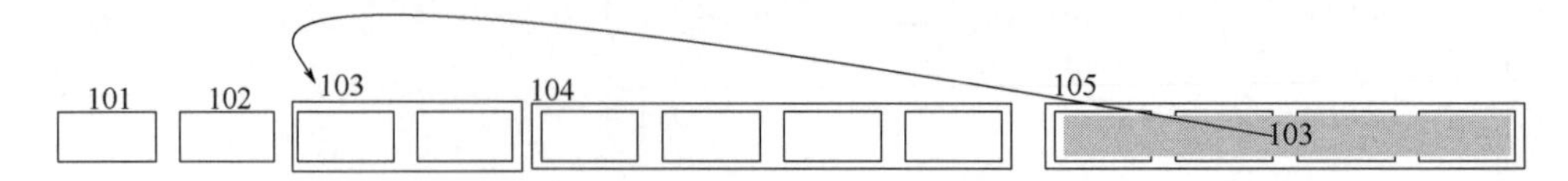

图 7-3　指针变量（图中 105 房间）里存放的另一变量的地址（房间的编号 103）

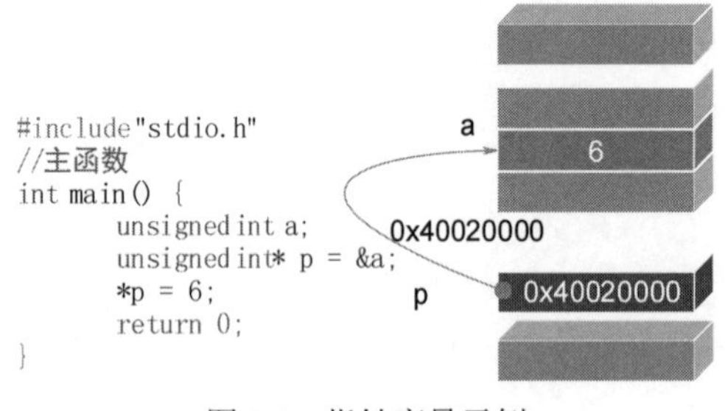

图 7-4　指针变量示例

指针常量则是一个确定的地址，如 0x00800000，要求能在编译器编译前确知该地址对应的存储单元的内容或意义。特别地，空地址 NULL 通常用于初始化指针变量，如 char *p = NULL。

取值运算符 *（对指针取值），结合性是右到左。取地址运算符&（取变量的地址），结合性是右到左。

【例程 7-2】指针变量与*、&运算符。

```
1  #include "stdio.h"
2  /*演示指针变量及*、&运算*/
3  int main(int argc, char* argv[])
4  {
5    unsigned int a=0, b=0;
6    unsigned int* p = &a; //初始化
7
8    printf("p=0x%08x,a=%d,b=%d\n",(unsigned int)p,a,b);
9    *p = 5; //指针运算，将 5 存入 a 变量（因为 p 持有 a 的地址）
10   printf("p=0x%08x,a=%d,b=%d\n", (unsigned int)p, a, b);
11
12   p = &b; //地址运算，使 p 持有 b 的地址，现在 p 对 a 的地址毫无概念
13   *p = 6; //指针运算，将 6 存入 b 变量（因为 p 持有 b 的地址）
14   printf("p=0x%08x,a=%d,b=%d\n", (unsigned int)p, a, b);
15
16   return 0; //在这一行设置断点，再调试运行
17 }
```

程序运行结果见图 7-5。

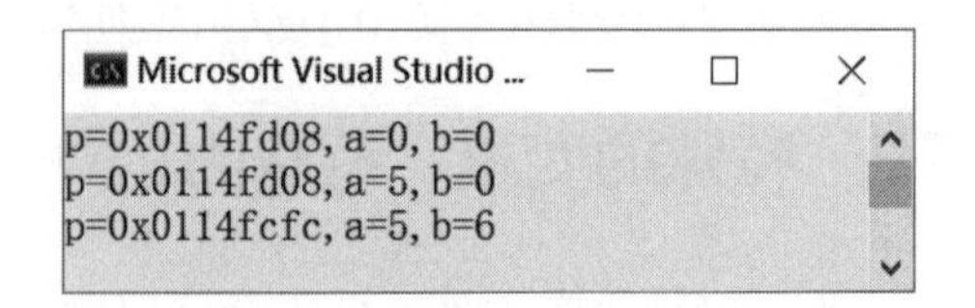

图 7-5　【例程 7-2】的运行结果

代码解释：

① 第 6 行中的*只是标记后面声明的 p 是指针变量，不是指针变量名的一部分，也没有运算意义。这里&a 用来在指针变量声明时初始化指针 p 的值，也可以对指针变量赋值。

② 第 9 行中的*p 进行了指针运算，是引用指针变量 p 所指向的另一个变量。只要 p 已经持有 a 变量的地址，*p 就可以引用到 a 的内存位置。

③ 第 13 行中数字 6 被存入 b 变量所在的内存，这是因为现在 p 持有 b 变量的地址。

7.3　逗号运算符

逗号运算符

在 C 语言中，逗号“,”也是一种运算符，它的作用是把两个表达式连接起来组成一个表达式。在进行运算的时候是从左向右顺序求值，表达式运算的结果是最后一个表达式的值。

【例程 7-3】逗号运算符的求值过程。

```
1  #include "stdio.h"
2
3  int main(int argc, char* argv[])
4  {
5    unsigned int a=0, i=0;
6    printf("%d\n", (a+ = 2, i++, i = 6));
7
8    return 0; //在这一行设置断点，再调试运行
9  }
```

程序运行结果见图 7-6。逗号运算符的优先级是最低的。

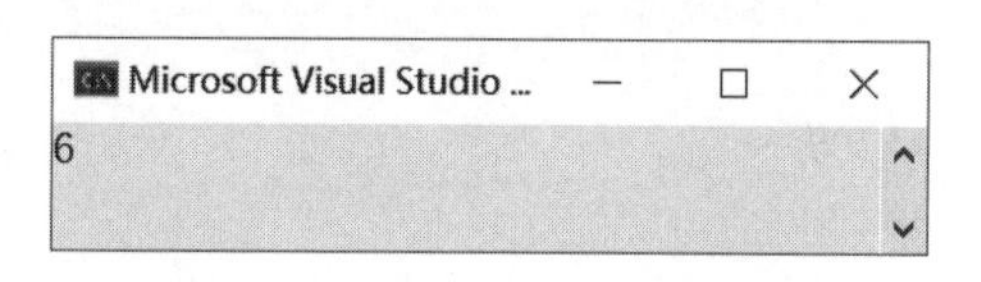

图 7-6　【例程 7-3】的运行结果

代码第 6 行中表达式的求值过程是先求表达式 a += 2 的值，然后求 i++的值，再求 i = 6 的值，并以最右端表达式的值 6 作为整个逗号表达式的值。

项目实践　模拟 LED 屏点阵文字的显示

（1）要求

对第 2 课中的【例程 2-1】以点阵方式输出汉字进行升级，使得可以按滚动方式显示文字“和”，滚动效果是：自上向下滚动，滚动到最后一行时，循环到第一行继续显示（图 7-7）。

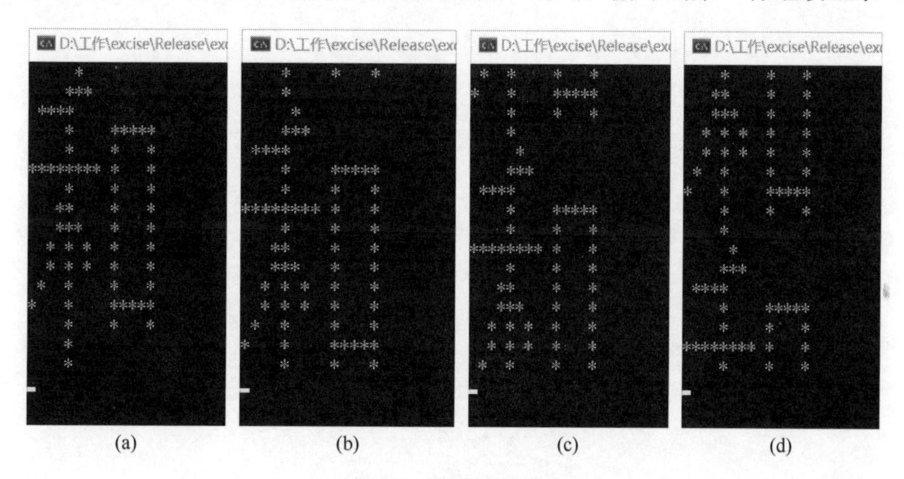

(a)　(b)　(c)　(d)

图 7-7　滚动显示效果

（2）目的

① 掌握位的逻辑运算符、移位运算符的运算规则。

② 掌握逗号运算符、赋值运算符的运算规则。

③ 熟知各种运算符优先级的次序。

（3）步骤及记录

步骤 1：启动 Visual Studio 2019。

步骤 2：点击菜单项“文件|新建|项目”，选择创建空项目，然后确定解决方案、项目的名称、路径，点击“创建”，如此就建好了一个解决方案和项目。

步骤 3：在源文件夹中新建 C 语言源文件 main.c，输入代码，保存。

步骤 4：编译、链接［菜单“生成|生成 xx（项目名称）”］，注意编译器的提示。

步骤 5：运行程序。

（4）参考代码

```
1  #include "stdio.h"
2  #include "windows.h"
3
4  /*宋体："和"的 16*16 点阵信息（数组），该数组由 PCtoLCD2002 软件生成（网上可下载） */
5  unsigned char table[] =
6  {
7   0x20,0x00,0x70,0x00,0x1E,0x00,0x10,0x3E,0x10,0x22,0xFF,0x22,0x10,0x22,
    0x18,0x22,
8   0x38,0x22,0x54,0x22,0x54,0x22,0x12,0x22,0x11,0x3E,0x10,0x22,0x10,0x00,
    0x10,0x00
9     /*"和",0*/
10  };
11  int main(int argc, char** argv)
12  {
13     int i, j, n, begin_line = 0;
14     short m = 0x01, x;
15     int N = sizeof(table) / (2 * sizeof(char)); //两个字节表达一行点阵信息
16
17     for (;;)
18     {
19         for (i = 0; i < 16; i += 1)
20         {
21             n = (begin_line + i)%N;
22             /* 第 i 行的点阵信息 */
23             x = (table[n * 2 + 1] << 8) | table[n * 2];
24             //检查 0~15 列的点阵信息
25             for (j = 0; j < 16; j++)
26             {
27                 m = 1 << j;
28                 /* 如果 j 列为 1，输出*,否则输出空格 */
29                 if ((x & m) != 0) printf("*");
30                 else printf(" ");
31             }
32
33             printf("\r\n");//回车换行
34         }
35         //滚动到下一行
```

```
36          begin_line = (begin_line + 1) % N;
37          //50ms 后屏幕清空
38          Sleep(50);
39          system("cls");
40      }
41      return 0;
42  }
```

注意

请重点理解第 21 行、第 23 行、第 29 行和第 30 行，及相应的程序，暂时忽略循环结构相关知识（也可以自行提前学习相关知识）。

请思考，如何将程序改成自下而上滚动显示的效果？

小　结

1. 了解了位运算符，并进一步学习了指针运算符和地址运算符的运算规则。至此除结构成员运算符（->及.）外基本学完了所有运算符。

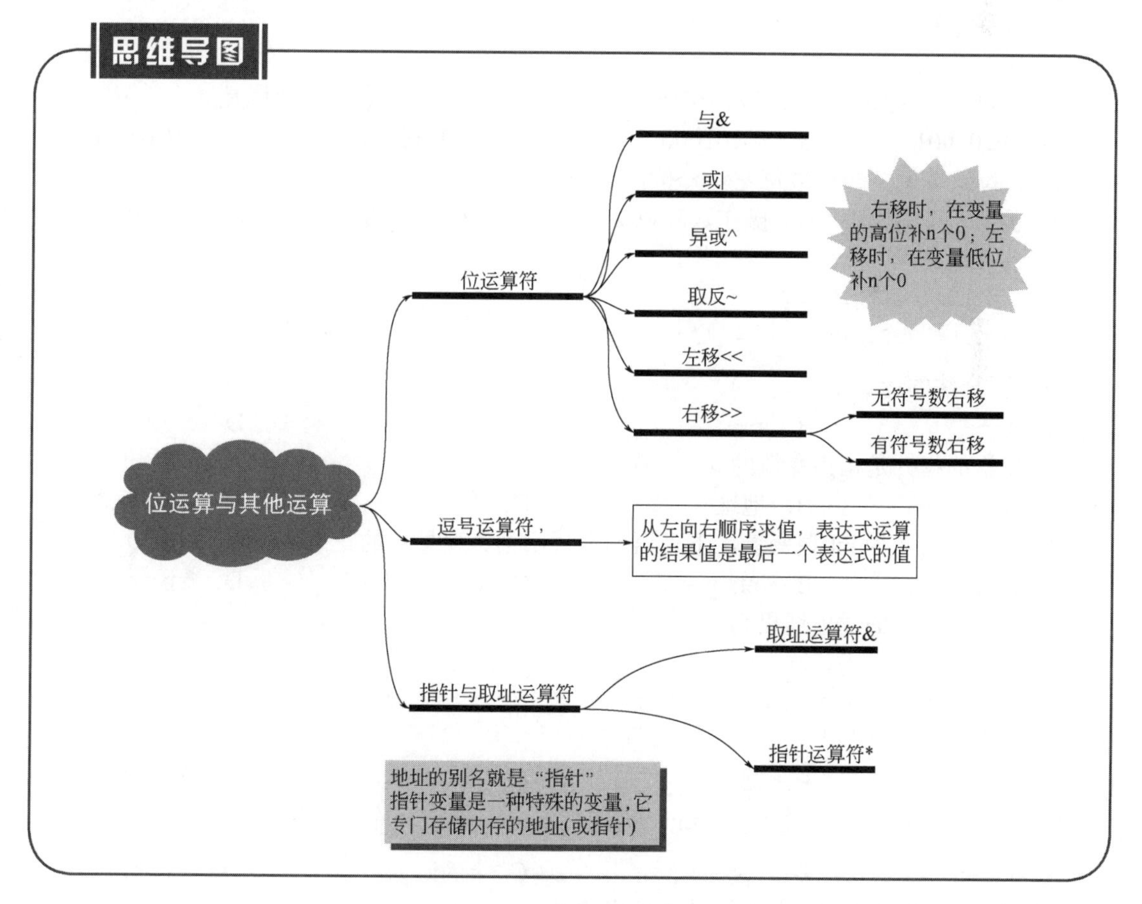

2. 学会对运算符表达式求值，必须非常清楚各种运算符的优先级和结合性（附录 C），请在编程实践中逐步熟练掌握。

成果测评

一、判断题

1．int i, * p = &i 是正确的 C 语言说明。（　　）

2．7&3+12 的值是 15。（　　）

3．a=(b=4)+(c=6)是一个合法的赋值表达式。（　　）

4．若 a=3,b=2,c=1，则关系表达式(a>b)==c 的值为“真”。（　　）

5．假设所有变量均为整型，则表达式(a=2,b=3,b++,a+b)的值是 5。（　　）

6．x *= y + 8 等价于 x = x * (y + 8)。（　　）

7．表达式（a=1,b=2）不是符合 C 语言语法的赋值语句。（　　）

8．语句“printf ("%d \n"，12 &012);”的输出结果是 6。（　　）

9．位运算是对运算对象按二进制位进行操作的运算。（　　）

二、选择题

1. 整型变量 x 和 y 的值相等，且为非 0 值，则以下选项中，结果为零的表达式是（　　）。

A．x || y　　B．x | y　　C．x & y　　D．x ^ y

2．若 a=1,b=2，则 a|b 的值是（　　）。

A．0　　B．1　　C．2　　D．3

3．设 char 型变量 x 中的值为 10100111，则表达式 (2+x) ^ (～3) 的值是（　　）。

A．10101001　　B．10101000　　C．11111101　　D．01010101

4．在位运算中，操作数每左移一位，其结果相当于（　　）。

A．操作数乘以 2　　B．操作数除以 2　　C．操作数除以 4　　D．操作数乘以 4

5．设有定义：

```
int a = 1, * p = &a;
float b = 2.0; char c = 'A';
```

以下不合法的运算是（　　）。

A．p++;　　B．a−−;　　C．b++;　　D．c−−;

6．变量的指针是指该变量的（　　）。

A．值　　B．地址　　C．名　　D．一个标志

7．若已定义 x 为 int 型变量，下列语句中说明指针变量 p 的正确语句是（　　）。

A．int p = &x;　　B．int* p = x;　　C．int* p = &x;　　D．* p = *x;

8．下面程序段的输出结果为（　　）。

```
int a, b;
b = (a = 3 * 5, a * 4, a * 5);
printf("%d", b);
```

A．60　　B．75　　C．65　　D．无确定值

9．若有说明：int i, j = 2, * p = &i;，则能完成 i = j 赋值功能的语句是（　　）。

A．i=*p;　　B．*p=*&j;　　C．i=&j;　　D．i=**p;

10．以下关于运算符优先级的描述正确的是（　　）。

A．关系运算符<算术运算符<赋值运算符<逻辑运算符

B．逻辑运算符<关系运算符<算术运算符<赋值运算符

C．赋值运算符<逻辑运算符<关系运算符<算术运算符

D．算术运算符<关系运算符<赋值运算符<逻辑运算符

11．若有语句：int a=4, *p=&a;，下面均代表地址的一组选项是（　　）。

A．a, p, &* a　　B．*& a, & a, * p　　C．& a, p, &* p　　D．*& p, * p, & a

三、简答/分析/编程题

1．10010010 << 4 的结果是多少？ 10010010 >> 4 的结果又是多少？

2．编写一个程序，显示一个数字对应的 8 位二进制值。例如，用户输入 24，程序应显示 00011000（题图 7-1）。提示：请务必使用位运算符。

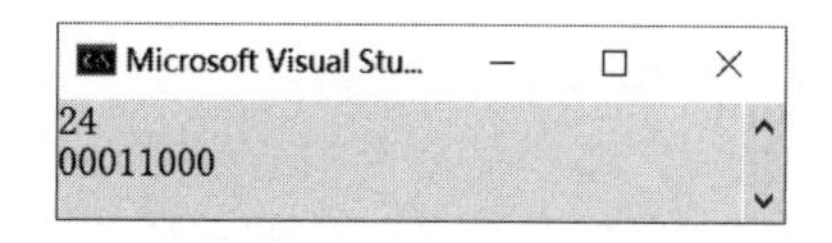

题图 7-1　程序显示界面

参考代码：

```
1  #include "stdio.h"
2
3  int main(int argc, char* argv[])
4  {
5    int a;
6
7    printf("请输入一个整数:\n");
8    scanf("%d", &a);
9
10   for (int i = 0;i < 8 ;i++)
11   {
12      if ((a & (0x80 >> i)) != 0) putchar('1');
13      else putchar('0');
14   }
15
16   return 0;
17 }
```

第 7 课　配套代码下载

第 8 课　循环使程序生动起来

【学习目标】

1．掌握循环的概念及描述循环的基本要素。

2．掌握循环结构的三种基本语法。

3．熟悉循环结构的各种变异描述方法。

导学视频

【OBE 成果描述】

1．熟用循环结构描述重复性程序流程。

2．善用循环结构的基本要素进行代码编写。

3．学会用循环思想去分析和解决问题。

【热身问题】

从前有座山，山里有座庙，庙里有个老和尚给小和尚讲故事，讲的什么呢？哈哈，接下来你大概知道了。每次看到这段话时，总是让我会心一笑。是的，循环总是能让生活变得更生动，循环也使程序更生动了。

你是如何理解“循环”的？日常生活中，你见到过哪些规律是循环发生的？为什么程序需要有循环结构?

在生活中，对于一些重复性的生产或工作任务，人们总是感到身累、心累，而电脑、机器却从来不会感到厌烦，因为这正好是计算机的特长！当需要反复执行一些重复操作时，机器和计算机总是能比人类做得好。于是最好给它们分配一些普通的重复的任务，而把需要思考的任务留给人来做。如果生活中有一个人对你喊“脏活累活我来做”，那该是多么开心的事啊！那就是计算机，那就是循环。

进行循环结构的代码设计时，需要通过某种方式规定循环的次数或使循环受某种规律控制。

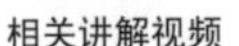
相关讲解视频

8.1　while 循环

while，用英文来理解是恰当的，每次“当指定条件为真”，重复地执行某个语句块（第 6 课中所说的 if 语句则是条件成立时执行一次语句块），而且如果 while 的条件始终是真，那么循环会一直进行下去（图 8-1），语法中，大括号可以省略。但它只能控制离它最近的一条语句。

循环条件可以是任意的 C 语言表达式，语句是任意有效的 C 语句。程序执行到 while 语句时，将根据以下步骤进行。

① 对循环条件求值。

② 如果循环条件为假（0），则结束 while 语句，程序将转至执行语句后面的第 1 条语句。

③ 如果循环条件为真（非 0），则依次执行图中方框部分的语句（通常又叫“循环体”）。

④ 返回第①步。

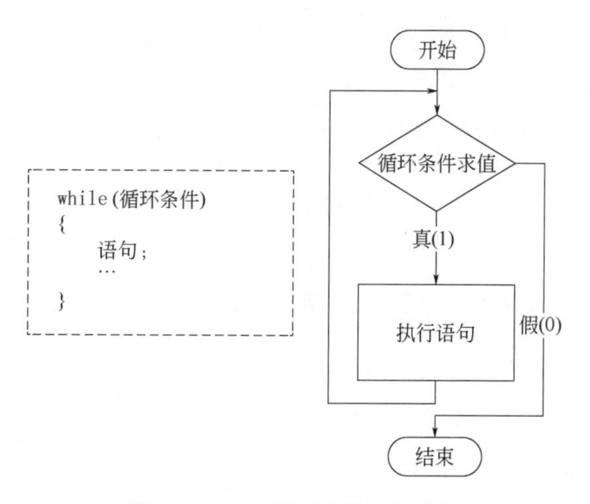

图 8-1　while 循环及其运行流程

【例程 8-1】旋转的小棍。

```
1  #include "stdio.h"
2  #include "windows.h"
3
4  int main(int argc, char* argv[])
5  {
6     int i = 0;
7     char ch;
8     //循环条件为 1 表示条件始终成立，循环一直进行下去
9     while (1)
10    {
11        ch = '\\';printf("\r%c", ch);/*转义字符'\\'表示字符\ */
12        Sleep(500);
13        ch = '|';printf("\r%c", ch);
14        Sleep(500);
15        ch = '/';printf("\r%c", ch);
16        Sleep(500);
17        ch = '-';printf("\r%c", ch);
18        Sleep(500);
19    }
20
21  return 0;
22  }
```

上例中，while 循环将一直进行下去，未控制其何时退出，这种循环是“死循环”，此时软件不对用户做任何响应，貌似死机。除非特殊需要，可在必要时控制循环退出。

【例程 8-2】计算 1+2+3+…+100 的值。

典型的 while 循环程序流程图见图 8-2。

```
1  #include "stdio.h"
2  #include "windows.h"
3
4  /* 控制循环次数的标准方法：三要素（初值，增量，终值）*/
```

```
5  int main()
6  {
7     int sum = 0;
8     int i = 1;//i 是循环变量，0 是初值
9
10     while (i <= 100)//100 的循环终值
11     {
12        sum = sum + i;
13        i++;//循环变量的增值(记录循环次数)
14     }
15
16     printf("1+2+...+100 = %d\n", sum);
17
18     return 0;
19  }
```

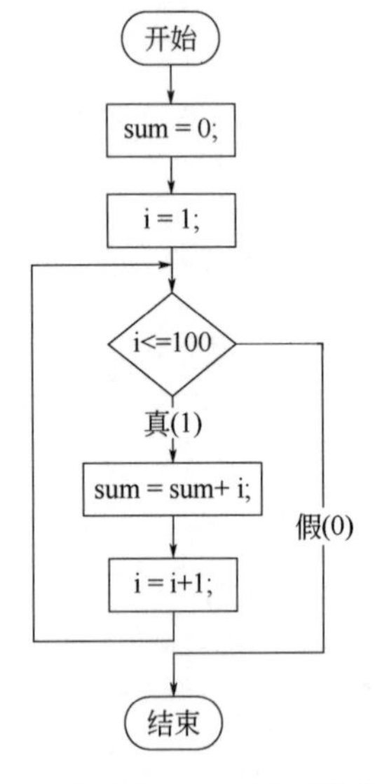

图 8-2　典型的 while 循环程序流程

> **注意**　第 10 ~ 14 行是一个整体，表达了一个循环操作，因而第 10 行的行尾不可以加分号“;”，否则“while (i <= 100);”自身形成一个循环操作，其重复的动作是空操作。第 8 行、第 10 行及第 13 行中，任何一个要素发生变化，将导致循环次数的变化。你可以试一下，调整这三行中的初值、增量、终值，看最终循环执行了几次。

8.2　for 循环

for 语句据说是 C 语言中最强大的语句，使用广泛，极为灵活，如图 8-3 所示。其中，初值部分、循环条件和更新部分都是 C 语言的表达式，语句是任意有效的 C 语句。

在执行 for 循环语句时，按以下步骤进行。

① 先对初值部分求值。

② 对循环条件求值。
③ 若循环条件结果为假（0），则 for 循环结束，跳去执行整个 for 语句之后的第一条语句。
④ 如果循环条件结果为真（1），则执行循环体中的语句。
⑤ 对更新部分求值。
⑥ 跳去第②步。

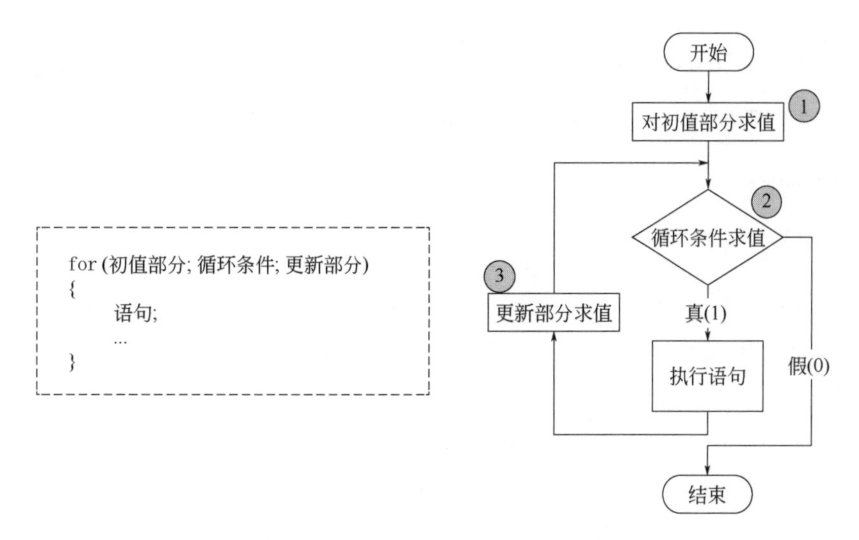

图 8-3　for 循环语句及其运行流程图

【例程 8-3】用 for 循环来重新编写【例程 8-2】中的程序。

```
1  #include "stdio.h"
2  #include "windows.h"
3
4  /* 循环的三要素（初值，增量，终值）被集中在第 9 行*/
5  int main()
6  {
7   int sum = 0;
8
9   for (int i = 1;i <= 100;i++)
10  {
11     sum = sum + i; //循环体被突显出来
12  }
13
14  printf("1+2+…+100 = %d\n", sum);
15
16  return 0;
17  }
```

以上程序中第 9 行行尾不可以加分号“;”，这是因为第 9～12 行是一个整体，不可以被割裂。

正如【例程 8-3】中所表述，for 循环的优点是控制循环的三个表达式可以集中在一处（第 9 行），相比 while 语句而言，循环体被突显出来了，循环任务一目了然。

实际上，for 循环在使用时非常灵活，语法中的三个表达式都可能被省略（尽管省略，但相关信息在程序中其他部分会有体现），不过中间的分号不可以省略（图 8-4）。图中，break 的作用是终止循环，从而执行循环主体后面的语句。

```c
int main()
{
    int sum = 0;

    for (int i = 1;i <= 100;i++)
    {
        sum = sum + i; //循环体被突显出来
    }

    printf("1+2+...+100 = %d\n", sum);

    return 0;
}
```

```c
int main()
{
    int sum = 0;
    int i = 1;

    for (;i <= 100;i++)
    {
        sum = sum + i;
    }

    printf("1+2+...+100 = %d\n", sum);

    return 0;
}
```

```c
int main()
{
    int sum = 0;
    int i = 1;

    for (;i <= 100;)
    {
        sum = sum + i;
        i++;
    }

    printf("1+2+...+100 = %d\n", sum);

    return 0;
}
```

```c
int main()
{
    int sum = 0;
    int i = 1;

    for (;;)
    {//在条件成立时，退出循环（break语句，后面再说）
        if (i <= 100) break;
        sum = sum + i;
        i++;
    }

    printf("1+2+...+100 = %d\n", sum);

    return 0;
}
```

图 8-4 灵活的 for 语句

8.3 do...while 循环

第三种循环语句是 do...while 循环（图 8-5）。其特点是对循环条件的求值被放于循环体执行完后进行。

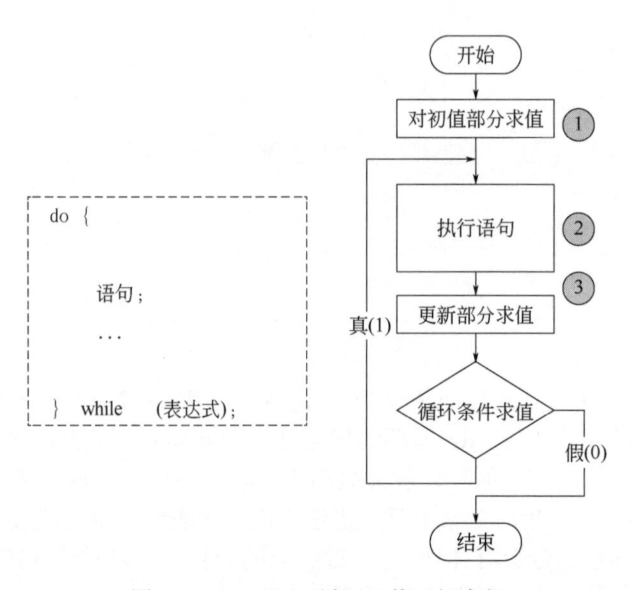

图 8-5 do...while 循环及其运行流程

在书写时，需要特别注意 while 所在行的行尾需要加上分号“;”，以表示整个循环语法的结束。

【例程 8-4】do…while 循环：输出循环变量的值。

```
1   #include "stdio.h"
2   #include "windows.h"
3
4   int main()
5   {
6      int i = 1;//i 是循环变量，0 是初值
7
8      do
9      {
10         printf("i = %d\n", i);
11         i++;//循环变量的增值(记录循环次数)
12     }while (i <= 10); //改成 i<=0，程序的结果会是怎样？试试吧
13
14     return 0;
15  }
```

程序运行结果见图 8-6。

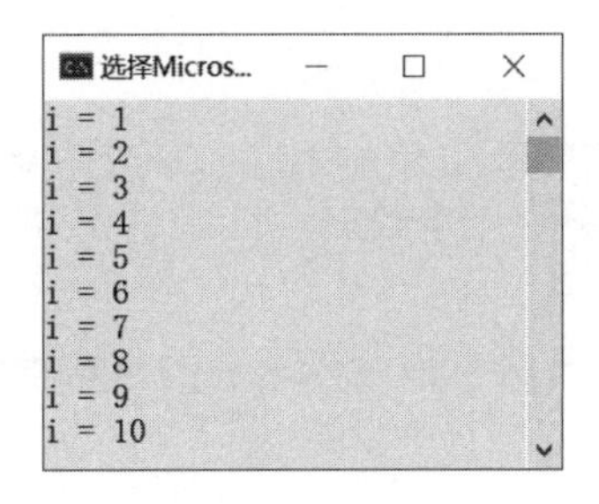

图 8-6　运行结果

8.4　对于循环和循环语法的思考

同一个问题，往往既可以用 while 语句解决，也可以用 do…while 或者 for 语句来解决，它们经常可以相互等价地表达（图 8-7），甚至可用 goto 语句来完成循环结构的表达，见【例程 8-5】。

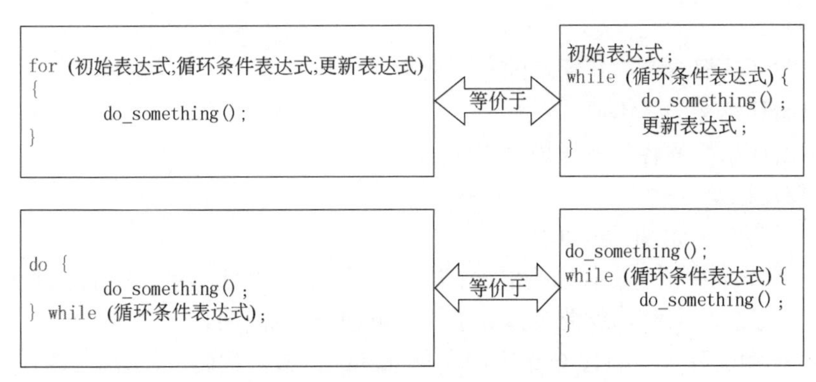

图 8-7　三种循环语句的等价表达方式

【例程 8-5】使用 if + goto 表达循环结构。

```
1  #include "stdio.h"
2  #include "windows.h"
3
4  int main()
5  {
6   int i = 1;
7   loop:
8   printf("i = %d\n", i);
9   i++;
10  if (i <= 10)
11     goto loop; //goto是无条件转移语句
12  return 0;
13  }
```

一般地，当循环体至少执行一次时，用 do…while 语句，反之如果循环体可能一次也不执行，就选 while 语句或 for 语句。但是基于结构化编程的理念，一般不建议在程序中使用 goto 语句。

不管用哪种方式，请记住：代码是给人看的，机器根本不在乎你写的是什么，只要能运行就行。

> **【头脑风暴】**坦率地说，循环结构大部分情况下都是 if + goto 能表达的，为什么 C 语言要提供以上三种循环语法这样的冗余设计呢？

据说，相比而言，程序员对于这三种循环语法的喜欢程度是：for 语句是最被推崇的，其次是 while。

项目实践　模拟 LED 屏显示——野火烧不尽 1

（1）要求

对第 7 课中的项目实践（模拟 LED 屏点阵文字的显示）进行进一步升级，使其可以按滚动方式显示文字“野火烧不尽”，滚动效果是：自上向下滚动，滚动到“尽”字最后一行时，循环到第一行继续显示。

（2）目的

① 掌握循环的概念及描述循环的基本要素。

② 掌握循环结构的基本语法。

③ 熟悉循环结构的各种变异描述方法。

（3）步骤及记录

步骤 1：启动 Visual Studio 2019。

步骤 2：点击菜单项“文件|新建|项目”，选择创建空项目，然后确定解决方案、项目的名称、路径，点击“创建”，如此就建好了一个解决方案和项目。

步骤 3：在源文件夹中新建 C 语言源文件 main.c，输入代码，保存。

步骤 4：编译、链接［菜单“生成|生成 xx（项目名称）”］。

步骤 5：运行程序。

（4）参考代码

```
1  #include "stdio.h"
2  #include "windows.h"
3
4  /*宋体："和"的 16×16 点阵信息（数组），该数组由 PCtoLCD2002 软件生成（网上可下载） */
5  unsigned char table[] =
6  {
7   0x00,0x00,0xFE,0x3E,0x92,0x20,0x92,0x14,0xFE,0x08,0x92,0x10,0x92,0x7E,
    0xFE,0x48,
8   0x10,0x28,0x10,0x08,0xFE,0x08,0x10,0x08,0x10,0x08,0xF0,0x08,0x0F,0x0A,
    0x02,0x04,/*"野",0*/
9   0x80,0x00,0x80,0x00,0x80,0x00,0x88,0x10,0x88,0x10,0x88,0x08,0x84,0x04,
    0x84,0x00,
10  0x42,0x01,0x40,0x01,0x20,0x02,0x20,0x02,0x10,0x04,0x08,0x08,0x04,0x10,
    0x03,0x60,/*"火",1*/
11  0x04,0x01,0x04,0x01,0x04,0x3D,0xC4,0x03,0x15,0x0A,0x0D,0x24,0x05,0x2B,
    0xC5,0x30,
12  0x04,0x00,0xE4,0x7F,0x04,0x09,0x04,0x09,0x8A,0x48,0x92,0x48,0x42,0x70,
    0x21,0x00,/*"烧",2*/
13  0x00,0x00,0xFE,0x3F,0x00,0x01,0x00,0x01,0x80,0x00,0x80,0x00,0xC0,0x02,
    0xA0,0x04,
14  0x90,0x08,0x88,0x10,0x84,0x20,0x82,0x20,0x81,0x00,0x80,0x00,0x80,0x00,
    0x80,0x00,/*"不",3*/
15  0x00,0x00,0xF8,0x1F,0x08,0x10,0x08,0x10,0x08,0x10,0xF8,0x1F,0x08,0x12,
    0x08,0x02,
16  0x08,0x04,0xC4,0x08,0x04,0x11,0x02,0x60,0x31,0x00,0xC0,0x00,0x00,0x01,
    0x00,0x02 /*"尽",4*/
17  };
18
19  int main(int argc, char** argv)
20  {
21  int i, j, n, begin_line = 0; // begin_line 是点阵显示开始行
22  char dir = 0;//滚动方向
23
24  short m = 0x01, x;
25  int N = sizeof(table) / (2 * sizeof(char)); //两个字节表达一行点阵信息
26
27  for (;;)
28  {
29     for (i = 0; i < 16; i += 1) //0～15 行循环显示
30     {
31        n = (begin_line + i)%N;
32
33        /* 第 i 行的点阵信息,由 2 个相邻字节合成 */
34        x = (table[n * 2 + 1] << 8) | table[n * 2];
35        //检查 0~15 列的点阵信息
36        for (j = 0; j < 16; j++)
```

```
37          {
38             m = 1 << j;
39             /* 如果j列为1，输出*,否则输出空格 */
40             if ((x & m) != 0) printf("*");
41             else printf(" ");
42          }
43
44         printf("\r\n");//回车换行
45       }
46       //滚动到下一行
47       if (dir == 1) begin_line = (begin_line - 1) > 0 ? (begin_line -
        1) : (begin_line - 1) + N;
48       else begin_line = (begin_line + 1) % N;
49
50       //50ms 后屏幕清空
51       Sleep(50);
52       system("cls");
53   }
54   return 0;
55   }
```

小 结

1．了解了C语言中关于循环的概念及描述循环的基本要素。

2．学习了循环结构的三种基本语法，特别是for循环语法的灵活变化，强调了do…while的特点。

3．对循环结构描述的程序进行了一些思考，对不同语法的三种结构进行了比较、转换等。

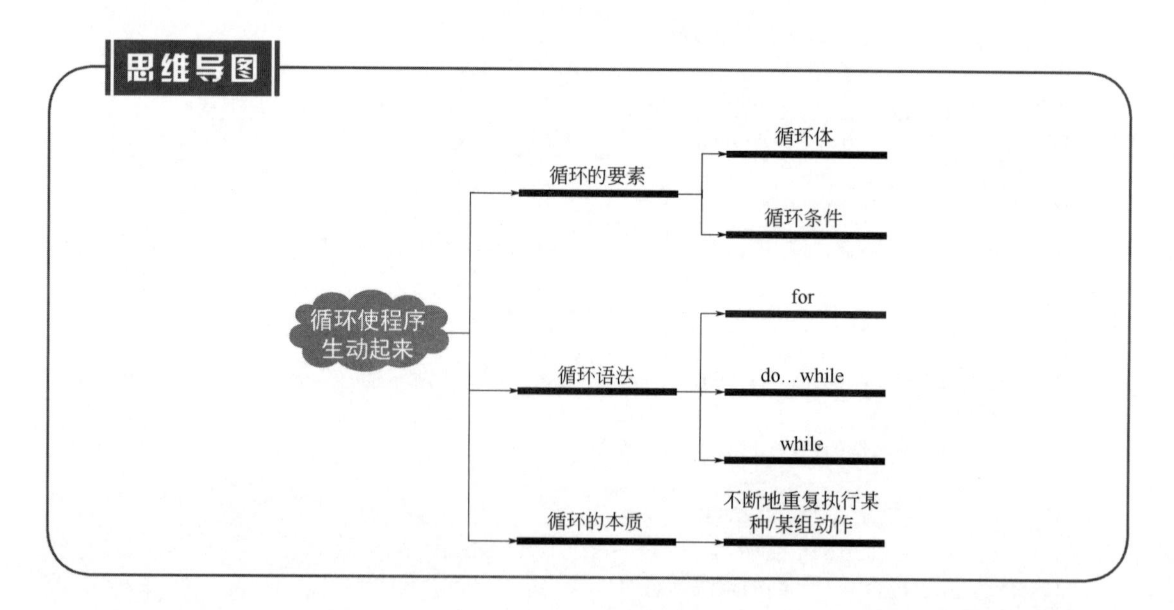

成果测评

一、选择题

1．设有程序段：

```
int k = 10;
while (k = 0)k = k - 1;
```

则下面描述中正确的是（　　）。

A．while 循环执行 10 次　　B．循环是无限循环

C．循环体语句一次也不执行　　D．循环体语句执行一次

2．语句 while(!flag)中的表达式!flag 等价于（　　）。

A．flag == 0　　B．flag != 1　　C．flag != 0　　D．flag == 1

3．以下程序的运行结果是（　　）。

```
a = 1;b = 2;c = 2;
while (a < b < c)
{
      t = a;
      a = b;
      b = t;
      c--;
}
printf("%d,%d,%d", a, 6, c);
```

A．1, 2, 0　　B．2, 1, 0　　C．1, 2, 1　　D．2, 1, 1

4．以下描述中正确的是（　　）。

A．do…while 循环中循环体语句只能是一条语句，所以循环体内不能使用复合语句

B．do…while 循环由 do 开始，用 while 结束，在 while(表达式)后面不能写分号

C．在 do…while 循环体中，一定要有能使 while 后表达式值变为零（“假”）的操作

D．do…while 循环中，根据情况可以省略 while

5．下面有关 for 循环的正确描述是（　　）。

A．for 循环只能用于循环次数已经确定的情况

B．for 循环是先执行循环体语句，后判断表达式

C．在 for 循环中,不能用 break 语句跳出循环体

D．for 循环的循环体语句中，可以包含多条语句，但必须用花括号括起来

6．若 i 为整型变量，则以下循环的执行次数是（　　）。

```
for (i = 2;i == 0;) printf("%d", i--);
```

A．无限次　　B．0 次　　C．1 次　　D．2 次

7．执行以下语句后变量 i 的值是（　　）。

```
for (i = 1;i++ < 4;);
```

A．3　　B．4　　C．5　　D．不定

8．有如下程序段：

```
1  do
2  {
3    printf("%d", x--);
```

```
4 } while (!x);
```

该程序的输出结果是（　　）。

A. 321　　B. 23　　C. 不输出任何内容　　D. 陷入死循环

9. 以下程序的运行结果是（　　）。

```
1  int main()
2  {
3     int n;
4     for (n = 1;n <= 10;n++)
5     {
6        if (n % 3 == 0) continue;
7        printf("%d", n);
8     }
9     return 0;
10 }
```

A. 12457810　　B. 369　　C. 12　　D. 1234567890

10. 下面程序的输出结果是（　　）。

```
1 #include <stdio.h>
2 int main()
3 {
4    int x = 10, y = 10, i;
5    for (i = 0;x > 8;y = ++i)
6          printf("%d %d ", x--, y);
7    return 0;
8 }
```

A. 10 1 9 2　　B. 9 8 7 6　　C. 10 9 9 0　　D. 10 10 9 1

二、简答/分析/编程题

1. 下面的语句执行完毕后，x 的值是多少？

```
for (x = 0; x < 100, x++);
```

2. 分别编写一个 while 语句和 do … while 语句，从 1～100，每次递增 3。

3. 分析以下程序有什么错误？

```
1 int i = 0;
2 while (i < 100)
3 {
4    printf("\n i = %d ", i);
5    printf("\n 下一轮循环...");
6 }
```

4. 有一天，一只猴子摘下一堆桃子，当天吃了一半，觉得不过瘾，又多吃了一个。第二天接着吃了前一天剩下的一半，再多吃了一个。以后每天如此，直到第 10 天，吃了第 9 天剩下的最后一个桃子。问：猴子第一天一共摘了多少桃子？请选择用一种循环结构语法实现。

参考代码：

```
1 #include <stdio.h>
2 int main()
3 {
```

```
4      int x = 1, day = 10;
5
6      while (day > 1)
7      {
8         x = (x + 1) * 2;
9         day--;
10      }
11
12     printf("x = %d\n", x);
13
14     return 0;
15
16  }
```

5. 中央电视台财经频道 CCTV-2 曾经有一个节目“购物街”，主持人出示一件商品，比如一台液晶电视机，然后请嘉宾猜该商品的价格，主持人根据嘉宾所猜的价格给出提示价格“高了”或“低了”，直到嘉宾精确猜中商品价格为止（题图 8-1）。假设价格是整数，请编程实现。（了解一下：用于将连续变化的电压信号转换为数字计算机可识别的数字量的电子元件——A/D 转换器中，有一种类型的 A/D 转换器就采用这种逐次逼近的工作原理。）

参考代码：

```
1  #include "stdio.h"
2  #include "windows.h"
3
4  int main()
5  {
6     int price = 2345;
7     int guess;
8     char ch = 'N';
9
10     while (ch != 'Y')
11     {
12        printf("请嘉宾输入价格: ");scanf("%d", &guess);
13
14        if (guess > price) {
15           printf("高了! \n");
16        }
17        else if (guess < price)
18        {
19           printf("低了! \n");
20        }
21        else {
22           printf("恭喜您，猜中了，你可以拿回家! \n");
23           ch = 'Y';
24        }
25     }
26
27     return 0;
28  }
```

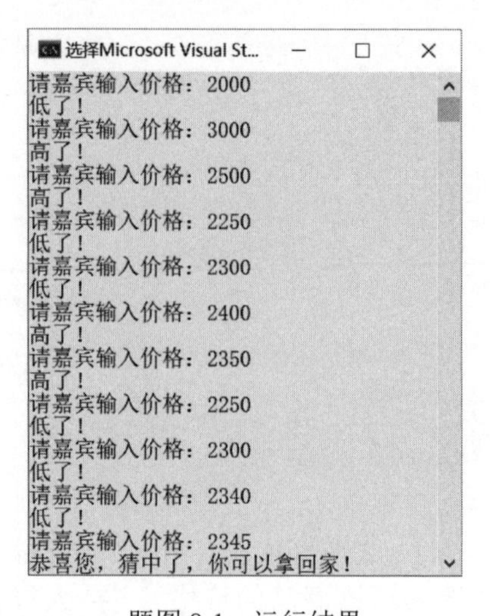

题图 8-1　运行结果

第 8 课　配套代码下载

第 9 课　流程控制的多种姿态

【学习目标】

1．掌握 switch 语句的语法。
2．掌握 break 和 continue 语句的语法。
3．熟悉程序结构的嵌套。

导学视频

【OBE 成果描述】

1．善用 switch 语句进行多分支程序流程设计。
2．熟用 break 和 continue 控制循环程序流程。
3．学会用循环结构与选择结构的嵌套解决实际问题。

【热身问题】

生活并不总是会按你预先设定的轨迹上演一幕幕场景。也许你打算坐飞机旅行，不巧正好遇到雷暴天气而延误；也许跟朋友约定某时某地小聚，因临时有事而取消；也许在食堂排队买饭，刚轮到你的时候，刷卡机坏了……太多的意外了。或许生活就是由大量偶然与必然事件编织而成的吧。

计算机程序很大程度上反映实际问题的应用场景，其流程控制也必然是多种多样的：在一个实际软件产品中，循环、选择、顺序必然会轮番出现，或者三者你中有我，我中有你，以此完成业务流程的代码构建。

9.1　姿态一——多分支流程之 switch 语句

9.1 节与 9.2 节
讲解视频

如果为程序设计多个分支，可以用多个 if...else...语法的嵌套结构，或者 if...else if...else...这样的语法结构来实现。不过为使流程更为“清爽”，C 语言中提供了一个更便利的 switch 语句，如图 9-1 所示。

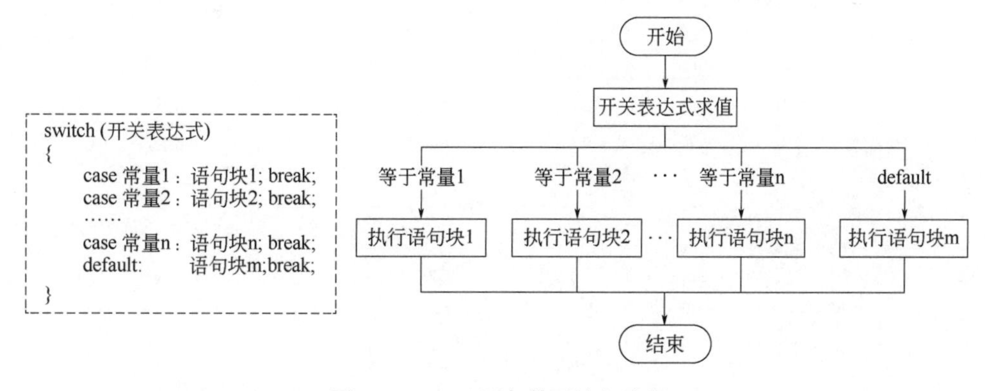

图 9-1　switch 语句的语法与流程

switch 从字面上来看是“开关，切换”的意思，区别于 if 语句“二选一”的特性，switch 语句可以实现决策的“多选一”，类似于电路中的多路开关，它比递进形式的 if…else if…else…语句显得更简洁。

switch 语句基本的执行流程如下。

① 计算开关表达式的值，并逐个与 case 后面常量或常量表达式的结果比较。

② 当开关表达式的值与某个表达式的值相等时，执行其后的语句，并且不会再与其他 case 进行比较。

③ 如果条件表达式的值与所有的 case 后的表达式均不相等，则执行 default 后的语句。

所有分支流程的地位是对等的，其书写顺序可以是任意随机的，这不影响分支流程的执行效果。这里 break 语句的作用是终止分支流程，退出整个 switch 结构。图 9-2 中给出了一些重要的注意事项。

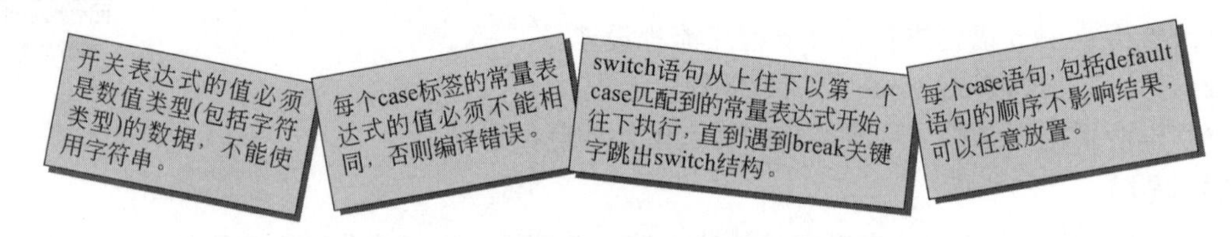

图 9-2 使用 switch 语句的注意事项

【例程 9-1】简易工具箱。

```
1  #include<stdio.h>
2  #include<windows.h>
3
4  int main(void)
5  {
6   int sel;
7
8   system("color 70"); //窗口的颜色（前景色和背景色）
9   system("title 我的工具箱"); //窗口的标题
10  system("mode con:cols=30 lines=15");//窗口的大小
11
12  printf("欢迎来到我的简易工具箱\n");
13  printf("------------------------\n");
14  printf("1.启动计算器\n");
15  printf("2.新建记事本\n");
16  printf("3.打开画图板\n");
17  printf("0.退出系统\n");
18  printf("请输入你的选择：\n");scanf("%d", &sel);
19
20  switch (sel)
21  {
22      case 1: system("calc");    break;
23      case 2: system("notepad"); break;
24      case 3: system("mspaint"); break;
25      default: printf("现在退出工具箱\n"); break;
26   }
27  }
```

程序运行结果见图 9-3。在【例程 9-1】中，可以选择 1、2、3 启动计算器、记事本、画图板。system 函数（stdlib 库中引入）可以调用控制台命令行指令，如果不知道这些指令的用法，可以在控制台界面输入“命令 /?”调取帮助信息，如“color /?”这样的格式。

你可以去除第 22～25 行的 break，看看对程序运行流程有何影响？

```
我的...
欢迎来到我的简易工具箱
--------------------------------

1. 启动计算器
2. 新建记事本
3. 打开画图板
0. 退出系统
请输入你的选择：
```

图 9-3　简易工具箱（【例程 9-1】运行结果）

9.2　姿态二——循环嵌套

之前所学过的所有的结构，包括顺序结构、选择结构、循环结构，在实际编程中，常常需要相互嵌套才可以解决一些相对复杂的实际问题。

要理解循环嵌套，可以把内循环看是钟表的分针的行为，外循环看成是时针的行为，当分针（内循环）进行了 60 次时，时针（外循环）进行 1 次。

【例程 9-2】在控制台上打印一个五行五列的矩阵，如图 9-4 所示。

```
1  #include <stdio.h>
2  int main(int argc, char* argv[])
3  {
4      int i, j;
5
6      for (i = 1;i <= 5;i++)//共输出 5 行
7      {
8          for (j = 1;j <= 5;j++)//每行输出 5 个*
9          {
10             printf("*");
11          }
12          printf("\n");
13      }
14
15      return 0;
16  }
```

```
Micro...
*****
*****
*****
*****
*****
```

图 9-4　五行五列的矩阵

嵌套时，程序结构的语法形式可以是 for、while、do…while、if、switch 等，视程序的逻辑和流程的需要而定。

【例程 9-3】利用交换法（冒泡法）对一组任意输入的数据进行排序。

```
/*冒泡法：从未排序的一组数中，找到最大的数，把它放在未排序数的末尾，如此循环，直到未排序的数只有 1 个为止*/
1  #include <stdio.h>
2  int a[10] = { 0 };//请提前预习数组❶相关概念
3  int main(int argc, char* argv[])
4  {
5      int i=0, j;
6      int size = sizeof(a) / sizeof(int);
7      int tmp;
8
```

❶ 数组是一组具有相同数据类型的变量的集合，在内存中是一块连续的存储单元。

```
9      printf("请为数组 a 输入 10 个元素的值：\n");
10      do {
11         scanf("%d", &a[i]);
12         i++;
13      } while (i < size);
14
15      printf("您之前输入的数字是：\n");
16      for (i = 0;i < size;i++)printf("%d ", a[i]);
17      printf("\n------------------------------\n");
18      //最后一个元素下标位置 i(从尾至头迭代)
19      for (i = size-1 ;i >= 1;i--)
20      {
21         for (j = 0;j < i;j++)//0~i 个元素
22         {
23            if (a[j ] > a[j+1]){
24               //将较大的数，放在后面
25               tmp = a[j];
26               a[j] = a[j + 1];
27               a[j + 1] = tmp;
28            }
29         }
30         printf("本轮对下标为：0-%d 的元素排序(i=%d)\n", i, i);
31         for (j = 0;j < size;j++)printf("%d ", a[j]);
32         printf("(%d 冒出来了)\n", a[i]);
33      }
34      printf("\n 排序完成！\n");
35      return 0;
36 }
```

在【例程 9-3】给出的例子中，可以看到 for…for…if…这样三层结构的嵌套，这也是根据程序所要解决的问题需要安排的。运行结果见图 9-5。

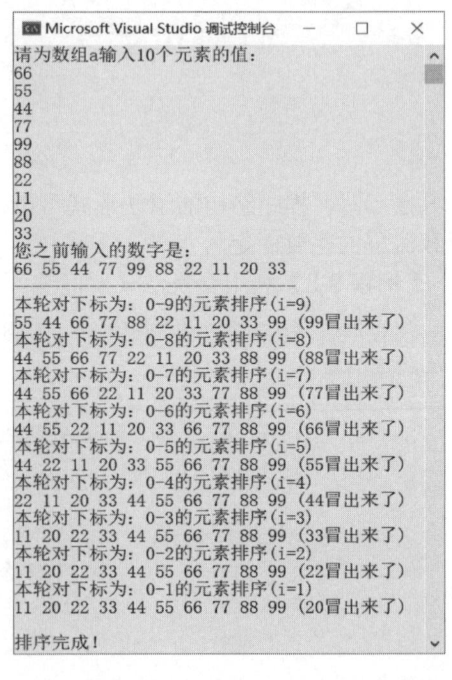

图 9-5 交换法排序（【例程 9-3】的运行结果）

9.3 姿态三——提前终止循环

很多时候，循环流程进行过程中，需要对一些循环轮次进行特别的控制，包括当某个循环轮次符合某种条件时提前终止循环。此时需要用到两种语句，即 break 和 continue，前者是终止循环（【例程 9-4】），后者则是终止本轮次循环，直接进入下一轮次的循环（【例程 9-5】）。

比如，11 号教学楼共有 20 层，你要去 5 楼的 502 教室上课。在去教室的路上，你的潜意识中似乎就是这样的一个过程：从 1 楼到 20 楼循环“更上一层楼”，当楼层号为 5 时就可以终止循环了（这就是 break）。但如果要求你到

除 5 楼外的楼层各分配一个灭火器，则楼层号为 5 时需要跳过，并直接进入到第 6 层（这是 continue）。

【例程 9-4】 输出 1～n 之间的所有素数，每行一个。

```
/*素数指在大于 1 的自然数中，除了 1 和此整数自身外，无法被其他自然数整除的数（也可定义为只有 1 和本身两个因数的数）。比 1 大但不是素数的数称为合数。1 和 0 既非素数也非合数*/
1  #include <stdio.h>
2  int main(int argc, char* argv[])
3  {
4      int i, j, flag, n;
5      /*求 1~n 之间的所有的素数*/
6      printf("请输入 n 的值：");scanf("%d", &n);
7
8      for (i = 2; i <= n; i++) {
9          flag = 1;//假设是素数
10          for (j = 2; j < i; j++)
11              if (i % j == 0) {
12                  flag = 0;//不是素数
13                  break;
14              }
15          if (flag == 1) printf("%d\n", i);
16      }
17
18      return 0;
19  }
```

程序运行结果见图 9-6。

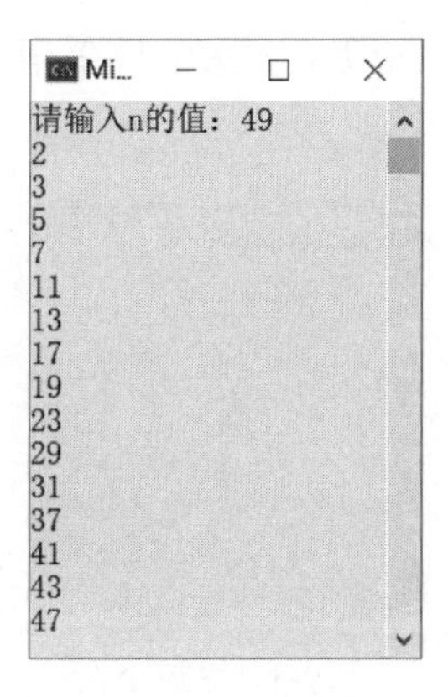

图 9-6　【例程 9-4】的运行结果

【例程 9-5】 打印输出：九九乘法表（下三角）。

```
1  #include <stdio.h>
2  int main(int argc, char* argv[])
3  {
4      int i, j;
5
6      for (i = 1;i <= 9;i++)
7      {
```

```
8         for (j = 1;j <= 9;j++)
9         {
10            if(i<j) continue;/*试试:1.条件改成 i>j;2.continue 改成 break;
              思考显示效果*/
11            printf("%d*%d=%2d\t", i, j, i * j);
12         }
13         printf("\n");
14     }
15
16     return 0;
17 }
```

程序运行结果见图9-7。

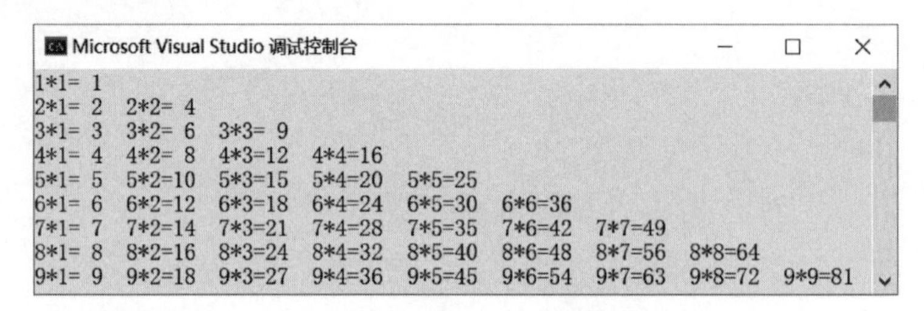

图9-7 【例程9-5】的运行结果

项目实践 键控小人

（1）要求

在控制台界面显示如图9-8所示小人，要求能够采用按键a、s、d、w分别控制小人向左、下、右、上方移动。

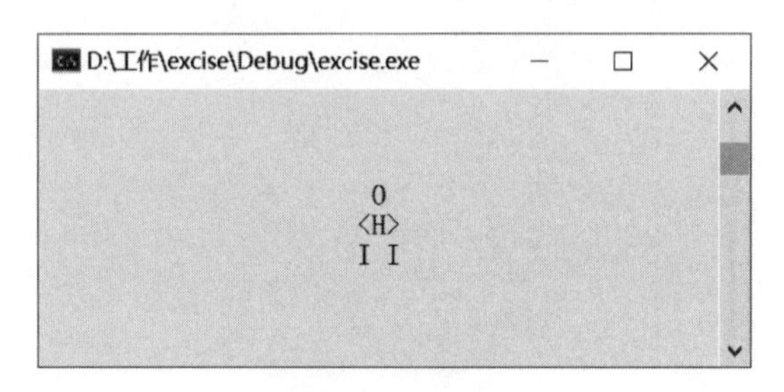

图9-8 键控小人

（2）目的

① 掌握switch语句的语法。

② 掌握break和continue语句的语法。

③ 熟悉程序结构的嵌套。

（3）步骤及记录

步骤1：启动Visual Studio 2019。

步骤2：点击菜单项“文件|新建|项目”，选择创建空项目，然后确定解决方案、项目的

名称、路径，点击“创建”，如此就建好了一个解决方案和项目。

步骤 3：在源文件夹中新建 C 语言源文件 main.c，输入代码，保存。

步骤 4：编译、链接［菜单“生成|生成 xx（项目名称）”］。

步骤 5：运行程序。

（4）参考代码

```
1   #include "stdio.h"
2   #include "windows.h"
3   #define N 5
4   void clear_screen(void) { printf("\033[2J"); }//清空屏幕
5   void cusor_up(int num) { while (num--)printf("\033[A"); }//光标上移num行
6   void cusor_down(int num) { while (num--) printf("\033[B"); }//光标下移num行
7   void cusor_left(int num) { while (num--)printf("\033[D"); }//光标左移num个字符
8   void cusor_right(int num) { while (num--)printf("\033[C"); }//光标右移num个字符
9   void cusor_pos(int x, int y) { printf("\033[%d;%dH",y,x); }//光标位置
10   void blank(int n) { for (int j = 0; j < n; j++) putchar(' '); }//输出空格
11
12   void man(int x,int y)
13   {
14      clear_screen();
15      cusor_pos(x,y);printf(" O \n");
16      cusor_pos(x,y+1); printf("<H>\n");
17      cusor_pos(x,y+2); printf("I I\n");
18   }
19   int main()
20   {
21      char key;
22      int x=0, y=1;
23      do
24      {
25         man(x, y);
26         key = getch();
27         switch (key)
28         {
29         case 'a':x = (x - 1 < 0) ? 0 : x - 1; break; //向左
30         case 'd':x = (x + 1 >50) ? 50 : x + 1; break;//向右
31         case 'w':y = (y - 1 < 0) ? 0 : y - 1; break;//向上
32         case 's':y = (y + 1 > 20) ? 20 : y + 1; break;//向下
33         }
34      }while (1);
35
36      return 0;
37   }
```

代码第 4～10 行中用到了 printf 输出特殊格式控制（表 9-1），显示方式：

\033[显示方式;前景色;背景色m

代码行 printf ("\033[1;33m Hello World. \033[0m \n");，表示高亮输出黄色字体的文字 Hello World。

表 9-1 printf 输出特殊格式控制

显示方式	背景色 \033[40m-\033[47m	前景色 \033[30m-\033[37m	光标位置的格式控制	
\033[0m 关闭所有属性	40:黑	30:黑	\033[nA	光标上移 n 行
\033[1m 设置高亮度	41:红	31:红	\033[nB	光标下移 n 行
\033[4m 下划线	42:绿	32:绿	\033[nC	光标右移 n 行
\033[5m 闪烁	43:黄	33:黄	\033[nD	光标左移 n 行
\033[7m 反显	44:蓝	34:蓝	\033[y;xH	设置光标位置
\033[8m 消隐	45:紫	35:紫	\033[2J	清屏
	46:深绿	36:深绿	\033[K	清除从光标到行尾的内容
	47:白色	37:白色	\033[s	保存光标位置
			\033[u	恢复光标位置
			\033[?25l	隐藏光标
			\033[?25h	显示光标

小 结

1．学习了多分支流程处理语法——switch 语句，并对各种程序结构的嵌套进行了讨论。

2．对需要提前退出循环的情况进行了说明，请注意 break 与 continue 的区别。

3．在所举的例子中，值得注意的是排序算法，能够帮助锻炼编程思维，而且是一种常用的算法。

4．通过一个实践项目，练习了程序结构的嵌套，以及 switch、for 等语句结构的语法。

从现在开始，你可以通过已学的知识，解决现实生活中出现过的许多问题了，“借您一双 C 语言的慧眼”，将编程融入生活，从此开始编程“生活”之旅吧。

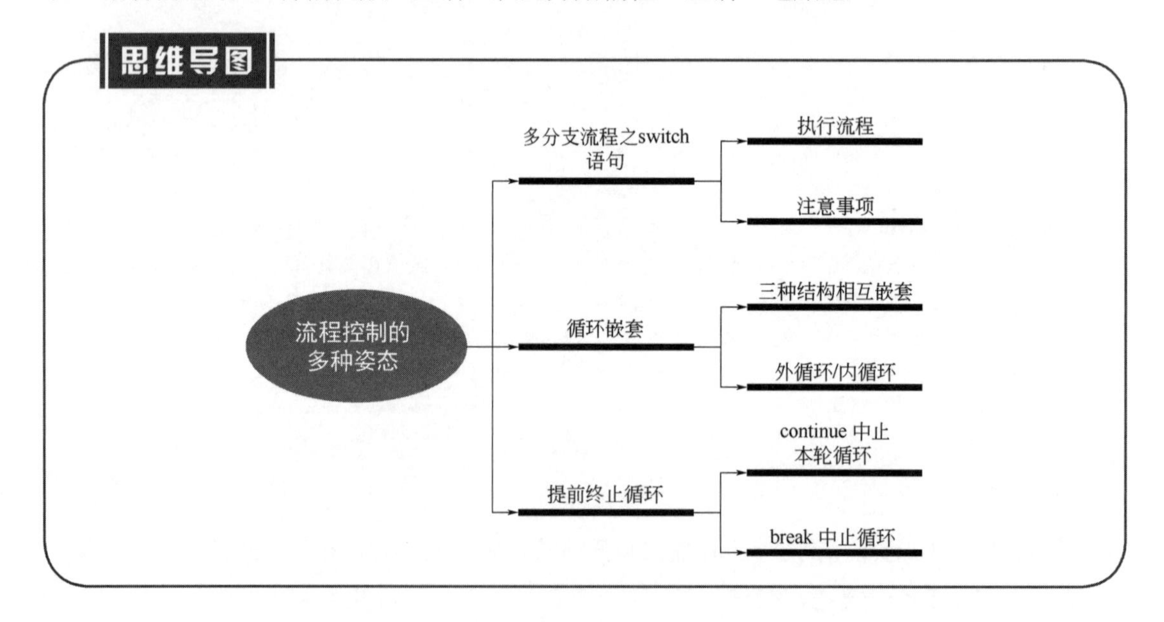

成果测评

一、选择题

1．执行下列程序，输入为 1 的输出结果是（　　）。

```
1  #include <stdio.h>
2  int main()
3  {
4     int k;
5     scanf("%d", &k);
6     switch (k)
7     {
8     case 1: printf("%d\t", k++);
9     case 2: printf("%d\t", k++);
10    case 3: printf("%d\t", k++);
11    case 4: printf("%d\n", k++); break;
12    default: printf("Full!\n");
13    }
14    return 0;
15 }
```

A．1　　B．2

C．2　3　4　5　　D．12　3　4

2．下面程序的功能是输出 100 以内能被 3 整除且个位数为 6 的所有整数，下划线处应为（　　）。

```
1  #include <stdio.h>
2  int main()
3  {
4      int i, j;
5      for (i = 0;_____; i++)
6      {
7          j = i * 10 + 6;
8          if (_____) continue;
9          printf("%d", j);
10      }
11      return 0;
12 }
```

A．i<=10　j%3!=0　　B．i<10　j/3　　C．i<10　j%3!=0　　D．i<=9　i%3

3．关于下面的程序段，说法正确的是（　　）。

```
1  do
2  {
3     y = x--;
4     if (!y)
5     {
6          printf("x");continue;
7     }
8     printf("#");
9  } while (1 <= x <= 2);
```

A．将输出##　　　　B．将输出##*

C．是死循环　　　　D．含有不合语法的控制表达式

4．关于下面的程序段，说法正确的是（　　）。

```
1 for (t = 1;t <= 100;t++)
2 {
3    scanf("%d", &x);
4    if (x < 0)continue;
5    printf("%3d", t);
6 }
```

A．当 x < 0 时整个循环结束　　　　B．x >= 0 时什么也不输出

C．printf 函数永远也不执行　　　　D．最多允许输出 100 个非负整数

5．要输出下面的图形（题图 9-1），在下划线处应该填入的是（　　）。

```
1  #include <stdio.h>
2  int main()
3  {
4     int i, j, k;
5     for (i = 1;i <= 5;i++)
6     {
7        for (j = 1;j <= 20 - 3 * i;j++)
8          printf(" "); //1 个空格
9        for (k = 1;_____;k++)
10          printf("%3d", k);
11       for (_____;k > 0;k--)
12         printf("%3d", k);
13       printf("\n");
14    }
15    return 0;
16 }
```

A．k <= i　k = i

B．k < i　k = i − 1

C．k < i　k = i

D．k <= i　k = i − 1

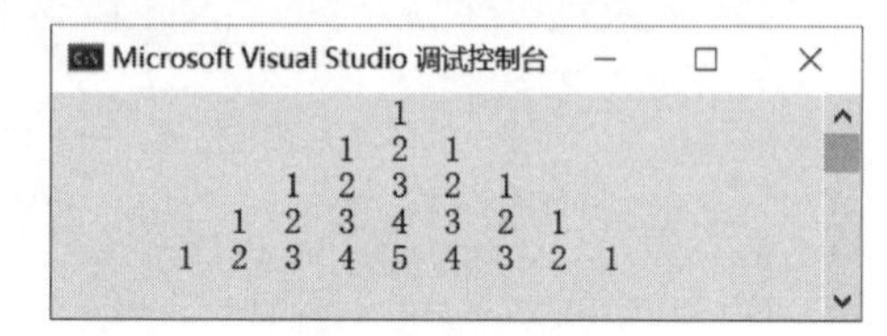

题图 9-1　输出图形

二、简答/分析/编程题

1. 以下关于编程经验的说法是否正确？请写出个人的体会。

① 函数尽可能短，太长的函数应拆分。（　　）

② 控制块尽可能短，太长的控制块应抽出函数。（　　）

③ 条件判断时，短分支写在长分支前面。（　　）

④ 条件判断时，能不写 else 分支就不写，else if 除外。（　　）

⑤ 变量声明和变量使用的间隔尽可能短。（　　）

⑥ 变量的作用域尽可能短。（　　）

个人体会：____。

2．在控制台界面输出如下图形（题图 9-2）。

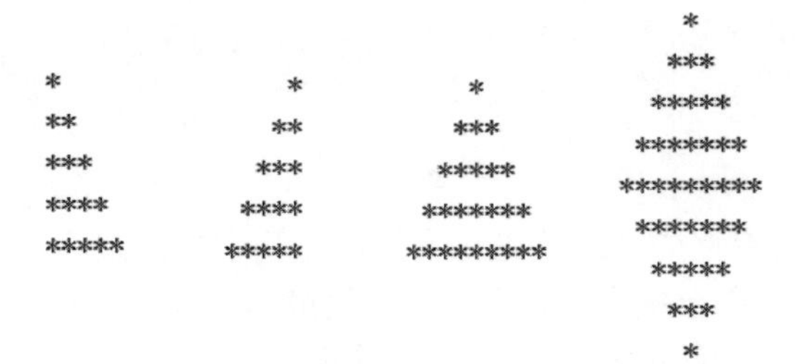

题图 9-2　输出图形

参考代码：（关键在于外循环和内循环的分工要明确）

```
1  #include <stdio.h>
2
3  int main(int argc, char* argv[])
4  {
5      for (int i = 1;i <= 5;i++) {
6          for (int j = 0;j < i;j++) printf("*");
7          printf("\n");
8      }
9
10     for (int i = 1;i <= 5;i++) {
11         for (int j = 5;j > i;j--) printf(" ");
12         for (int k = 0;k < i;k++) printf("*");
13         printf("\n");
14     }
15
16     for (int i = 1;i <= 5;i++) {
17         for (int k = 5;k > i;k--) printf(" ");
18         for (int j = 0;j < 2 * i - 1;j++) printf("*");
19         printf("\n");
20     }
21
22     for (int i = 1;i <= 5;i++) {
23          for (int k = 5;k > i;k--)printf(" ");
24          for (int j = 0;j < 2 * i - 1;j++)printf("*");
25          printf("\n");
26     }
27     for (int i = 5;i > 0;i--) {
28          for (int k = 5;k >= i;k--) printf(" ");
29          for (int j = 2 * i - 3;j > 0;j--)printf("*");
30          printf("\n");
31     }
32
33     return 0;
34 }
```

3．写出以下程序的运行结果（请在右边方框内给出）。

```
1  #include  <stdio.h>
2  void main()
3  {
4    int count = 1;
5    while (count <= 10)
6    {
```

```
7       count++;
8       printf("%s\n", count % 2 ? "*****" : "+++++");
9     }
10  }
```

4．选择排序的算法步骤如下：首先在未排序序列中找到最小（大）元素，存放到排序序列的起始位置；再从剩余未排序元素中继续寻找最小（大）元素，然后放到已排序序列的末尾；重复第二步，直到所有元素均排序完毕。【例程 9-3】采用了冒泡法排序，现在请用选择排序重新实现同样的要求。

参考代码：

```
1  #include <stdio.h>
2  int a[10] = { 0 };
3
4  int main(int argc, char* argv[])
5  {
6      int size = sizeof(a) / sizeof(int);
7
8      printf("请为数组 a 输入 10 个元素的值：\n");
9      for(int i=0;i<size;i++)scanf("%d", &a[i]);
10
11      printf("您之前输入的数字是：\n");
12      for (int i = 0;i < size;i++)printf("%d ", a[i]);
13      printf("\n------------------------------\n");
14      // 总共要经过 N-1 轮比较
15      for (int i = 0; i < size-1 ; i++)
16      {
17          int min = i;
18          // 每轮需要比较的次数 N-i
19          for (int j = i + 1; j < size; j++) {
20              if (a[j] < a[min]) {
21                  // 记录目前能找到的最小值元素的下标
22                  min = j;
23              }
24          }
25          // 将找到的最小值和 i 位置所在的值进行交换
26          if (i != min) {
27              printf("\n交换%d与%d位置的值(%d<->%d):",min,i,a[min],a[i]);
28              int tmp = a[i];
29              a[i] = a[min];
30              a[min] = tmp;
31              for (int n = 0;n < size;n++)printf("%d ", a[n]);
32          }
33      }
34      printf("\n排序结束:");
35      for (int n = 0;n < size;n++)printf("%d ", a[n]);
36      return 0;
37  }
```

程序运行结果见题图 9-3。

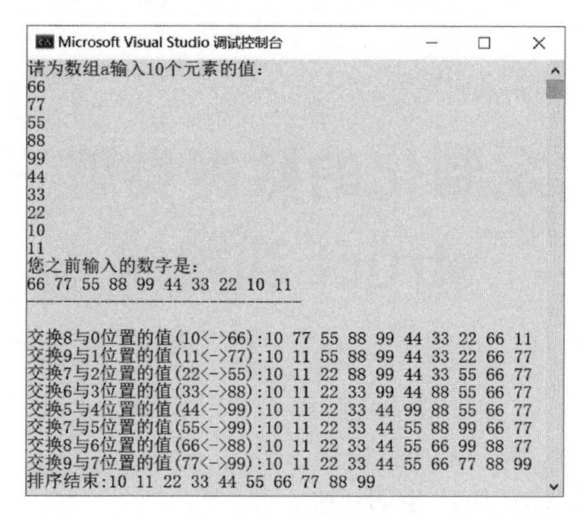

题图 9-3　运行结果

5. 百元买鸡问题：公鸡 5 元一只，母鸡 3 元一只，小鸡 1 元三只，现在给你 100 元，要你买回 100 只鸡。请编程求出公鸡、母鸡、小鸡分别多少只？程序运行结果参考题图 9-4。

参考代码：

```
1  #include <stdio.h>
2
3  int main(int argc, char* argv[])
4  {
5      int hen, cock, chicken;
6
7      for (hen = 1;hen < 20;hen++)
8      {
9          for (cock = 1; cock < 33;cock++)
10          {
11              chicken = 100 - hen - cock;
12              if (chicken % 3 == 0 && hen * 5 + cock * 3 + chicken/3 == 100)
13              {
14                  printf("母鸡:%d,公鸡:%d,小鸡:%d\n", hen, cock, chicken);
15              }
16          }
17       }
18       return 0;
19  }
```

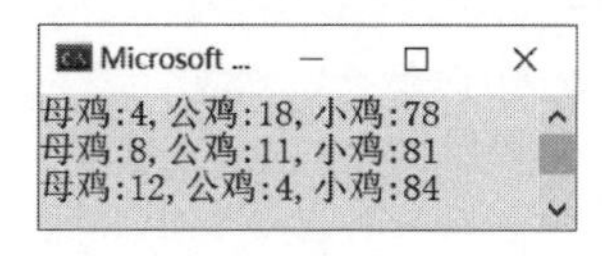

题图 9-4　百元买鸡问题的运行结果

第 9 课　配套代码下载

第 10 课　定制化的数据类型——结构体 struct 和数组

【学习目标】

1．掌握结构体 struct 的概念和内存模型。
2．掌握结构的定义及结构体变量的声明。
3．掌握结构成员的访问方法及结构体的初始化。
4．掌握数组的定义和使用方法。

导学视频

【OBE 成果描述】

1．善用结构体构建具体问题的数据模型，提高内存管理效率。
2．熟用结构成员的两种访问方法。
3．熟用结构体的初始化。

【热身问题】

相信你日常所用的各种 APP 中，存在着诸如购物类、学习类、出行类、通信类等的软件。你是否思考过：如果要在你的程序中描述一本书、一个电话簿记录、一个导航路线中的节点、一个学生的成绩单等类似这种信息时，怎么做才是合适的？直接用目前已学的基本数据类型如 int、char、float 等来描述吗？怎样做才能使描述足够清楚，管理和访问更加方便呢？

结构体 struct 这种语法元素就是为了应对这种编程需求而设置的。虽然如此，如果需要描述大量相同类型的数据，则需要用到数组。

10.1　结构体 struct 和结构体变量的定义

结构体与结构体变量

结构体 struct 是一个或多个变量的集合，该集合有一个单独的名称，便于操作。结构体中的这些变量被称为结构体的成员。先定义结构体，然后可以用该结构体定义变量：

```
struct 结构名
{
    //成员表列（各种基本数据类型）
};
struct 结构名 变量名;
```

或更进一步结合 typedef 可以定义该结构体为新的数据类型，并用该新的类型去定义变量。

```
typedef struct 结构名 {
//成员表列;
}类型名;
类型名 变量名;
```

typedef 可以在程序中为一种数据类型定义一个新名字，如“typedef unsigned char u8;”，这样 u8 就成为无符号的字符型，“u8 books; ”实际效果与“unsigned char books;”一样。

这里 typedef 的作用：可以给类型一个简单易记的新名字，或简化一些较复杂的类型声明。实际上你今后会看到，它将在解决程序移植问题时起重要作用。几种定义结构体变量的方法见图 10-1。

```
struct {
    char a;
    int b;
} x;
```

```
struct student {
    char name;
    int age;
};
struct student liqiang;
```

```
typedef struct {
    char name;
    int age;
}student;
student liqiang;
```

```
typedef struct node {
    int data;
    struct node* next;
}node_t;
node_t n;
```

图 10-1　几种定义结构体变量的方法（推荐采用小红旗标注的方法）

10.2　结构体变量的内存分布、初始化、成员的访问

结构体变量一旦定义后，就将在内存中分配存储单元，实际上你看到的是一块“捆绑”好的内存块。但是编译器为了内存边界对齐，通常将 char 和 short 型成员变量扩展到占用 4 个字节内存单元。

【例程 10-1】结构体变量的内存分布。

```
/*演示结构体，及其成员在内存中的分布情况*/
1  #include "stdio.h"
2  struct {
3      char a;
4      int b;
5  } x;
6
7  typedef struct {
8      char name[10];
9      int age;
10  }student;
11
12  typedef struct node {
13      int data;
14      struct node* next;
15  }node_t;
16
17  int main(int argc, char* argv[])
18  {
19      x.a = 'A';x.b = 125;
20      student liqiang ={"li qiang",   19};
21      node_t n ={80,   & n};
22
23      printf("内存地址\t 变量或成员\t 值\n");
24      printf("----------------------------------------------\n");
25      printf("0x%p\tx\n",&x); //%p 用来输出指针的值、输出地址符
26      printf("0x%p\tx.a\t\t%d\n",&(x.a),x.a);
27      printf("0x%p\tx.b\t\t%d\n",&(x.b),x.b);
```

```
28      printf("---------------------------------------------------\n");
29      printf("0x%p\tliqiang\n", &liqiang);
30      printf("0x%p\tliqiang.name\t%s\n", liqiang.name, liqiang.name);
31      printf("0x%p\tliqiang.age\t%d\n", &(liqiang.age), liqiang.age);
32      printf("---------------------------------------------------\n");
33      printf("0x%p\tn\n", &n);
34      printf("0x%p\tn.data\t\t%d\n", &(n.data), n.data);
35      printf("0x%p\tn.next\t\t0x%p\n", &(n.next), n.next);
36
37      return 0;
38  }
```

第 2～5 行定义了结构体变量 x，第 7～10 行声明了结构体类型 student，然后第 20 行用该类型定义了变量 liqiang，并进行了初始化，而 n 变量的定义方法与此类似。

从运行结果（图 10-2）看，变量 x 占有 8 个字节内存（虽然成员 a 是 char 型，仅 1 个字节，但因边界对齐的需要被扩展占有 4 个字节），所有结构体变量的第 1 个成员的地址与结构体变量自身的地址是相同的。第 21 行表明结构体变量 n 的成员 next 存储了 n 本身的地址，这在图 10-2 中也可以看出来。（图中所有数据的存储都是以小端模式[1]存储的。）

```
Microsoft Visual Studio 调试控制台
内存地址        变量或成员        值
---------------------------------------------------
0x00C4A190      x
0x00C4A190      x.a               65
0x00C4A194      x.b               125
---------------------------------------------------
0x0099FA44      liqiang
0x0099FA44      liqiang.name      li qiang
0x0099FA50      liqiang.age       19
---------------------------------------------------
0x0099FA34      n
0x0099FA34      n.data            80
0x0099FA38      n.next            0x0099FA34
```

```
内存 1
地址: 0x0128A190
0x0128A190  41 00 00 00 7d 00 00 00

内存 1
地址: 0x00BAF7D4
0x00BAF7D4  6c 69 20 71 69 61 6e 67 00 00 cc cc 13 00 00 00

内存 1
地址: 0x00BAF7C4
0x00BAF7C4  50 00 00 00 c4 f7 ba 00
```

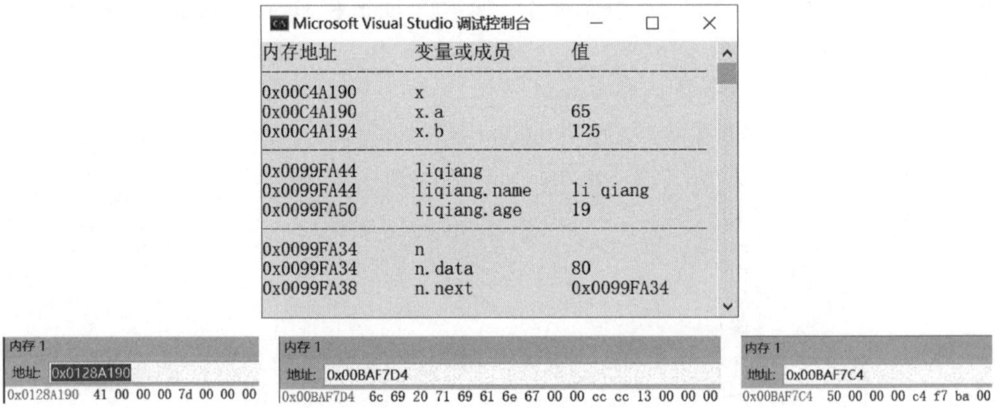

图 10-2 结构体变量的内存分布（【例程 10-1】的运行结果）

结构体变量的初始化方法如图 10-3 所示，【例程 10-1】结构体变量的内存分布中使用了第 1 种。从这个例子中，也可以看到：结构名和成员名之间的结构成员运算符或点运算符（.），用于访问结构成员。如果采用结构体变量的指针来访问成员，则采用间接成员运算符（->），如下所示：

```
printf("%d\n", n.next->data); //由于 n.next 是 n 的指针变量，故 n.next->data 访问到了 n 变量的成员 data
```

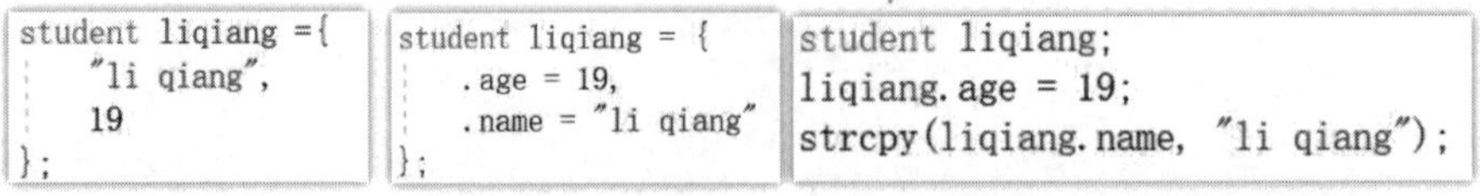

```
student liqiang ={
    "li qiang",
    19
};
```

(a) 定义时赋值

```
student liqiang = {
    .age = 19,
    .name = "li qiang"
};
```

(b) 定义时乱序赋值

```
student liqiang;
liqiang.age = 19;
strcpy(liqiang.name, "li qiang");
```

(c) 先定义，然后逐个为成员赋值

图 10-3 结构体变量的初始化方法

[1] 小端（存储）模式，是指一个数据的低位字节序的内容存放在低地址处，高位字节序的内容存放在高地址处。

10.3　数组的定义与初始化

数组的定义与初始化

实际上，之前已经多次使用了数组。这里重新给出关于数组的说明：在程序设计中,为了处理方便，把具有相同类型的若干变量按有序的形式组织起来，在内存中表现为连续的内存单元。这些按序排列的同类数据元素的集合称为数组。一般三维及以上的数组在编程中比较少见，以下分别是一维数组和二维数组的语法形式：

数据类型　数组名[常量表达式];

数据类型　数组名[常量表达式][常量表达式];

【例程 10-2】数组的定义与初始化。

```
1  #include "stdio.h"
2
3  int main(int argc, char* argv[])
4  {
5      int data[1000];/*数组 data 是一维数组，共有 1000 个 int 型的元素（下标范围
       是 0～999，注意不含 1000）*/
6      char table[10][5];/*数组 table 是二维数组，10 行 5 列（0～9 行，0～4 列），
       每行包含 5 个 char 型的元素*/
7
8     //数组未经初始化时，其元素的值由编译器自动填充（vs2019 中每个字节填充 0xcc）
9      int x[10] = { 0 };/*仅指明下标为 0 的元素的值为 0，此时编译器会把数组的
       所有元素置为 0*/
10
11     //这是另一种方法，循环为每个元素赋值 0
12     for (int i = 0;i < sizeof(data) / sizeof(int);i++)
13     {
14         data[i] = 0;
15     }
16
17     return 0;
18 }
```

程序运行结果见图 10-4。

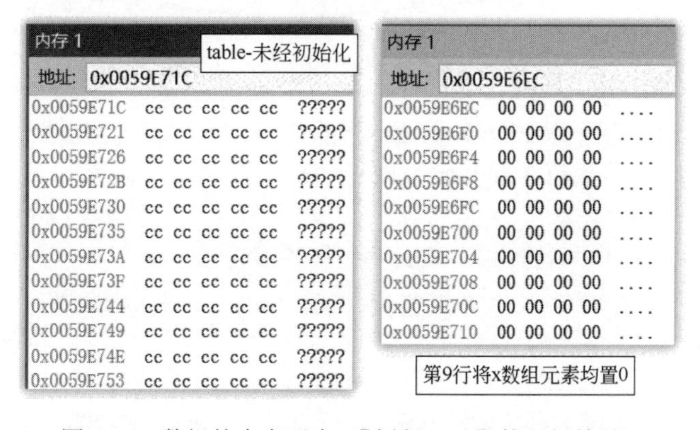

图 10-4　数组的内存形态（【例程 10-2】的运行结果）

从【例程 10-2】及图 10-4 中，还可以了解到 char table[10][5]所定义的二维数组，在内存中与一维数组没有区别，只是使用时被划分成了 10 行 5 列而已。

至于数组的初始化，指的是定义数组后，给数组的元素赋某种确定的值。对于一维数组、二维数组、字符数组略有不同，图 10-5 给出了这三种数组常用的初始化方法。

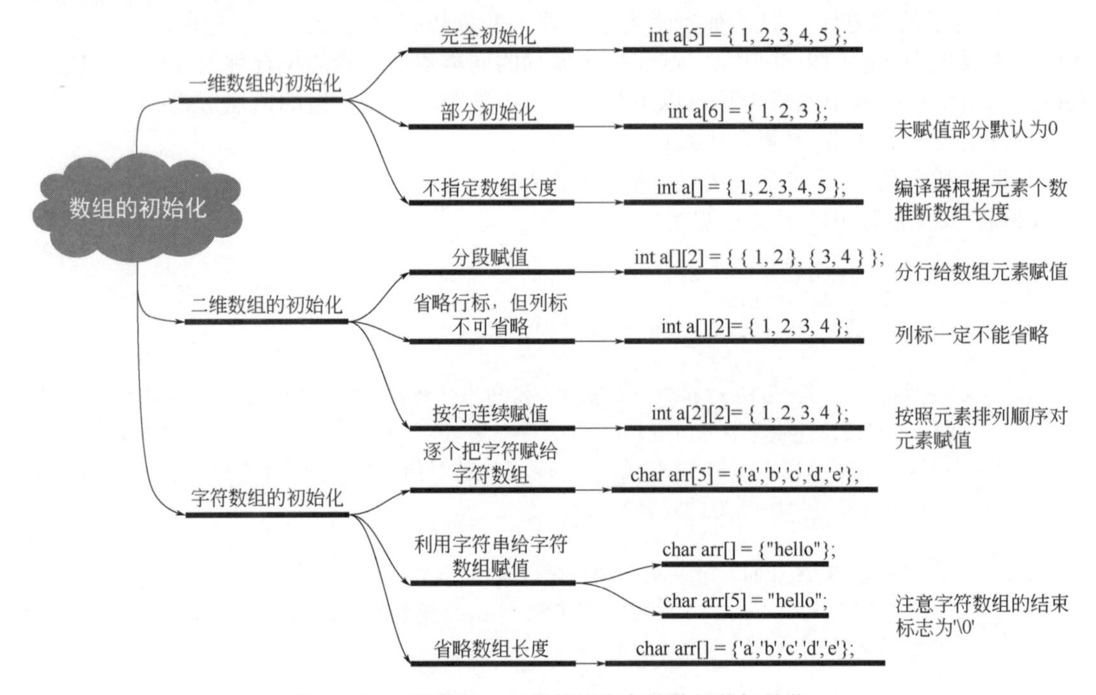

图 10-5　一维数组、二维数组和字符数组的初始化

另外，数组使用时有一些注意要点（图 10-6），请在编程中加以留意，特别要注意这两条：①避免数组越界，数组元素个数不能超过给定的值；②给数组赋值只能逐个赋值，不能整体赋值。

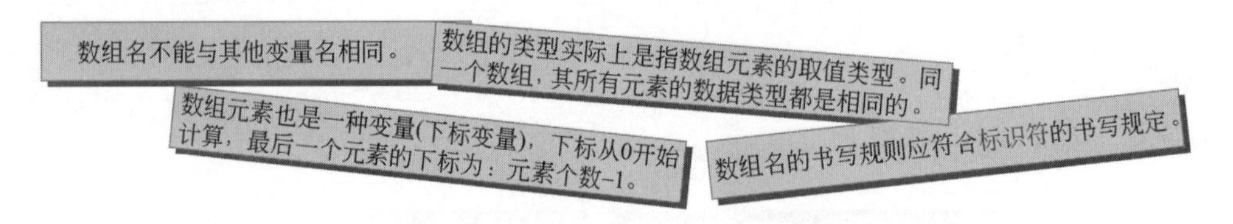

图 10-6　数组使用时的一些注意要点

【例程 10-3】编写程序，求 Fibonacci 数列❶的前 10 项，每行显示 3 个数据。该数列的第 1 项和第 2 项的值均为 1。从第 3 项开始，以后的每一项是前 2 项之和。

```
1  #include "stdio.h"
2  /*注意数组的声明、赋值、元素下标*/
3  int main(int argc, char* argv[])
4  {
```

❶ 据说有一位意大利青年，名叫斐波那契。在他的一部著作中提出了一个有趣的问题：假设一对刚出生的小兔一个月后就能长成大兔，再过一个月就能生下一对小兔，并且此后每个月都生一对小兔，一年内没有发生死亡现象，问一对刚出生的兔子，一年内能繁殖成多少对兔子？

```
5      int f[10] = { 1,1 }, i;
6      for (i = 2; i < 10; i++)
7          f[i] = f[i - 2] + f[i - 1];
8      for (i = 0; i < 10; i++)
9      {
10         if (i % 3 == 0)printf("\n");
11         printf("%10d", f[i]);
12     }
13     printf("\n");
14     return 0;
15 }
```

程序运行结果见图 10-7。

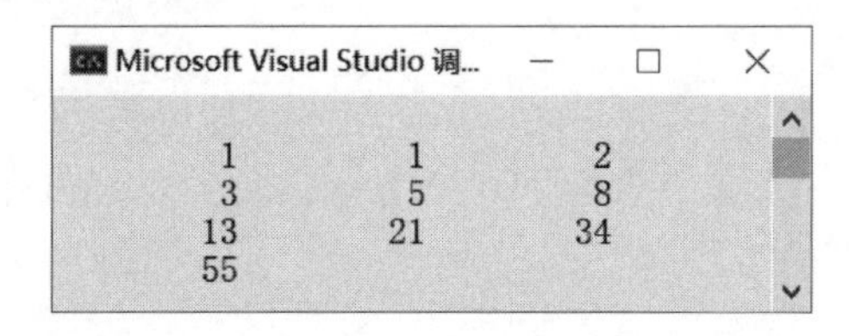

图 10-7　Fibonacci 数列（【例程 10-3】的运行结果）

项目实践　统计字符个数

（1）要求

从键盘输入一段字符（非中文字符，可以包含空格），分别统计其中的大写字母、小写字母、数字及其他字符（图 10-8）。

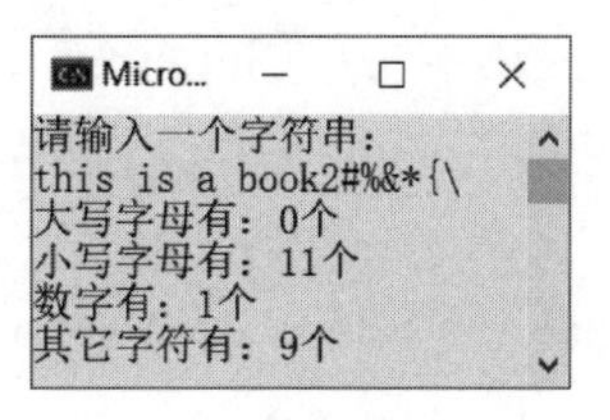

图 10-8　字符串的统计

（2）目的

① 掌握数组的定义。

② 掌握字符数组的访问方法。

③ 了解字符串操作函数（如 strlen、gets 等）。

（3）步骤及记录

步骤 1：启动 Visual Studio 2019。

步骤 2：点击菜单项“文件|新建|项目”，选择创建空项目，然后确定解决方案、项目的名称、路径，点击“创建”，如此就建好了一个解决方案和项目。

步骤 3：在源文件夹中新建 C 语言源文件 main.c，输入代码，保存。

步骤 4：编译、链接［菜单“生成|生成 xx（项目名称）”］。

步骤 5：运行程序。

（4）参考代码

```
1  #include <stdio.h>
2  #include <string.h>
3  int main()
4  {
5      char str[81] = { 0 };
6      int i = 0, upper = 0, lower = 0, digit = 0, other = 0, word = 0;
7      printf("请输入一个字符串：\n");
8
9      gets(str);//获得一个字符串
10      for (i = 0; i < strlen(str); i++)//strlen 函数用以计算字符串长度
11      {
12          if (str[i] >= 'A' && str[i] <= 'Z') upper++;
13          else if (str[i] >= 'a' && str[i] <= 'z') lower++;
14          else if (str[i] >= '0' && str[i] <= '9') digit++;
15          else other++;
16      }
17      i = 0;
18      while (str[i] != '\0') //未找到字符串结束符‘\0’
19      {
20          while (str[i] == ' ')i++; //找到一个单词的开始
21          word++;
22          while (str[i] != '\0' && str[i] != ' ')i++; //直到本单词结束
23      }
24      printf("大写字母有：%d 个\n", upper);
25      printf("小写字母有：%d 个\n", lower);
26      printf("数字有：%d 个\n", digit);
27      printf("其它字符有：%d 个\n", other);
28      printf("单词有：%d 个\n", word);
29
30      return 0;
31  }
```

在开展本项目时，需要注意字符串的存储格式，如常用字符串操作函数 strlen、gets 等，另外还应该清楚各种符号在 ASCII 码表中的数值区间。

小 结

1．学习了两种定制化的数据类型：结构体和数组。

2．需要掌握结构体的定义、结构体变量的初始化和 typedef 类型的定义语法，注意两种结构体成员（. 和 ->）的访问。

3．掌握数组，主要是一维数组和二维数组的定义和初始化方法，注意联系内存模型来理解，数组实质上有一维线性内存区段的特点。

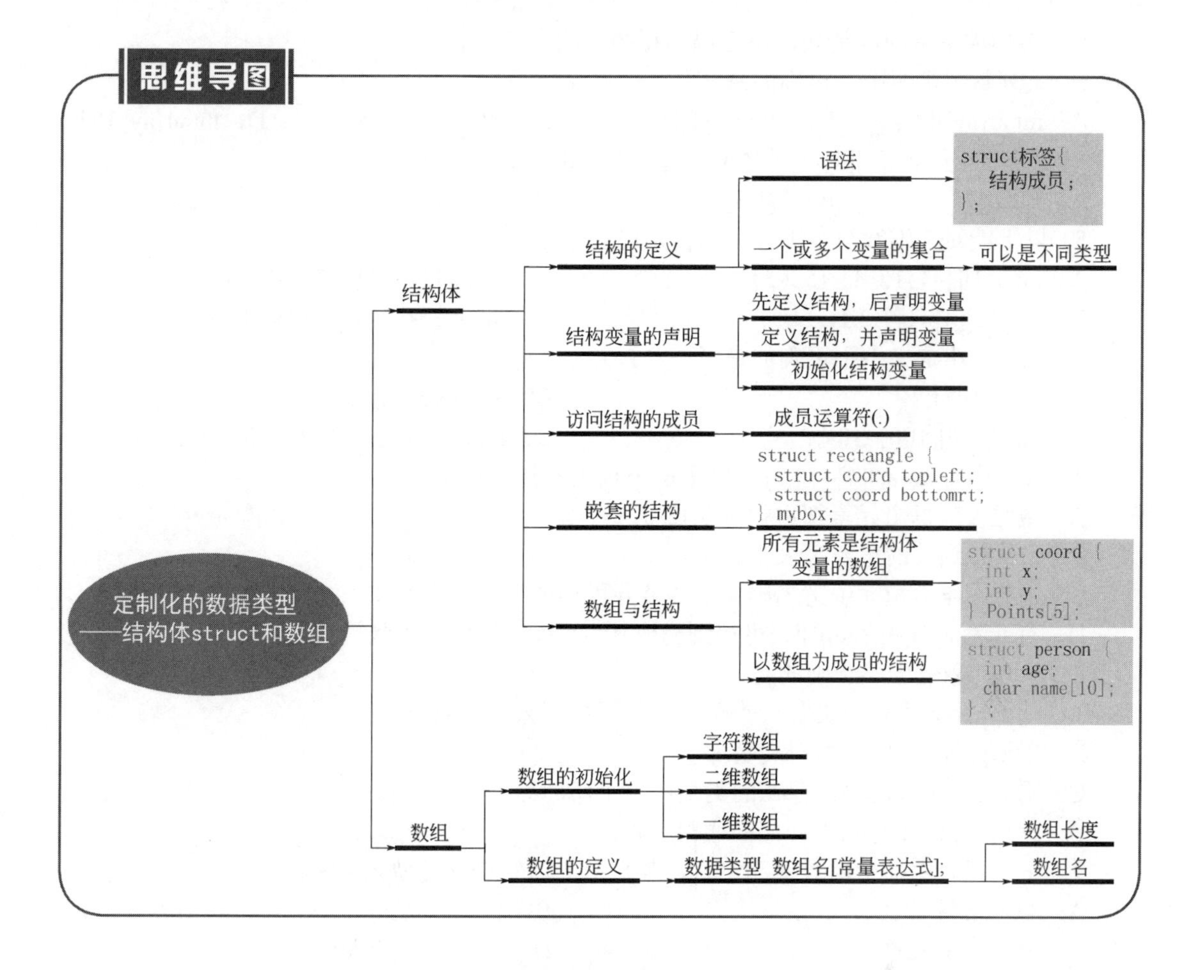

成果测评

一、判断题

1．有数组定义“int a[2][2]={{1},{2,3}};”，则 a[0][1]的值为 0。(　　)

2．“char a[]={'a','b','c'};char b[]={"abc"};”中数组 a 和数组 b 占用的内存空间大小不一样。(　　)

3．typedef 是类型命名命令的关键字。(　　)

4．C 语言中只能逐个引用数组元素，而不能一次引用整个数组。(　　)

5．在任何情况下,对二维数组的初始化都可以省略第一维的大小。(　　)

6．如果想使一个数组中全部元素的值为 0，可以写成“int a[10]={0*10};”。(　　)

二、选择题

1．系统分配给一个结构体变量的内存是（　　）。

A．各成员所需要内存量的总和　　B．结构体中第一个成员所需内存量

C．成员中占内存空间最大者所需内存量　　D．结构中最后一个成员所需内存量

2．关于结构类型与结构变量的说法中，错误的是 （　　）。

A．结构类型与结构变量是两个不同的概念，其区别如同 int 型与 int 型变量的区别一样

B．结构可将数据类型不同但相互关联的一组数据，组合成一个有机整体使用

C．结构类型名和数据项的命名规则，与变量名相同

D．结构类型中的成员名，不可以与程序中的变量同名

3．下列数组声明中，正确的是（　　）。

A．int array[][4];　　B．int array[][];　　C．int array[][][5];　　D．int array[3][];

4．若有声明 int a[3][4]，则对 a 数组元素的正确引用是（　　）。

A．a[2][4]　　B．a[1,3]　　C．a[1+1][0]　　D．a(2)(1)

5．以下能对二维数组 a 进行正确初始化的语句是（　　）。

A．int a[2][]={{1,0,1},{5,2,3}};　　B．int a[][3]={{1,2,3},{4,5,6}};

C．int a[2][4]={{1,2,3},{4,5},{6}};　　D．int a[][3]={{1,0,1}{},{1,1}};

6．以下数组定义中不正确的是（　　）。

A．int a[2][3];　　B．int b[][3]={0,1,2,3};

C．int c[100][100]={0};　　D．int d[3][]={{1,2},{1,2,3},{1,2,3,4}};

7．若有声明 int a[][4]={0,0}，则下面不正确的叙述是（　　）。

A．数组 a 的每个元素都可得到初值 0

B．二维数组 a 的第一维大小为 1

C．因为二维数组 a 中第二维大小的值除以初值个数的商为 1，故数组 a 的行数为 1

D．有元素 a[0][0]和 a[0][1]可得到初值 0，其余元素均得不到初值 0

8．下面的叙述中不正确的是（　　）。

A．用 typedef 可以定义各种类型名，但不能用来定义变量

B．用 typedef 可以增加新类型

C．用 typedef 只是将已存在的类型用一个新的标识符来代表

D．使用 typedef 有利于程序的通用和移植

9．在 C 语言中，引用数组元素时，其数组下标的数据类型允许是（　　）。

A．整型常量　　B．整型表达式

C．整型常量或整型表达式　　D．任何类型的表达式

10．设有以下说明语句：

```
1 struct ex
2 {
3    int x;
4    float y;
5    char z;
6 }example;
```

则下面的叙述中不正确的是（　　）。

A．struct 是结构体类型的关键字　　B．example 是结构体类型名

C．x、y、z 都是结构体成员名　　D．struct ex 是结构体类型名

11．以下程序段中，不能正确赋值字符串(编译时系统会提示错误)的是（　　）。

A．char s[10]="abcdefg";　　B．char t[]="abcdefg",*s=t;

C．char s[10];s="abcdefg";　　D．char s[10];strcpy(s,"abcdefg");

12．设有声明语句“char a='\72';”，则变量 a（　　）。

A．包含 1 个字符　　B．包含 2 个字符　　C．包含 3 个字符　　D．语句不合法

三、简答/分析/编程题

某班有 5 名学生，定义一种结构体类型（包含姓名、班级、学号），定义结构体数组，录入学生的这些信息，并按某种格式输出信息（题图 10-1）。

```
Microsoft Visual Studio 调...
请输入学号为1的学生的姓名：张志和
请输入学号为1的学生的班级：20电信1
请输入学号为2的学生的姓名：周光明
请输入学号为2的学生的班级：20电信2
请输入学号为3的学生的姓名：王一凡
请输入学号为3的学生的班级：20电信1
请输入学号为4的学生的姓名：朱超
请输入学号为4的学生的班级：20电信1
请输入学号为5的学生的姓名：李强
请输入学号为5的学生的班级：20电信2
输入完毕，现在检查下你输入的信息：
学号      姓名      班级
1         张志和    20电信1
2         周光明    20电信2
3         王一凡    20电信1
4         朱超      20电信1
5         李强      20电信2
```

题图 10-1　输出信息

参考代码：

```
1  #include <stdio.h>
2  #include <string.h>
3
4  typedef struct {
5      char name[10];
6      char class[10];
7      int num;
8  } student_t;
9
10  student_t student[5];
11  int main()
12  {
13      for (int i = 0;i < sizeof(student) / sizeof(student_t);i++)
14      {
15          student[i].num = i + 1;
16          printf("请输入学号为%d 的学生的姓名：", student[i].num);
17          gets(student[i].name);
18          printf("请输入学号为%d 的学生的班级：", student[i].num);
19          gets(student[i].class);
20      }
21      printf("输入完毕，现在检查下你输入的信息:\n");
22      printf("学号\t 姓名\t 班级\n");
23
24      for (int i = 0;i < sizeof(student) / sizeof(student_t);i++)
25      {
26          printf("%d\t %s\t %s \n", student[i].num, student[i].name,
            student[i].class);
27      }
28
29      return 0;
30  }
```

第 10 课　配套代码下载

第 11 课　定制化的数据类型——联合、位域与枚举

【学习目标】

1. 掌握联合 union 的概念和内存模型。
2. 掌握位域的概念。
3. 掌握枚举的概念。

导学视频

【OBE 成果描述】

1. 善用联合构建具体问题的数据模型，提高内存管理效率。
2. 善用位域处理具体问题。
3. 善用枚举处理具体问题。

【热身问题】

一所高校的图书馆通常需要为本科生、研究生、留学生、教工提供图书借阅服务，也就是每个读者在图书借阅软件中都需要有其身份，如何为读者定义数据类型呢？

如果为每类读者都定义数据类型，会浪费很多的空间，联合可以解决这个问题，它既能满足软件需求，又能节省空间。

联合_位域_枚举

11.1　联合 union

一句话，联合（也称共用体）中所有成员引用的是内存中相同的位置，而这些成员的类型可以是任何数据类型，包括基本类型、数组、指针、结构体等，其语法形式是：

```
union 共用体名
{
   成员表列;
}  变量表列;
```

除定义的关键字以外，共用体类型的定义、共用体变量的定义，以及其成员的引用在语法与结构上与结构体是完全相同的，而且共用体定义以后在编译系统并不为其分配内存空间，只有定义了共用体变量以后，系统才能为其分配内存空间。联合与结构体的特点比较见图 11-1。

【例程 11-1】共享同一内存空间的 union 成员。

```
1  #include <stdio.h>
2
3  int main()
4  {
5      union shared
6      {
7          char c;
```

```
8        int i;
9     };
10
11     union shared v;
12     v.c = 'a';
13
14     printf("v.c (地址:%p) = %c\n", &v.c,v.c);
15     printf("v.i (地址:%p) = 0x%04x\n", &v.i,v.i);
16
17     v.i = 0x23456747;
18
19     printf("v.c (地址:%p) = %c\n", &v.c, v.c);
20     printf("v.i (地址:%p) = 0x%04x\n", &v.i, v.i);
21
22     return 0;
23 }
```

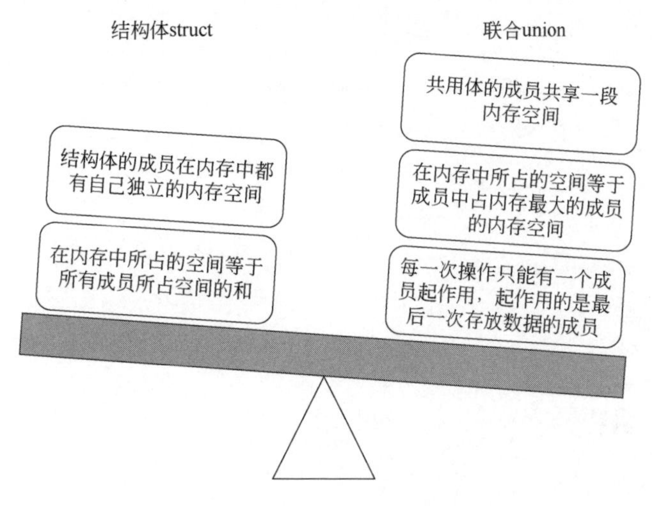

图 11-1　联合与结构体的特点比较

程序运行结果见图 11-2。

第 12～15 行中，类型为 union 的 v 变量地址为 0x0058F9C4，共占 4 个字节（成员占内存最多的是 int 型，4 个字节），修改 v.c 实际修改了 v.i 的最低字节，同样，修改 v.i 也修改了 v.c 的值。

```
Microsoft Visual Studio 调试控制...
v.c (地址:0058F9C4)  = a
v.i (地址:0058F9C4)  = 0xcccccc61
v.c (地址:0058F9C4)  = G
v.i (地址:0058F9C4)  = 0x23456747
```

图 11-2　【例程 11-1】的运行结果

联合本质上是一个成员相互重叠的结构，某一时刻只能使用一个成员，可以从一个成员写入，然后从另一个成员读出，来检查某种类型的二进制模式。

11.2　位域 bit-fields

有些数据在存储时并不需要占用一个完整的字节，只需要占用一个或几个二进制位就可以。简单点来说，比如开关只有通电和断电两种状态，通过用一个二进制位 0 和 1 表示就可以。使用位域可以在有很多二进制标志和其他小成员的结构中节省存储空间，也可以用于满足外部要求的存储布局。

C 语言提供了位域（bit-fields）这种利用内存空间的方式，在语法形式上，“位域”把一个字节中的二进制位划分为几个不同的区域，并说明每个区域的位数：

```
struct
{
    数据类型 成员名 : 宽度;
…
};
```

数据类型只能为 int（整型）、unsigned int（无符号整型）、signed int（有符号整型）三种类型（到了 C99 标准，_bool 也被支持了），它决定了如何解释位域的值。宽度是指位域中位的数量，位域的宽度不能超过它所依附的数据类型的长度（32 位）。

【例程 11-2】位域的定义。

```
1  #include <stdio.h>
2
3  struct pack
4  {
5     unsigned int  a : 2;  // 取值范围为：0~3
6     unsigned int  b : 4;   // 取值范围为：0~15
7     unsigned int  c : 6;   // 取值范围为：0~63
8  };
9
10  int main(void)
11  {
12     struct pack pk1;
13     struct pack pk2;
14
15     // 给 pk1 各成员赋值并打印输出
16     pk1.a = 1;
17     pk1.b = 10;
18     pk1.c = 50;
19     printf("%d, %d, %d\n", pk1.a, pk1.b, pk1.c);
20
21     // 给 pk2 各成员赋值并打印输出
22     pk2.a = 5;//超出位域宽度，溢出
23     pk2.b = 20;//超出位域宽度，溢出
24     pk2.c = 66;//超出位域宽度，溢出
25     printf("%d, %d, %d\n", pk2.a, pk2.b, pk2.c);
26
27     return 0;
28  }
```

程序运行结果见图 11-3。位域的存储也遵循结构体内存对齐的规则，见图 11-4 位域的内存对齐。

图 11-3 【例程 11-2】的运行结果

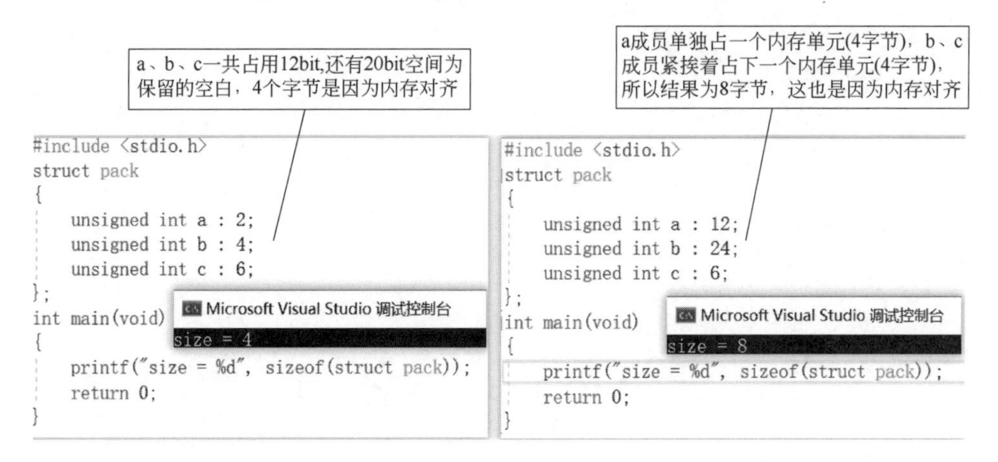

图 11-4　位域的内存对齐

有时可使用**无名位域**来保留“留空”的位置，它一般用来填充空白或者调整成员位置，但因为没有名称，无名位域不能使用。如下所示的位域共占 8 个字节，但如果没有第 4 行，a、b 将连续存放，共占 4 个字节。

```
1  struct pack
2  {
3      unsigned int a : 12;
4      unsigned int :  20;  //该位域成员不能使用，用于填充空白
5      unsigned int b : 4;
6      unsigned int c : 6;
7  };
```

有了位域，就可以描述一些单片机中寄存器中的各个位了，如描述 STM32F103 单片机中的 ADC_CR1 寄存器中的各个位。

【例程 11-3】编程访问 STM32F103 单片机中的 ADC_CR1 寄存器（图 11-5）。

```
1  #include <stdio.h>
2
3  typedef struct
4  {
5      unsigned int AWDCH :    5;
6      unsigned int EOCIE :    1;
7      unsigned int AWDIE :    1;
8      unsigned int JEOCIE :   1;
9      unsigned int SCAN :     1;
10     unsigned int AWDSGL :   1;
11     unsigned int JAUTO :    1;
12     unsigned int DISCEN :   1;
13     unsigned int JDISCEN :  1;
14     unsigned int DISCNUM :  3;
15     unsigned :              6;
16     unsigned int JAWDEN :   1;
17     unsigned int AWDEN :    1;
18     unsigned int RES :      2;
19     unsigned int OVRIE :    1;
20     unsigned :              5;
21  }reg_cr1;
```

```
22  union {
23      reg_cr1 R;
24      unsigned int v;
25  }ADC1_CR1;;
26
27
28  int main(void)
29  {
30      ADC1_CR1.R.EOCIE = 1;
31      ADC1_CR1.R.JAWDEN = 1;
32      printf("cr1 的设置值：0x%08x\n", ADC1_CR1.v);
33      printf("size = %d\n", sizeof(ADC1_CR1));
34
35      return 0;
36  }
```

31	30	29	28	27	26	25	24	23	22	21	20	19	18	17	16
Reserved					OVRIE	RES		AWDEN	JAWDEN	Reserved					
					rw	rw	rw	rw	rw						

15	14	13	12	11	10	9	8	7	6	5	4	3	2	1	0
DISCNUM[2:0]			JDISCEN	DISCEN	JAUTO	AWDSGL	SCAN	JEOCIE	AWDIE	EOCIE	AWDCH[4:0]				
rw	rw	rw	rw	rw	rw	rw	rw	rw	rw	rw	rw	rw	rw	rw	rw

图 11-5 STM32F103 单片机中的 ADC_CR1 寄存器

程序运行结果见图 11-6。此例中，ADC_CR1 中的成员位域变量 R 与 v 共用同一内存空间，故可以通过 ADC_CR1.v 访问修改后的内存情况。

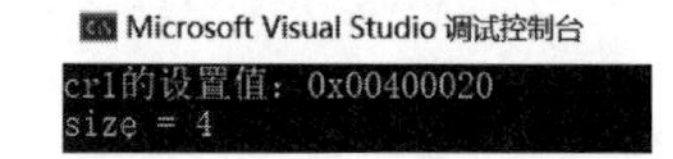

图 11-6 【例程 11-3】的运行结果

11.3 枚举 enum

枚举类型是 C 语言中的一种特殊类型，枚举类型定义固定取值范围的变量，关键字是 enum，枚举所占内存空间为 4 个字节。定义枚举类型使用如下方式：

```
enum 枚举类型
{
    枚举值列表
};
```

在枚举值列表中应罗列出所有可用值，这些值也称为枚举元素，有以下几种枚举定义方法。注意：对枚举类型的变量赋整数值时，需要进行类型转换。

【例程 11-4】枚举类型与枚举变量。

```
1  enum weekday { sun, mon, tue, wed, thu, fri, sat };       //定义枚举类型
2  enum weekday a, b, c;                                 //定义 3 个枚举类型的变量
3  enum weekday { sun, mon, tue, wed, thu, fri, sat }a, b, c;
   //定义枚举类型的同时，定义 3 个变量
4  enum { sun, mon, tue, wed, thu, fri, sat }a, b, c;
   //枚举名可省略，但后面不能再定义新的枚举变量
5  typedef enum    //可以省略枚举名
```

```
6  {
7      Mon = 0,
8      Tues,
9      Wed,
10     Thurs,
11     Fri,
12     Sat,
13     Sun
14 }weekday;                         //此处的 weekday 为枚举类型的别名
15
16 weekday today, tomorrow;   //枚举类型的变量，即 enum weekday 类型
```

【例程 11-5】求某日是一年里的第几天。

```
1  #include<stdio.h>
2  int main()
3  {
4      enum MONTH
5      {
6          January = 1, February, March, April, May,
7          June, July, August, September, October,
8          November, December
9      }month;
10     int year, day, days;
11
12     printf("请输入年份 : ");scanf("%d", &year);
13     printf("请输入月份");scanf("%d", &month);
14     printf("请输入日");scanf("%d", &day);
15
16     days = day;
17     switch (month - 1)
18     { //请注意 break 的省略所起的作用
19     case December: days += 31;
20     case November: days += 30;
21     case October: days += 31;
22     case September: days += 30;
23     case August: days += 31;
24     case July: days += 31;
25     case June: days += 30;
26     case May: days += 31;
27     case April: days += 30;
28     case March: days += 31;
29     case February:
30         if (year % 4 == 0 && year % 100 != 0 || year % 400 == 0)
31             days += 29;
32         else
33             days += 28;
34     case January: days += 31;
35     default: break;
36     }
37     printf("从%d 年元月 1 日到%d 年%d 月%d 日共有%d 天 !\n\n", \
38         year, year, month, day, days);
```

```
39 return 0;
40 }
```

枚举类型的特点大概有：

① 将一类有关联的标识组合起来，形成一个特殊的集合；

② 枚举的实质是整型变量；

③ 默认值从零开始，依次递增1。若枚举中的成员变量被赋值，则自该枚举成员变量之后的所有成员变量的数值在该成员数值的基础上依次加1。

项目实践 模拟单片机的LED流水灯显示

（1）要求

① 模拟单片机的LED流水灯显示，使LED灯循环向右移动显示，显示效果见图11-7。具体操作是向P1端口输出电平“1”表示点亮对应的LED（采用符号“O”表示亮），输出电平“0”表示关闭对应的LED（采用符号“-”表示灭）。

② 增加新的流水灯显示模式。

图11-7 模拟LED流水灯显示效果

（2）目的

① 掌握联合union的概念和内存模型。

② 掌握位域的概念。

③ 掌握枚举的概念。

（3）步骤及记录

步骤1：启动Visual Studio 2019。

步骤2：点击菜单项“文件|新建|项目”，选择创建空项目，然后确定解决方案、项目的名称、路径，点击“创建”，如此就建好了一个解决方案和项目。

步骤3：在源文件夹中新建C语言源文件main.c，输入代码，保存。

步骤4：编译、链接［菜单“生成|生成xx（项目名称）”］。

步骤5：运行程序。

（4）参考代码

```
1  /* P1变量的值代表输出的电平，假设其位控制一个LED灯*/
2  #include "stdio.h"
3  #include "windows.h"
4
5  void clear_screen(void) { printf("\033[2J"); }//清空屏幕
6  void cusor_pos(int x, int y) { printf("\033[%d;%dH", y, x); }//光标位置
7
8  typedef unsigned char uint8_t;
```

```
9  typedef union Byte {
10     struct bit
11     {
12         uint8_t b7 : 1;
13         uint8_t b6 : 1;
14         uint8_t b5 : 1;
15         uint8_t b4 : 1;
16         uint8_t b3 : 1;
17         uint8_t b2 : 1;
18         uint8_t b1 : 1;
19         uint8_t b0 : 1;
20     }bit;
21     uint8_t byte;
22 }Byte;
23
24 typedef enum Mode {
25     M0 = 0,
26     M1,
27     M2
28 }Mode;
29 Mode m;
30 void sceen_init(void)
31 {
32     system("color 07");//窗口的颜色（前景色和背景色）
33     system("title 流水灯（位域）");  //窗口的标题
34     system("mode con:cols=17 lines=5");//窗口的大小
35 }
36 int main(int argc, char** argv)
37 {
38     Byte P1;
39     uint8_t i;
40     sceen_init();
41     m = M1;
42     while (1)
43     {
44         switch (m)
45         {
46         case M0:
47             P1.byte = 0x01;
48
49             for (i = 0; i < 8; i++)
50             {
51                 clear_screen();
52                 cusor_pos(0, 0);
53                 /* 通过位域访问 */
54                 (P1.bit.b7 == 1) ? printf("O ") : printf("- ");
55                 (P1.bit.b6 == 1) ? printf("O ") : printf("- ");
56                 (P1.bit.b5 == 1) ? printf("O ") : printf("- ");
57                 (P1.bit.b4 == 1) ? printf("O ") : printf("- ");
58                 (P1.bit.b3 == 1) ? printf("O ") : printf("- ");
59                 (P1.bit.b2 == 1) ? printf("O ") : printf("- ");
```

```
60                  (P1.bit.b1 == 1) ? printf("O ") : printf("- ");
61                  (P1.bit.b0 == 1) ? printf("O ") : printf("- ");
62
63                  P1.byte = P1.byte << 1;
64                  Sleep(100);
65              }
66              break;
67          case M1:
68              P1.byte = 0x81;
69
70              for (i = 0; i < 4; i++)
71              {
72                  clear_screen();
73                  cusor_pos(0, 0);
74                  /* 通过位域访问 */
75                  (P1.bit.b7 == 1) ? printf("O ") : printf("- ");
76                  (P1.bit.b6 == 1) ? printf("O ") : printf("- ");
77                  (P1.bit.b5 == 1) ? printf("O ") : printf("- ");
78                  (P1.bit.b4 == 1) ? printf("O ") : printf("- ");
79                  (P1.bit.b3 == 1) ? printf("O ") : printf("- ");
80                  (P1.bit.b2 == 1) ? printf("O ") : printf("- ");
81                  (P1.bit.b1 == 1) ? printf("O ") : printf("- ");
82                  (P1.bit.b0 == 1) ? printf("O ") : printf("- ");
83
84                  P1.byte = ((P1.byte & 0xf0) >> 1) | ((P1.byte & 0x0f) << 1);
85                  Sleep(100);
86              }
87              break;
88          case M2:   break;//此处请您自行加入新的流水灯模式
89          default:break;
90          }
91      }
92      return 0;
93  }
```

以上代码中，请结合第 9～23 行理解联合和位域的定义，结合第 24～28 行理解枚举的定义，通过第 54～61 行来理解修改 P1 后，相应位的改变。

小　结

1．对 C 语言中联合、位域、枚举等数据类型进行了介绍。

2．联合与结构类似，主要区别是联合把所有的成员都储存在相同的内存区域，这意味着每次只能使用一个联合成员。

3．学习了位域（bit-fields）利用内存空间的方式。

4．学习了枚举类型定义固定取值范围的变量的方法。

重点掌握这几种数据类型的概念，要求会用它们描述正在或将要处理的问题中所涉及的数据对象。实际软件产品中，枚举出现得比较多，联合和位域相对较少，利用好它们对提升代码质量和效率很有帮助。

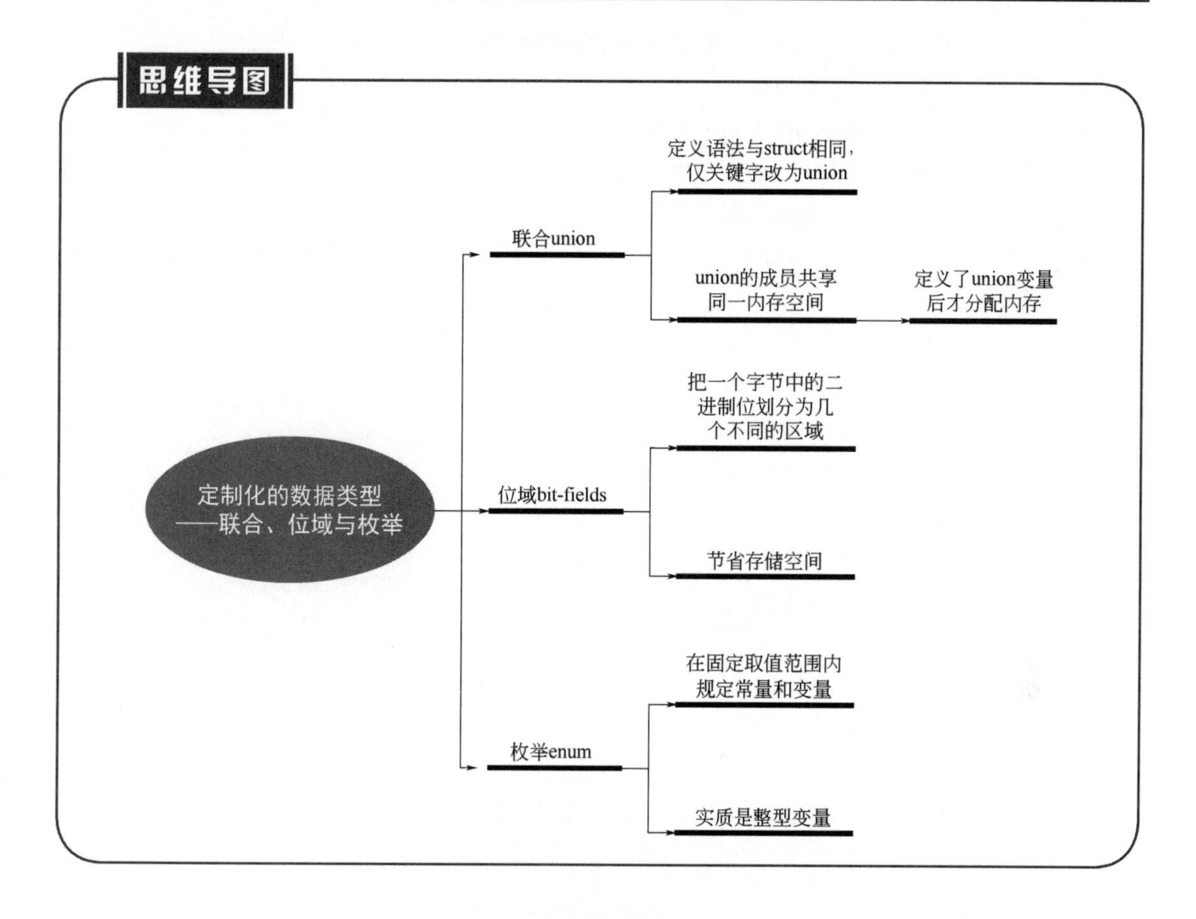

成果测评

一、判断题

1．在 C 语言中，以下定义和语句是合法的。（　　）

```
enum aa { a = 5, b, c }bb;bb = (enum aa)5;
```

2．共用体变量不可以进行初始化。（　　）

3．枚举类型中的元素都具有一个整型值。（　　）

二、选择题

1．以下对枚举类型名的定义中正确的是（　　）。

A．enum a = { sum,mon,tue };　　B．enum a { sum = 9, mon = −1, tue };

C．enum a = { "sum","mon","tue" };　　D．enum a { "sum", "mon", "tue" };

2．若有下面的说明和定义：

```
1  union {
2      int i;
3      char c;
4      float a;
5  }test;
```

则 sizeof(struct test)的值是（　　）。

A．4　　B．5　　C．6　　D．7

3．当说明一个共用体变量时，系统分配给它的内存是（　　）。

A．各成员所需要内存量的总和

B．共用体中第一个成员所需的内存量

C．成员中占内存空间最大者所需的内存量

D．共用体中最后一个成员所需内存量

4．若有定义：union s { int w, x, y, z;char c[3]; };，则语句 sizeof(union s)的结果是（　　）。

A．4　　　　B．6

C．8　　　　D．16

5．针对第 2 题中联合类型的定义，以下叙述正确的是（　　）。

A．a 所占的内存空间长度等于成员 i 的内存长度

B．a 的地址和其他各成员的地址不同

C．a 可以作为函数参数

D．不能对 a 赋值，但可以在定义 a 时对它初始化

6．定义枚举类型的关键字是（　　）。

A．union　　　　B．enum

C．struct　　　　D．typedef

三、简答/分析/编程题

1．下面的代码有哪些错误？

```
/* 创建一个联合 */
1 union data {
2     char a_word[4];
3     long a_number;
4 }generic_variable = { "WOW", 1000 };
```

2．在右侧框中写出下面程序的输出结果。

```
1  struct w
2  {
3     char a;
4     char b;
5  };
6  union u
7  {
8     struct w b;
9     int a;
10  }s;
11  int main()
12  {
13    s.a = 0x6162;
14    s.a++;
15    printf("%c,%c", s.b.a, s.b.b);
16
17    return 0;
18  }
```

3．枚举和一组预处理的#define 有什么不同？

4．根据以下程序运行语句“a1.x=0x5678;”后，请问 y 和 z 的值是什么？

```
1    union {
2       unsigned short x;
3       struct {
4          unsigned char y;
5          unsigned char z;
6       }a2;
7    }a1;
```

第 11 课　配套代码下载

第 12 课　借我一把金钥匙——指针

【学习目标】

1．掌握指针（地址）、指针变量的概念和定义语法。
2．掌握指针的基本运算。
3．掌握通过指针对内存（变量、数组结构体等）进行操作的方法。
4．了解指针数组的概念。

导学视频

【OBE 成果描述】

1．善用指针访问内存变量。
2．熟用指针访问数组（一维、二维数组）。
3．会用指针操作结构体的成员变量。

【热身问题】

计算机程序在内存中的运行环境就像一个小世界，所有的“居民”（数据对象）都“居者有其屋”，它们都有各自的门牌号码（地址），当程序拥有这些地址时，操作数据就不在话下了。指针，即地址的别名，就是计算机程序设计的“金钥匙”，几乎所有软件产品都使用指针。

12.1　指针的概念

指针的概念

指针就是地址，一般指的是内存单元（变量）或区块的地址（如 0115FE88），有时也指某个函数的地址（如 00DA1700），见图 12-1。一个程序运行时需要关联代码和数据栈（在这里分配局部变量）两种存储空间，它们各有地址。

指针其实和地址是一个东西，指针即地址，地址即指针。通常谈计算机内存的时候，用到“地址”会多点，谈到程序的时候，一般用“指针”，这其实只是习惯问题。

如果已知一个变量，可以用&求得该变量的地址，这在 32 位的 PC 或 ARM 平台，是一个 32 位的整数，可以用一个整型变量保存这些地址值，见【例程 12-1】。

C 语言中，虽然允许用普通变量保存地址值，但实际编程时，还是要求说明保存的是何种数据类型的地址，这就引出了指针变量——C 语言中专门用于保存地址值的变量。指针变量中存储一个地址，C 语言在指针声明时需要明确这个地址是何种数据类型的地址，这有利于对该类型所占内存的操纵。习惯也称指针变量为指针，指针变量的定义语法是：

```
数据类型 * 变量;
例如: int* p;//注意，这里的*不是运算符，只是标识p是指针变量
```

一般也用指针变量声明，直接将其与某个地址关联起来：

```
数据类型  *指针变量名=地址;
例如: int a, * p = &a;
```

如果指针暂时不指向任何地址，通常这样写：int* p = NULL;。在实际编程时，通常可以

随时按需调整指针变量的值，使其动态指向不同的内存。注意：这时不影响这些内存的值，仅修改了指针变量的值。

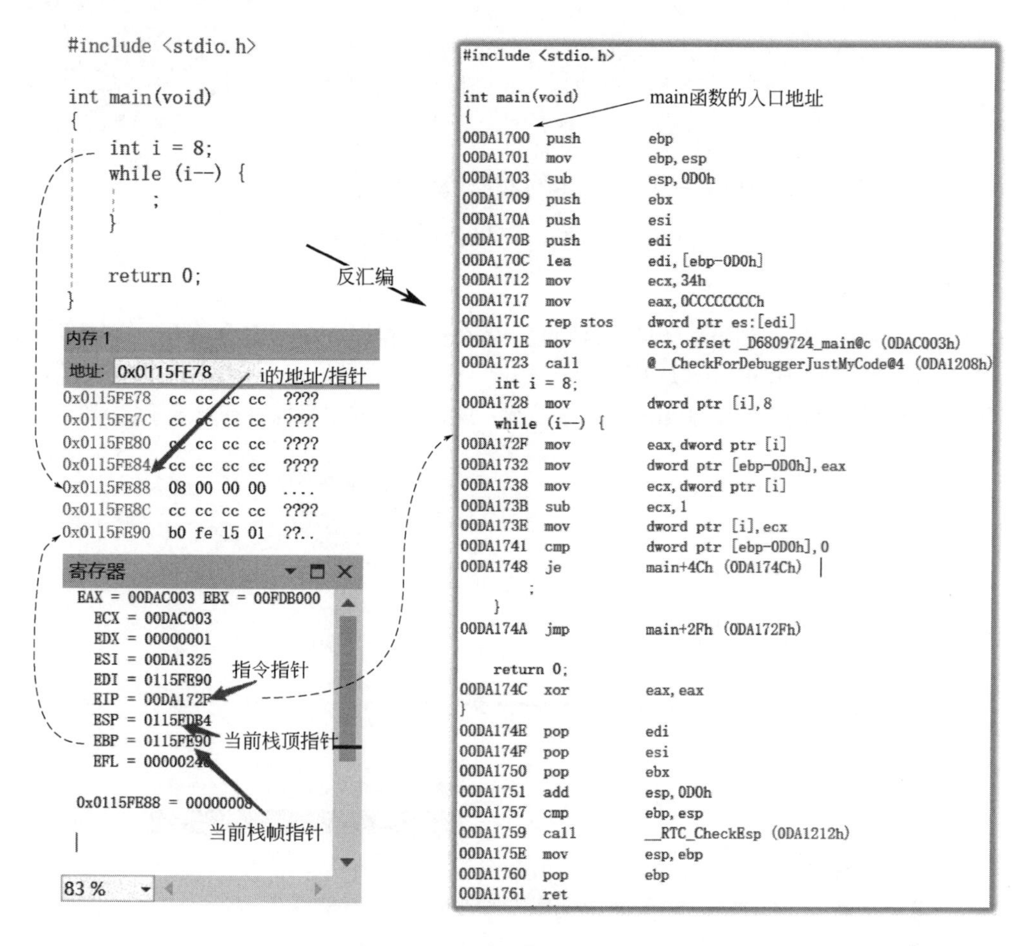

图 12-1　一个简单程序的运行环境

【例程 12-1】32 位计算机上，指针/地址就是一个 32 位的整数。

```
1  /*  如可以把一个变量的地址保存在一个 32 位的整型变量中。编译器会提示：warning C4047:
   '=' : 'int ' differs in levels of indirection from'int *'  */
2  int a;
3  int address;
4  address = &a;
5  //数组的地址，即为其首元素的地址，或数组名。如下 address 中就保存了数组 a 的地址
6  int a[10];
7  int address;
8  address = a; //或= &address[0];
9  //函数的地址即为函数名。如下 address 中就保存了 fun 函数的地址
10  void fun(void) {  }
11  int address;
12   address = fun;
```

定义了指针变量，并获取了某个地址后，就可以操纵该地址对应的内存对象或函数。典型的就是修改该内存对象的值。通过*运算符来引用这个内存对象，如【例程 12-2】所示。

【例程 12-2】指针变量可以在运行时进行调整，以持有不同变量的地址。

```
1  int a = 1;
2  int b = 2;
3  int* p = &a;  //注意，这里的*不是运算符，只是标识 p 是指针变量
4  *p = 3;   //如此*p ，实际上就引用了 a 变量(这里的*是运 算符)。此句，等效于 a=3
5
6  p = &b;   //现在 p 中是 b 变量的地址
7  *p = 3;  //这时引用了 b 变量，此句等效于 b=3
```

如果指针暂时不确定指向何种数据类型，可以声明成这样：

```
void* 指针变量名;//如: void* p;
```

但应该在需要时进行强制类型转换，否则编译器会给出错误。如图 12-2 所示，若不进行类型转换，由于 void *类型不确定，所以编译器提示错误。进行类型转换后，编译器知道指针的目标类型，即同时获知了目标的起始地址和占用的字节数，就可正常取出目标进行显示了。

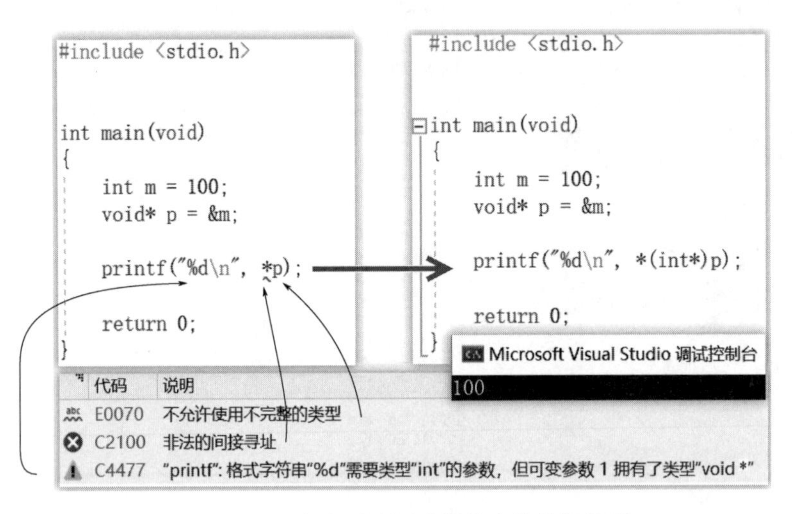

图 12-2 使用指针时应明确其指向的数据类型

既然指针变量也是一种内存单元，故也可以用另一个指针变量指向它。通常，不需要创建 3 层以上的指针。语法：

```
数据类型 **指针变量名;
```

【例程 12-3】通过指向指针的指针变量操作内存变量（图 12-3）。

```
1  int a;
2  int* p;
3  int** pp;
4
5  p = &a;
6  pp = &p;
7  **pp = 5;//等效于 a=5
```

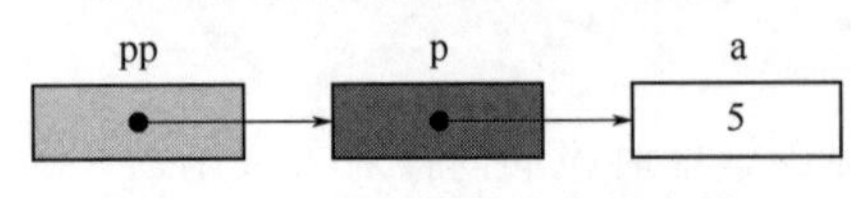

图 12-3 指向指针的指针变量

可以用数组来统一管理指针，如 int* ptr[4];，声明的是一个包含 4 个指针的数组，其中每个数组元素都是指向 int 型的指针（图 12-4）。

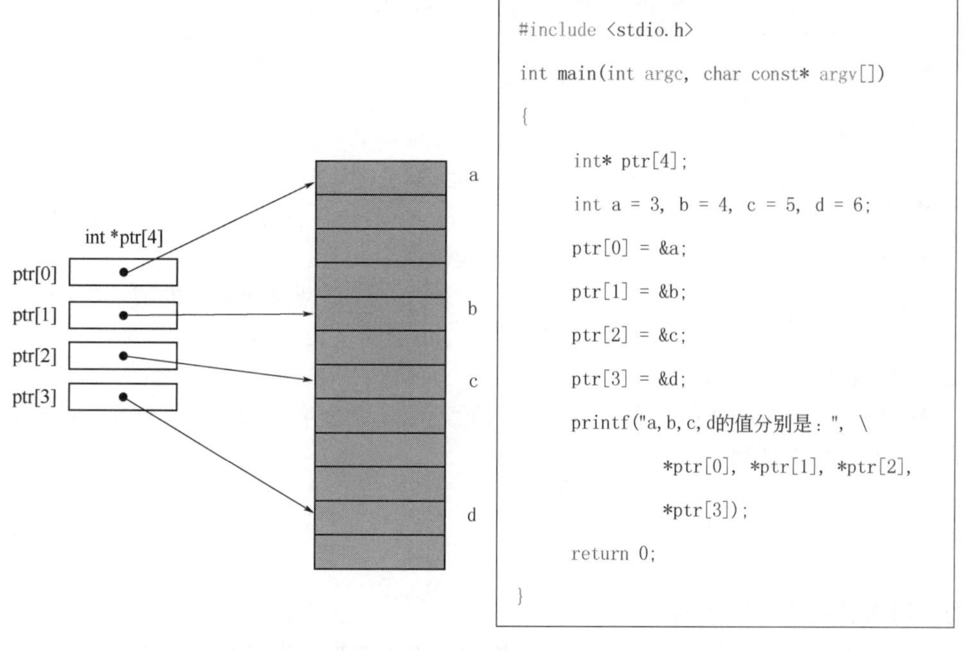

图 12-4　用数组来统一管理指针

12.2　用指针来操作数组

用指针来操作数组

（1）用指针访问一维数组

当指针变量指向一维数组时，可以用它来引用访问数组的所有元素，可用 p++、--p、p+n、p-n 等算术运算来调整指向的地址(具体跳过几个字节，视指针所指向变量的类型而定)，操作一维数组比较简单，如【例程 12-4】所示。

【例程 12-4】通过指针变量来访问数组元素（一维数组）。

```
1  #include <stdio.h>
2
3  int main(void)
4  {
5      int a[5] = { 1,2,3,4,5 };
6      int* p = NULL;
7      int i;
8
9      p = a; //或 p = &a[0], 现在 p 持有数组的首地址
10      printf("改变前: ");
11      for (i = 0;i < 5;i++)printf("%d ", a[i]);
12      printf("\n");
13
14      for (i = 0;i < 5;i++)
15      {
16          *p = *p + 1;
17          p++;
18      }
19      printf("改变后: ");
```

```
20      for (i = 0;i < 5;i++)printf("%d ", a[i]);
21      printf("\n");
22
23      return 0;
24  }
```

Microsoft Visual Studio ...
改变前：1 2 3 4 5
改变后：2 3 4 5 6

图 12-5 【例程 12-4】的运行结果

程序运行结果见图 12-5。

① 第 16 行 *p = *p + 1; 是对*p 所有的数组元素进行+1，然后置入该数组元素。

② 第 17 行 p++; 是调整变量 p 的值，指向下一个数组元素（跳过 int 型的字长，即 4）。

（2）用指针访问字符串

字符串是一种一维数组的特例，只是它的元素都是一个字节的字符。用指针来访问字符串与访问一维数组无任何区别。

```
char a[] = "Hello world!";
char* p = a;
printf("%s\n", p);
```

（3）用指针访问二维数组

由于可按“一维数组的数组”的方式来理解二维数组❶（图 12-6），所以可以用 p 来访问二维数组的元素（即一维数组）。比如：采用 int (*p)[3]或 int (*)[3]来定义指向含有 3 个元素的一维数组。

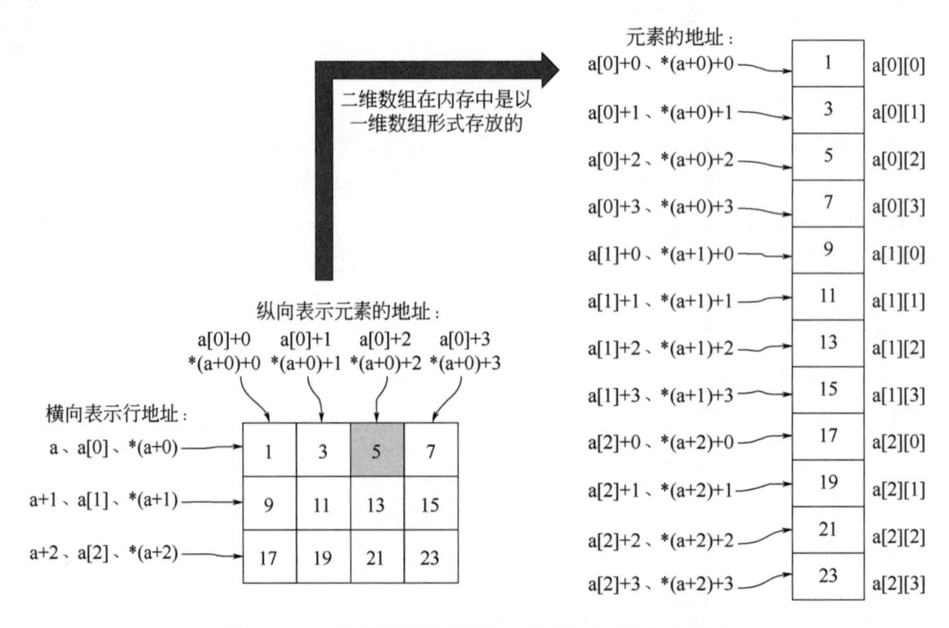

图 12-6 二维数组的行地址、元素地址及内存形态

【例程 12-5】用指针（这里是“数组行”指针）来访问二维数组。

```
1  #include <stdio.h>
2
```

❶ 二维数组在大多数的编程项目中已经够用了。它在内存中其实与一维数组没有区别，只是定义时强行对内存单元按行进行了分组而已：存储了第一行元素再存储第二行元素，依次类推……

```
3  int main(int argc, char const* argv[])
4  {
5     int* q;
6     int a[3][4] = { { 1,  3,  5,  7},
7             { 9, 11, 13, 15},
8             {17, 19, 21, 23}
9      };
10     int(*p)[4] = a; //p 指向有 4 个 int 元素的一维数组
11
12     printf("p 指向数组的首地址、a 是数组首地址，&a[0][0]是首元素的地址\n");
13     printf("p=%p a=%p &a[0][0]=%p\n", p,a,&a[0][0]);
14
15     printf("\np[0]、a[0]、 *a 、*p 是第 0 行首地址\n");
16     printf("p[0]=%p a[0]=%p *(a+0)=%p *p=%p\n", p[0],a[0], *a ,*p);
17
18     printf("\np[1]、a[1]、 *(a+1) 第 1 行首地址\n");
19     printf("p[1]=%p a[1]=%p *(a+1)=%p \n", p[1], a[1], *(a + 1));
20
21     printf("\np[2]、a[2]、 *(a+2) 第 1 行首地址\n");
22     printf("p[2]=%p a[2]=%p *(a+2)=%p \n", p[2], a[2], *(a + 2));
23
24     printf("\n 通过行指针输出数组元素\n");
25     for (int i = 0; i < 3; ++i)
26     {
27        p = a + i;   //p 指向第 i 个 行数组 a[i]
28        for (int j = 0; j < 4; ++j)
29        {
30           q=*p+j;//(*p)是 a[i][0]元素的地址,q 是 a[i][j]的地址:*(a+i)+j
31           printf("%-2d ", *q);//或 printf("%-2d ", *(*(a+i)+j));
32        }
33        printf("\n");
34     }
35
36     return 0;
37  }
```

程序运行结果见图 12-7。

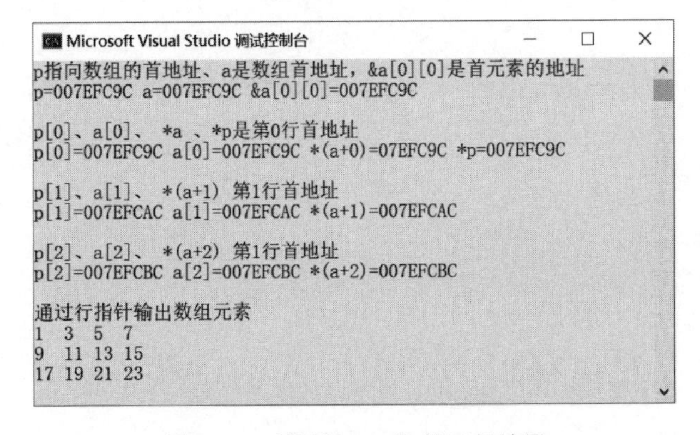

图 12-7 【例程 12-5】的运行结果

图 12-8 中两种访问方式都是正确的，请比较它们的区别，务必思考为何是这样？

```c
#include <stdio.h>

int main(int argc, char const* argv[])
{
    int* q;
    int a[3][4] = { { 1,  3,  5,  7},
                   { 9, 11, 13, 15},
                   {17, 19, 21, 23}
    };
    int *p = &a[0][0]; //p指向二维数组首元素地址

    for (int i = 0; i < 3; ++i)
    {
        for (int j = 0; j < 4; ++j)
        {
            printf("%-2d ", *(p+i*4+j));
        }
        printf("\n");
    }

    return 0;
}
```

```c
#include <stdio.h>

int main(int argc, char const* argv[])
{
    int* q;
    int a[3][4] = { { 1,  3,  5,  7},
                   { 9, 11, 13, 15},
                   {17, 19, 21, 23}
    };
    int(*p)[4] = a; //p指向有4个int元素的一维数组

    for (int i = 0; i < 3; ++i)
    {
        p = a + i;   //p指向第i个 行数组a[i]
        for (int j = 0; j < 4; ++j)
        {
            q = *p + j;//(*p)是a[i][0]元素的地址,q是a[i][j]的地址: *(a+i)+j
            printf("%-2d ", *q);//或printf("%-2d ", *(*(a+i)+j));
        }
        printf("\n");
    }

    return 0;
}
```

图 12-8 两种访问数组的方式

12.3 用指针来操作结构体

当指针变量指向结构体时，可以操作该结构体的所有成员变量（这时用->运算符），所有对普通变量可用的操作均可对其施加。

【例程 12-6】通过指针访问结构体成员。

```c
1   #include <stdio.h>
2   #include <string.h>
3
4   typedef struct {
5       char gender;
6       unsigned int age;
7       float height;
8       char name[10];
9   }person_t;
10
11  int main(void)
12  {
13      person_t person, * p;
14
15      person.gender = 'M';
16      person.age = 19;
17      person.height = 170.5;
18      strcpy(person.name, "张小强");
19      printf("%c\t %d\t %.1f\t %s\n", person.gender, person.age, person.
        height, person.name);
20
21      printf("---用指针访问后---\n");
```

```
22
23      p = &person; //现在使 p 指向 person
24      p->gender = 'F';
25      p->age = 19;
26      p->height = 160.5;
27      strcpy(p->name, "王丽");
28
29      printf("%c\t %d\t %.1f\t %s\n", person.gender, person.age, person.
        height, person.name);
30
31      return 0;
32  }
```

程序运行结果见图 12-9。

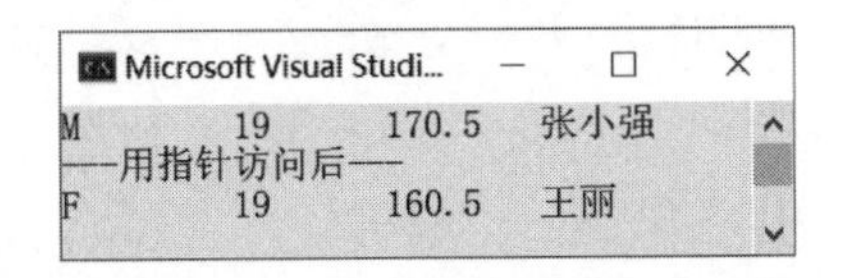

图 12-9　【例程 12-6】的运行结果

项目实践　模拟 LED 屏显示——野火烧不尽 2

（1）要求

对第 7 课中的项目实践（模拟 LED 屏点阵文字的显示）进行进一步升级，使其可以按滚动方式显示文字“野火烧不尽”，滚动效果是：自左向右滚动，滚动到“尽”字最后一列时，循环到第一列继续显示，如图 12-10 所示。

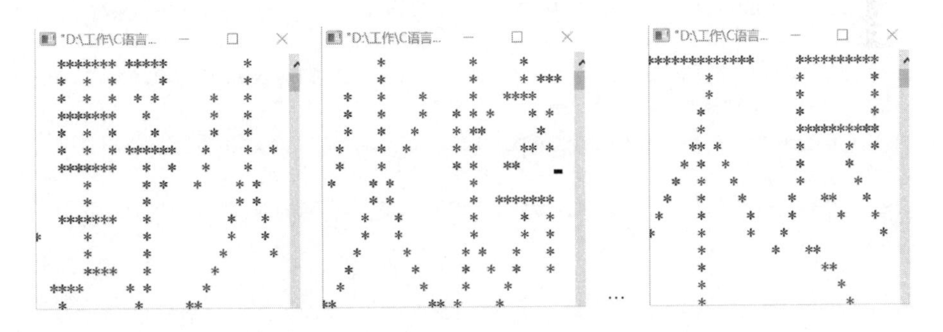

图 12-10　模拟 LED 屏从左向右滚动显示效果

（2）目的

① 掌握指针（地址）、指针变量的概念和定义语法。

② 掌握指针的基本运算。

③ 掌握通过指针对内存（变量、数组、结构体等）进行操作的方法。

④ 了解指针数组的概念。

（3）步骤及记录

步骤 1：启动 Visual Studio 2019。

步骤2：点击菜单项“文件|新建|项目”，选择创建空项目，然后确定解决方案、项目的名称、路径，点击“创建”，如此就建好了一个解决方案和项目。

步骤3：在源文件夹中新建C语言源文件main.c，输入代码，保存。

步骤4：编译、链接［菜单“生成|生成xx（项目名称）”］。

步骤5：运行程序。

（4）参考代码

```
1  #include "stdio.h"
2  #include "windows.h"
3
4  #define W 30
5  typedef unsigned char uint8_t;
6  typedef unsigned short uint16_t;
7
8  /* 宋体: "和"的16×16点阵信息（数组），该数组由PCtoLCD2002软件生成（网上可下载） */
9  unsigned char table[] =
10  {
11  0x00,0x00,0xFE,0x3E,0x92,0x20,0x92,0x14,0xFE,0x08,0x92,0x10,0x92,0x7E,
    0xFE,0x48,
12  0x10,0x28,0x10,0x08,0xFE,0x08,0x10,0x08,0x10,0x08,0xF0,0x08,0x0F,0x0A,
    0x02,0x04,/*"野",0*/
13  0x80,0x00,0x80,0x00,0x80,0x00,0x88,0x10,0x88,0x10,0x88,0x08,0x84,0x04,
    0x84,0x00,
14  0x42,0x01,0x40,0x01,0x20,0x02,0x20,0x02,0x10,0x04,0x08,0x08,0x04,0x10,
    0x03,0x60,/*"火",1*/
15  0x04,0x01,0x04,0x01,0x04,0x3D,0xC4,0x03,0x15,0x0A,0x0D,0x24,0x05,0x2B,
    0xC5,0x30,
16  0x04,0x00,0xE4,0x7F,0x04,0x09,0x04,0x09,0x8A,0x48,0x92,0x48,0x42,0x70,
    0x21,0x00,/*"烧",2*/
17  0x00,0x00,0xFE,0x3F,0x00,0x01,0x00,0x01,0x80,0x00,0x80,0x00,0xC0,0x02,
    0xA0,0x04,
18  0x90,0x08,0x88,0x10,0x84,0x20,0x82,0x20,0x81,0x00,0x80,0x00,0x80,0x00,
    0x80,0x00,/*"不",3*/
19  0x00,0x00,0xF8,0x1F,0x08,0x10,0x08,0x10,0x08,0x10,0xF8,0x1F,0x08,0x12,
    0x08,0x02,
20  0x08,0x04,0xC4,0x08,0x04,0x11,0x02,0x60,0x31,0x00,0xC0,0x00,0x00,0x01,
    0x00,0x02 /*"尽",4*/
21  };
22  void clear_screen(void) { printf("\033[2J"); }//清空屏幕
23  void cusor_pos(int x, int y) { printf("\033[%d;%dH", y, x); }//光标位置
24  uint16_t get_col(int col)
25  {
26     /* 提取出对应列的信息 */
27     uint16_t tmp, x = 0;
28     uint8_t* p = (uint8_t*)table;
29     int n, m, i;
30
31     n = col / 16;//在第n个汉字上（每个汉字16列）
32     m = col % 16;//在该汉字的m列上
```

```
33     p = table + n * 32;//定位到相应汉字的点阵数据的首字节
34     for (i = 0; i < 16; i++)
35     {
36        tmp = *(p + i * 2 + 1) << 8 | *(p + i * 2);
37        if ((tmp & (1 << m)) != 0)
38        {//第 m 列，相应行（0~16 行）上的信息
39           x = x | (0x01 << i);
40        }
41     }
42     return x;
43  }
44  int main(int argc, char** argv)
45  {
46     int col, row, begin_col = 0; // begin_col 是点阵显示开始列
47     char dir = 0;//滚动方向
48
49     short x;
50     int N = sizeof(table) / 32 * 16; //点阵数组中的列数
51
52     for (;;)
53     {
54        for (col = 0; col < W; col += 1)
55        {
56           x = get_col((col + begin_col) % N);
57           for (row = 0; row < 16; row++)
58           {
59              cusor_pos(col, row);
60              /* 判定是否需要输出点 */
61              if ((x & (0x0001 << row)) != 0)
62              {
63                 printf("*");
64              }
65              else {
66                 printf(" ");
67              }
68           }
69        }
70
71        if (dir == 1) begin_col = (begin_col - 1) > 0 ? (begin_col - 1) : (begin_
          col - 1) + N;
72        else begin_col = (begin_col + 1) % N;
73        //50ms 后屏幕清空
74        Sleep(20);
75        system("cls");
76     }
77     return 0;
78  }
```

本项目中，要注意第 28、36 行中通过指针访问数组元素的方法，注意 24～43 行中提取列信息的方法。

小　结

1．指针的概念、定义。

2．用指针访问变量、一维数组（含字符串）的元素、二维数组的元素等。

3．使用包含指针元素的数组进行编程。

4．使用指针访问结构体的成员变量。

指针是C语言的核心内容，不使用指针的C程序很少，需要重点进行学习。

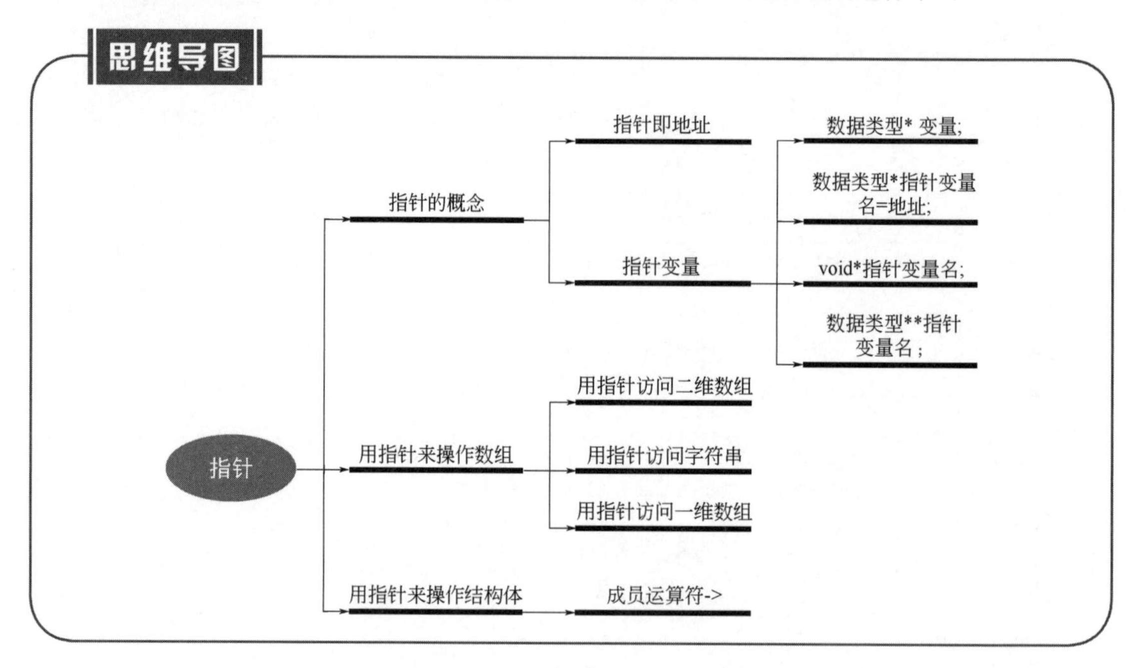

成果测评

一、判断题

1．int i, * p = &i;是正确的C声明。（　　）

2．对二维数组a来说，由于a + 1与 * (a + 1)的值相等，因此两者的含义是一样的。（　　）

3．语句char *p="hello"的含义是将字符串赋给字符型指针变量p。（　　）

4．char *p="girl"的含义是定义字符型指针变量p，p的值是字符串"girl"。（　　）

5．指针就是地址，因此一个变量的指针就是该变量的地址。（　　）

二、选择题

1．若有：int a[5], * p = a;，则对a数组元素地址的正确引用是（　　）。

A．*(p + 5)　　B．*p + 2　　C．*(a + 2)　　D．*&a[5]

2．若有：char h, * s = &h;，可将字符H通过指针存入变量h中的语句是（　　）。

A．*s = H;　　B．*s = 'H';　　C．s = H;　　D．s = 'H';

3．若已定义x为int型变量，下列语句中声明指针变量p的正确语句是（　　）。

A．int p = &x;　　B．int* p = x;　　C．int* p = &x;　　D．*p = *x;

4．若有说明:int i, j = 2, * p = &i;，则能完成 i = j 赋值功能的语句是（　　）。

A．i = *p;　　B．*p = *&j;　　C．i = &j;　　D．i = **p;

5．若有：int a[10] = { 0,1,2,3,4,5,6,7,8,9 }, * p = a;，则输出结果不为 5 的语句为（　　）。

A．printf("%d", *(a + 5));　　B．printf("%d", p[5]);

C．printf("%d", *(p + 5));　　D．printf("%d", *p[5]);

6．下面声明不正确的是（　　）。

A．char a[10] = "china";　　B．char a[10], * p = a;p = "china";

C．char* a;a = "china";　　D．char a[10], * p;p = a = "china";

7．若有声明：int a[3][4];，则 a 数组元素的非法引用是（　　）。

A．a[0][2 * 1]　　B．a[1][3]　　C．a[4 − 2][0]　　D．a[0][4]

8．执行下列语句后的结果为（　　）。

```
int x = 3, y;
int* px = &x;
y = *px++;
```

A．x = 3, y = 4　　B．x = 3, y = 3　　C．x = 4, y = 4　　D．x = 3, y 不知

9．两个指针变量不可以（　　）。

A．相加　　B．比较　　C．相减　　D．指向同一地址

10．变量 p 为指针变量，若 p = &a，下列说法不正确的是（　　）。

A．&*p == &a　　B．*&a == a　　C．(*p)++ == a++　　D．*(p++) == a++

11．int(*p)[6]; 的含义为（　　）。

A．具有 6 个元素的一维数组

B．定义了一个指向具有 6 个元素的一维数组的指针变量

C．指向整型指针变量

D．指向 6 个整数中某一个的地址

12．有以下程序：

```
1  #include "studio.h"
2  main()
3  {
4     int a[] = { 1,2,3,4,5,6,7,8,9,10,11,12 };
5     int p = a + 5, q = NULL;
6
7     *q = *(p + 5);
8     printf("% d % d\n", *p, *q);
9  }
```

输出结果是（　　）。

A．运行后报错　　B．6 6　　C．6 12　　D．5 5

13．设有定义：int n1 = 0, n2, * p = &n2, * q = &n1;，以下赋值语句中与 n2 = n1;语句等价的是（　　）。

A．* p = *q;　　B．p = q;　　C．* p = &n1;　　D．p = *q;

14．有以下程序：

```
1  int main(int argc, char const* argv[])
2  {
3     int a = 7, b = 8, * p, * q, * r;
```

```
4       p = &a;
5       q = &b;
6
7       r = p;  p = q; q = r;
8       printf("%d,%d, %d, %d\n", *p, *q, a, b);
9       return 0;
10  }
```

输出结果是（　　）。

A．8, 7, 8, 7　　B．7, 8, 7, 8　　C．8, 7, 7, 8　　D．7, 8, 8, 7

15．设已有定义：float x;，则以下对指针变量 p 进行定义且赋初值的语句中正确的是（　　）。

A．float* p = 1024;　　B．int* p = (float)x;　　C．float p = &x;　　D．float* p = &x;

三、简答/分析/编程题

1．编写代码，声明一个 int 型的变量，声明并初始化一个指向该变量的指针，声明并初始化一个指向该指针的指针。

2．下述声明分别声明了什么？

① int a[3][10];

② int (*p)[12];

③ int *p[5];

3．声明一个指针数组，包含 10 个指向 char 型的指针。

4．编写代码：

① 声明一个 data 型的结构，该结构包含一个 int 型的成员和两个 float 型的成员；

② 声明一个 data 型的结构实例，名为 info；

③ 声明并初始化一个指向 info 的指针；

④ 使用指针表示法，将 6.15 赋值给 info 结构的第 1 个 float 成员。

第 12 课　配套代码下载

第 13 课　功能封装的利器——函数 1

【学习目标】

1. 掌握函数的概念、定义语法、声明。
2. 掌握实际参数、形式参数与参数传递。
3. 掌握函数栈、局部变量、全局变量、静态变量等的概念。
4. 掌握调用函数时传址和传值的异同，及传址方式的意义。

导学视频

【OBE 成果描述】

1. 善用函数定义程序功能模块。
2. 熟用函数参数传递（传值、传址）与功能调用。
3. 熟用局部变量、全局变量、静态变量的概念。

【热身问题】

人们解决问题时通常习惯把一个规模较大的问题划分成若干个小问题，相应地，在实际项目开发中，一个项目或工程通常要划分成若干个功能模块，就跟儿童游戏“搭积木”一样，有了基本的功能模块，就可以按不同的功能需求组装出软件产品来。你能说出分层分模块设计的哪些优点呢？

13.1　函数的概念、定义与声明

函数的概念、定义与声明

C 语言**用函数来封装功能**（function，也是函数的中文含义）**模块**。

对于函数的调用方来说，只需要关心如何提供参数，根据函数的功能可以得到什么结果就行，至于函数内部是如何工作的，并不重要，也不需要了解。因此可以把函数理解成为一个“黑盒子”，**隐藏了实现细节**，并对外提供尽可能简单的接口。

在具体程序设计中，通常把相对独立的功能封装成函数，这样在今后的编程中，再遇到相同的问题，可以直接调用函数，减少了重复劳动，因此使用函数可以实现代码复用，使程序更简洁，可读性更好，也更容易维护。

C 语言程序中，函数的数目没有上限，但有且只有一个主函数 main。在程序运行过程中，由 main 函数调用其他函数，其他函数也可以互相调用。

13.1.1　函数的定义

函数的定义语法见图 13-1，函数的定义包含函数头和函数体两部分。在函数头中：

① 函数名是一个标识符，要符合标识符规则。

② 形式参数列表可以是任意类型的变量数据类型说明，各参数之间用逗号分隔。在函数被调用时，调用者将赋予这些形式参数实际的值。

③ 类型标识符是指函数体执行完后，函数返回值的类型，相应地，函数体内需要有 return 语句返回某个表达式的值。如果此类型是 void，则函数没有返回值，则不需要 return 语句，或仅写成“return;”即可。

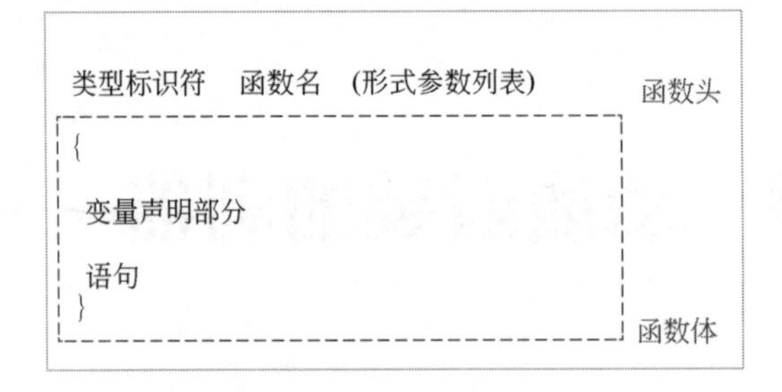

图 13-1 函数的定义语法

在函数体中：

① 变量声明部分，将按需要定义一组变量，在函数运行时在**栈帧**中分配内存，函数运行结束时随着栈的释放而**消失**，故称为局部变量或内部变量，调用方对这些变量不可见。

② 语句是由顺序语句、选择语句、循环语句、函数调用语句和函数返回语句等构成的，完成函数的功能，是主体部分。

【例程 13-1】函数的定义（请对照找出函数定义的上述组成部分）。

```
1  void exchange(int a, int b)
2  {
3      int t;
4  
5      printf("a = %d b= %d\n", a, b);
6      t = a;
7      a = b;
8      b = t;
9      printf("a = %d b= %d\n", a, b);
10 
11       return;
12  }
```

13.1.2 函数的声明

区别于函数定义，函数的声明（或称为函数原型）是为了将函数的相关信息事先告知编译器，使编译器能够顺利对照检查调用者是否正确提供了这些信息，若检查出不对应的情况，则会有语法错误提示。

以上相关信息包括：函数名、参数类型和个数等。注意，编译器不检查参数名，但为了便于阅读，也允许在函数声明中加上参数名，通常就是“函数体加分号”的形式。例如，以下两种做法均是正确的。

```
void exchange(int a, int b);
void exchange(int, int);
```

13.2 函数的调用和栈帧

13.2 节与 13.3 节讲解视频

调用函数就是使用函数，调用者在使用函数功能时，需要按照函数声明规定的接口，向函数提供参数，这就是实际参数。

如果函数有返回值，则函数调用可以出现在表达式中，也可以单独形成一个语句，甚至可以作为另一个函数的参数；反之，则只能形成一个函数调用语句。

【例程 13-2】按函数声明（原型）规定的接口调用函数。

```
1  #include <stdio.h>
2
3  int sum(int a, int b);//声明（或原型）
4
5  void main(void)
6
7  {
8     int x, y;
9     int z;
10
11     x = 2;
12     y = 4;
13     z = sum(x, y) + 5;//调用 sum 函数，提供实际参数 x 和 y
14     printf("z=%d\n", z);
15  }
16  int sum(int a, int b) //函数头，a 和 b 是形式参数
17  {
18     int c;
19     c = a + b;
20     return c; //因为函数类型是 int，故以 int 型值返回，该值返回后可用于表达式运算
21  }
```

每个函数在运行时都在 RAM 中附有一个栈帧（图 13-2），在这里分配局部变量（或临时变量）。控制台应用程序的 main 函数是由 mainCRTStartup 调用的，该函数在调用 main 时，

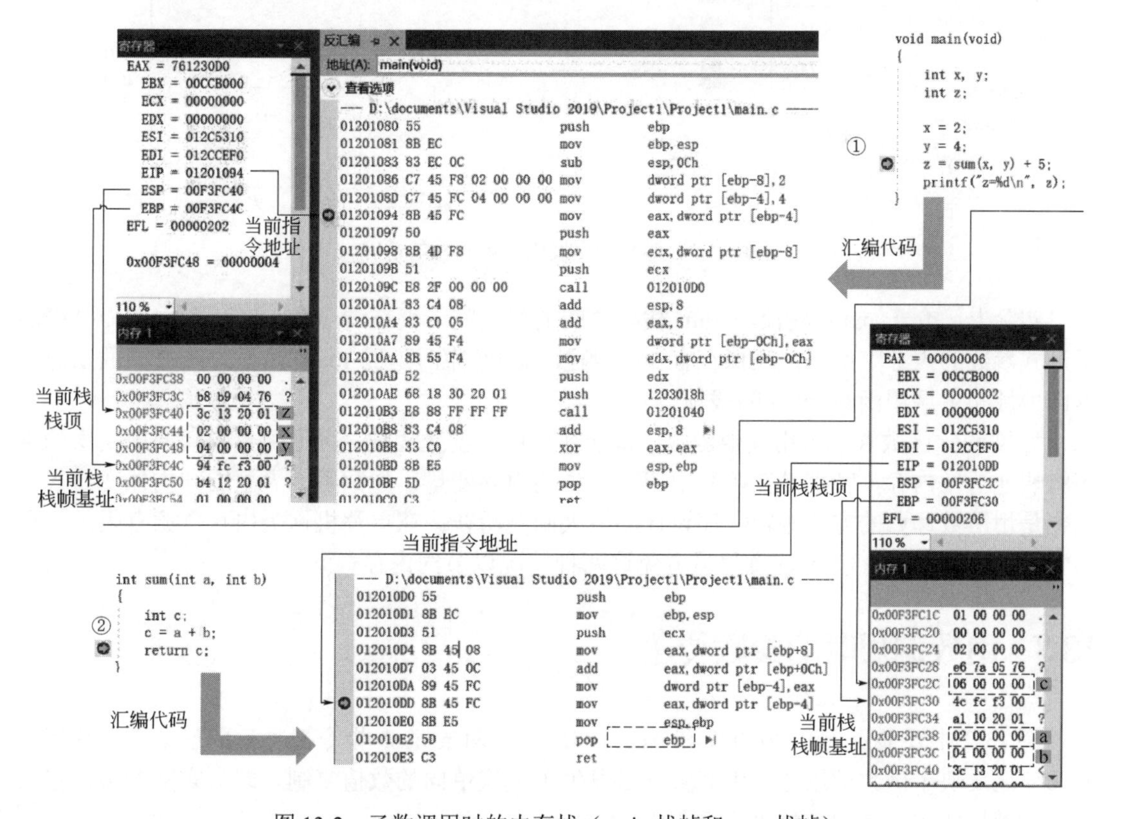

图 13-2　函数调用时的内存栈（main 栈帧和 sum 栈帧）

将为main函数建立栈帧，当程序运行到图中①处时，显示main栈帧为图中虚线框中部分（在其中分配x、y、z三个变量，地址分别是00f3fc44、00f3fc48及00f3fc40）。当程序运行至图中②处时，显示sum栈帧只分配了一个变量c（地址是00f3fc2c）。

图13-2中，ebp是栈帧基址寄存器，esp是栈顶指针寄存器，这两者界定了函数的栈区间。eip是指令寄存器，表明当前CPU运行到程序指令的位置。

从图13-2还可以看出，对于sum函数，形式参数a、b不在自己的栈帧上，但它们与sum函数被调用时的实际参数x、y在内存中是**完全不同**的个体，后者在main函数的栈帧上，图13-3中重绘了内存。

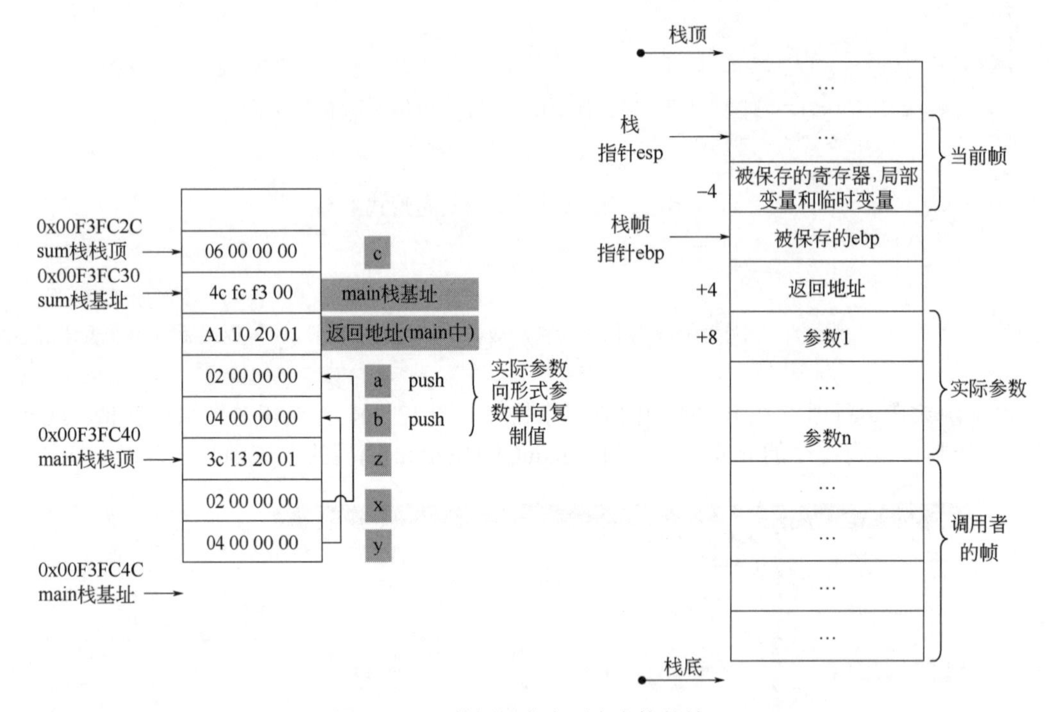

图13-3 函数调用发生后内存栈的情况

实际上，介于main栈帧与sum栈帧之间的栈空间，仅在调用发生时分配内存，其中除了形式参数的内存空间外，还保存有sum函数调用结束时返回main函数时所需要的信息：返回地址和主调用函数main的栈帧。

如果sum函数继续调用其他函数，将继续在栈上创建栈帧，可见函数嵌套调用层次的增多将快速消耗内存，特别是在函数中申请大量的内存变量，如数组、大型的结构体变量等，这也是用函数递归的方式进行程序设计的最大问题所在。在单片机这类内存资源有限的小型CPU中运行的程序，需要注意尽量避免这两种情况以节约内存。

13.3 函数调用时的参数传递

图13-3中还显示出01201097和0120109B处的两条push指令把x、y的值单向传递给了a、b，这反映了函数调用过程中其实只是发生了一次**单向的数值复制**，即从实际参数向形式参数的数据传递（函数传值见【例程13-2】）。

特别地，当参数是某个对象的地址或指针时（函数传址），将允许子函数（这里是 sum）操作位于该地址所对应的对象的内存空间（【例程 13-3】），这一点特别有意义，这样除了用 return 语句，子函数可以更方便地将运算结果反馈给外界。从【例程 13-3】可以看到 fun 没有 return 任何数据，但确实通过地址修改了 main 栈帧中的内存数据，即数组 a。

【例程 13-3】函数调用时传址（数组名就是地址）。

```
1  #include "stdio.h"
2
3  void fun(int a[], int len)
4  {
5     int i;
6     for (i = 0;i < len;i++)
7        a[i] += 10;
8
9     return;
10 }
11
12 void main(void)
13 {
14    // 此 a 与 fun 的形式参数属不同的内存单元，请考虑清楚
15    int a[5] = { 65,49,38,70,77 };
16
17    printf("fun 被调用前：");
18    for (int i = 0;i < sizeof(a) / sizeof(int);i++)
19       printf("%d ", a[i]);
20
21    fun(a, sizeof(a) / sizeof(int));
22
23    printf("\nfun 被调用后：");
24    for (int i = 0;i < sizeof(a) / sizeof(int);i++)
25       printf("%d ", a[i]);
26    return;
27 }
```

程序运行结果见图 13-4。

图 13-4　【例程 13-3】的运行结果

关于形参和实参，有以下几点请注意：

① 形参只有在被调用时才分配内存单元，在调用结束后，即刻释放所分配的内存单元；

② 实参可以是常量、变量、表达式、函数等，在进行函数调用时，它们都必须具有确定的值；

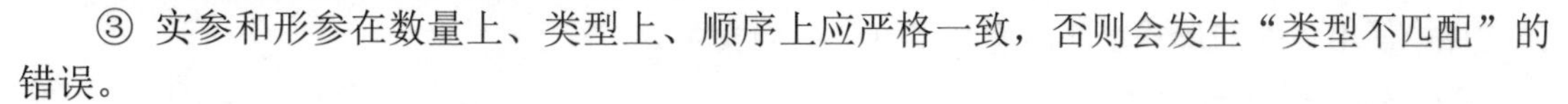

③ 实参和形参在数量上、类型上、顺序上应严格一致，否则会发生“类型不匹配”的错误。

13.4　变量的作用域和存储类型

变量的作用域
和存储类型

13.4.1　变量的作用域

变量的作用域（图 13-5）是指程序中能引用变量的范围，可分为全局变量和局部变量。

函数内的局部变量就是在函数被调用时，在栈帧中分配的内存单元，在函数执行结束前会被释放掉，故仅在函数内部可见。用一句话表示：局部变量的作用域是在定义它的那对大括号之间。

全局变量相应的内存单元不依赖于特定函数的栈帧，在程序运行全程并不释放。其有效范围从该变量的定义位置开始至源文件结束，可以被该源文件内的所有的函数可见可用。

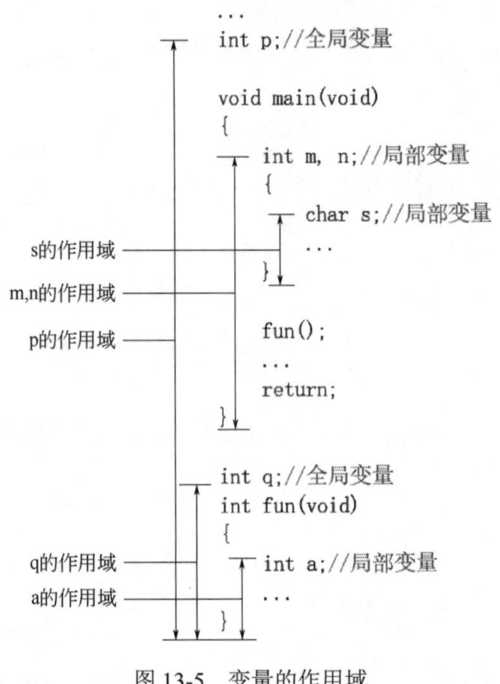

图 13-5 变量的作用域

基于以上特性，为节省内存和降低函数相互间的耦合度起见，程序仅在必要时使用全局变量。

13.4.2 变量的存储类型

C 语言中有一些特殊的关键字以确定变量的存储属性：如 auto、extern、static 和 register，这些关键字可以在需要时被放在变量的声明定义之前。在变量声明定义的时候，如果前面没有加任何变量修饰符，默认相当于加了一个 auto，通常加以省略。

```
int a;
auto int a;//与上一行等价
```

全局变量默认的存储类型为 extern，前面已说其有效范围从该变量的定义位置开始至源文件结束。但如果在一个源文件中使用在另一个源文件中声明定义的全局变量，必须在这个源文件中使用下面的形式重新声明一下这个全局变量。

```
extern 数据类型 变量名;
```

记住，这个形式**不是重新定义**一个全局变量，而是声明一个另一个源文件中已经定义的全局变量。这跟在两个源文件中定义两个同名的全局变量是不一样的，是将一个源文件中定义的全局变量的作用域扩大到另一个源文件中，见图 13-6。

如果一个变量只局限在某个源文件的内部使用，则可以使用 static 属性，这有利于信息隐藏及防止名称空间的污染。

图 13-6　变量的存储类型和函数的链接属性

如果在局部变量前加 static，则可以将局部变量的**生命周期**扩展到程序执行的整个过程，和全局变量的生命周期是一样的（图 13-7），**但是就是没有全局变量的作用域大**。

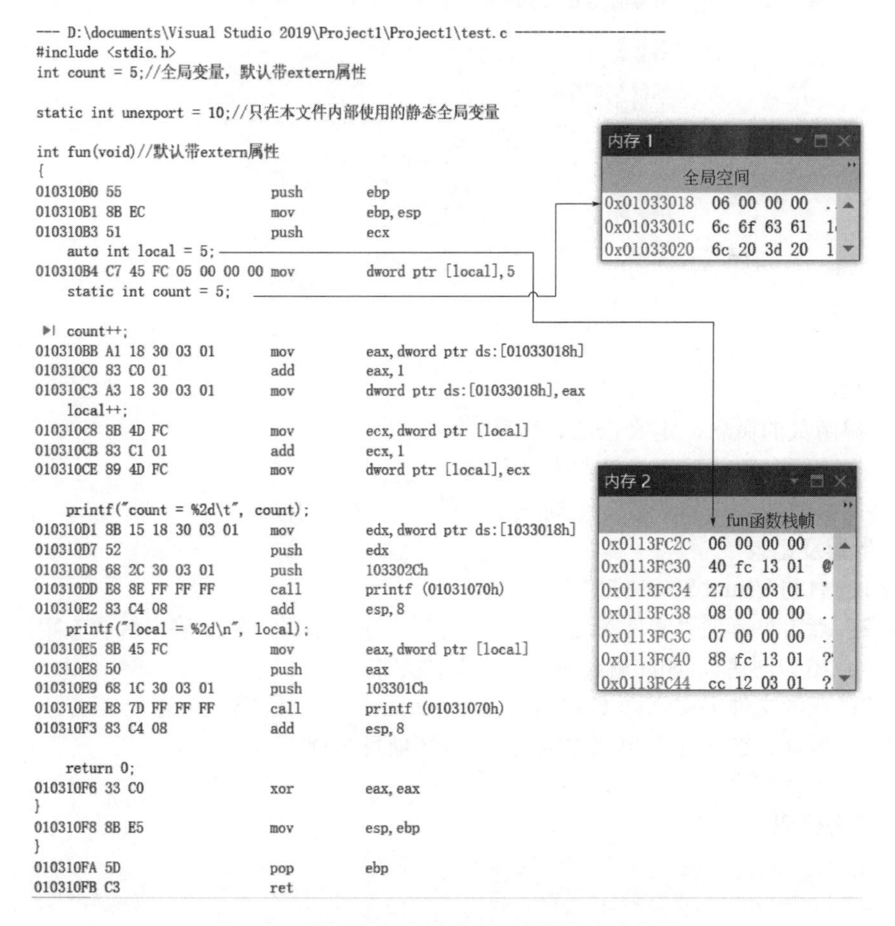

图 13-7　静态局部变量和自动变量的内存位置

register 只作用于局部变量，可以将变量放到寄存器中，以实现比访问内存更快的访问速度。

附带说一句，一个函数被赋予 static 属性时，也将使该函数只局限于定义它的源文件内部使用。通常定义的函数虽然没有明确任何属性，但默认为 extern 属性，表明可由外部源文件引用它（图 13-7）。这也使模块化编程思想在 C 程序中得以实现。

把不同的模块用独立的 C 文件来实现，含有 main 函数的文件就是主模块，其他文件是从模块，不同模块间必须提供必要的函数调用接口（通过 extern 关键字的函数声明），以降低不同模块之间的耦合度。这样就有可能通过相同模块的复用，从而降低再设计的成本，而且必要时可以通过模块间的组合及互换，满足产品的快速更新和差异化设计的需求。

项目实践 “石头—剪刀—布”游戏

（1）要求

编写一个实现“石头—剪刀—布”游戏的小程序，用户输入 0、1、2 分别代表石头、剪刀、布，然后计算机随机出一个，看谁胜出（图 13-8）。请定义函数实现游戏结果的判定。

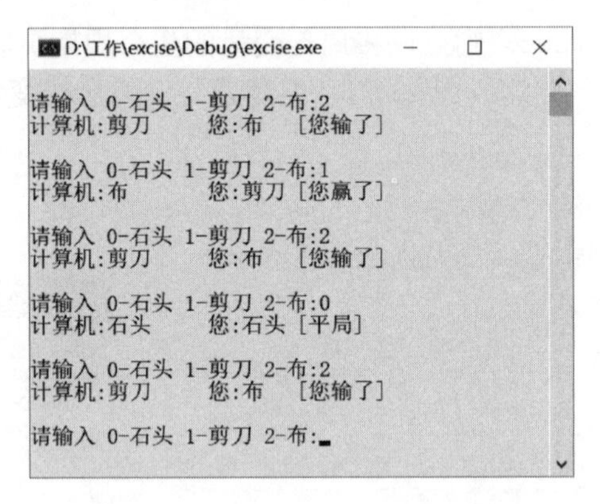

图 13-8 “石头—剪刀—布”游戏

（2）目的

① 掌握函数的概念、定义语法、声明。

② 掌握实际参数、形式参数与参数传递。

③ 掌握函数栈、局部变量、全局变量、静态变量等的概念。

（3）步骤及记录

步骤 1：启动 Visual Studio 2019。

步骤 2：点击菜单项“文件|新建|项目”，选择创建空项目，然后确定解决方案、项目的名称、路径，点击“创建”，如此就建好了一个解决方案和项目。

步骤 3：在源文件夹中新建 C 语言源文件 main.c，输入代码，保存。

步骤 4：编译、链接［菜单“生成|生成 xx（项目名称）”］。

步骤 5：运行程序。

（4）参考代码

```
1  #include<stdio.h>
2  #include<stdlib.h>
3  #include<time.h>
```

```
4
5  char gesture[][5] = {"石头", "剪刀","布" };
6  int decide(int man, int computer);
7
8  int main(void) {
9     int man, computer;
10     /*随机数初始化函数，由 time()给出随机数种子*/
11     srand((unsigned int)time(NULL));
12
13     while (1) {
14         printf("\n 请输入 0-石头 1-剪刀 2-布:");
15         while (scanf("%d", &man) != 1 || man > 2 || man < 0)printf
           ("输入错误，请重新输入!\n");
16
17         computer = rand() % 3;//确保在 0~2 之间
18         printf("计算机:%s\t 您:%s\t",gesture[computer],gesture[man]);
19
20         switch (decide(man, computer))
21         {
22         case 0: printf("[平局]\n"); break;
23         case 1: printf("[您输了]\n"); break;
24         case 2: printf("[您赢了]\n"); break;
25         }
26     }
27     return 0;
28  }
29
30  int decide(int man, int computer)
31  {//0-平，1-输，2-赢
32     return ((man - computer) + 3) % 3;
33  }
```

本项目中，注意第 6 行函数的声明、第 17 行随机函数 rand 的使用以及第 30～33 行函数的定义，在调试时，可在相关位置设置断点。注意观察第 9 行 main 函数栈中的局部变量 man 和 computer 的存储空间、decide 函数中形式参数 man 和 computer 的存储空间，并请分析判定算法。

小　结

1．函数的概念、定义。

2．函数的栈帧，函数调用时实际参数向形式参数的单向值复制（区分传值和传址）。使用传址方式调用函数可以从一个函数返回多个值，也可更改传递给函数的值，而且在函数结束后仍然有效。

3．局部变量、全局变量、静态变量的作用域及生命周期等。

函数能够用于封装独立的功能、隐藏内部细节，所有软件产品都采用函数构建，因此也需要重点进行学习。

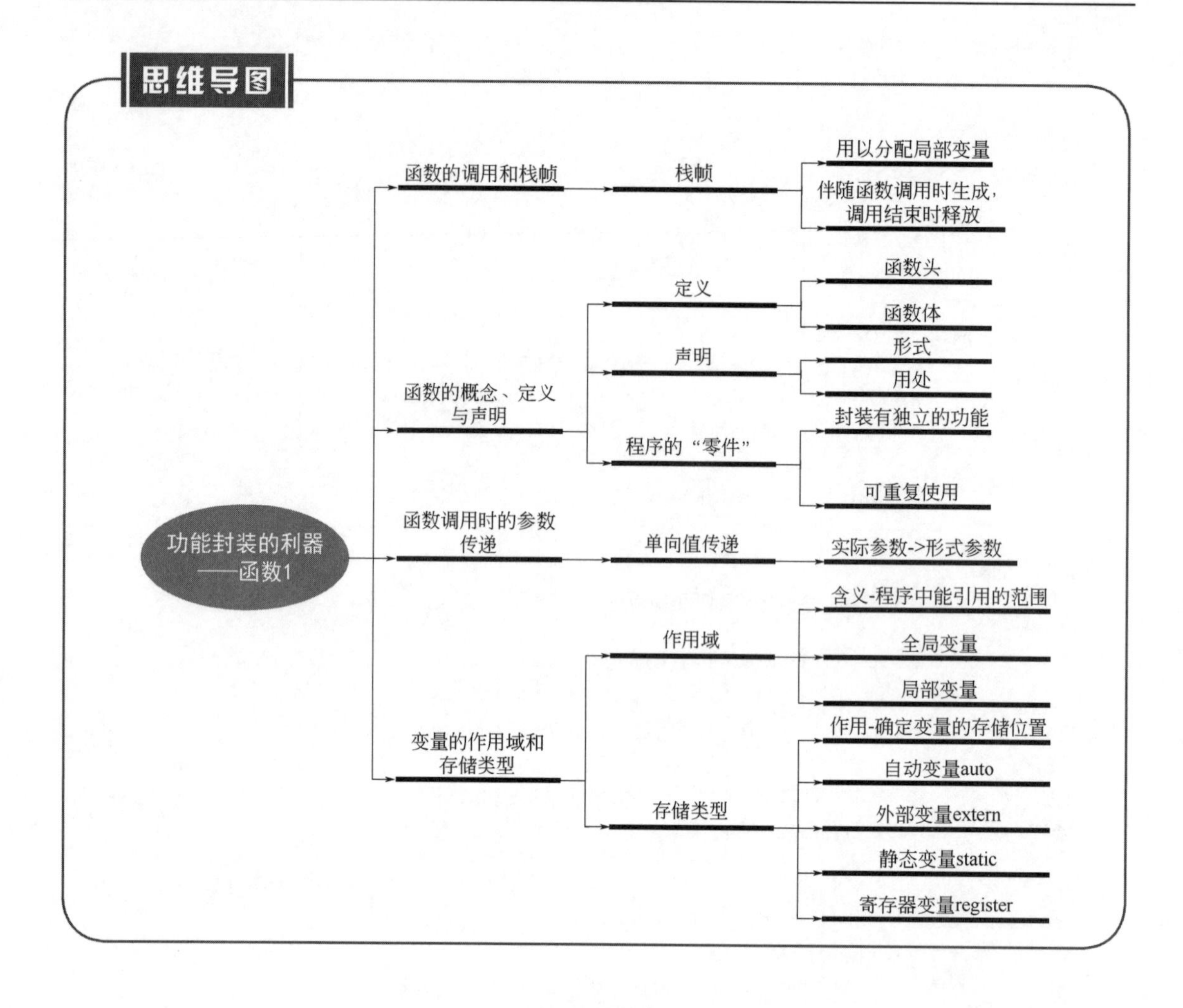

成果测评

一、判断题

1．以下程序定义的函数是正确的。（　　）

```
int twice(int y);
{
   return (2 * y);
}
```

2．函数既可以嵌套定义，又可以嵌套调用。（　　）

3．C 语言规定：在一个源程序中，main 函数的位置必须在最开始。（　　）

4．函数调用可以出现在执行语句中，但不能出现在表达式中。（　　）

5．静态外部变量只在本文件内可用。（　　）

二、选择题

1．如果一个被调用函数没有返回语句，则函数返回值的类型为（　　）。

A．char 型　　B．int 型　　C．没有返回值　　D．无法确定

2．以下正确的函数声明是（　　）。

A．int f(int x,int y);　　B．int f(int x,y);　　C．int f(int x；int y);　　D．int f(x,y);

3．下列说法不正确的是（　　）。

A．形式参数是局部变量

B．主函数 main 中定义的变量在整个文件或程序中都有效

C．在一个函数的内部，可以在复合语句中定义变量

D．不同的函数中，可以使用相同名字的变量

4．在 C 语言中，函数的数据类型是指（　　）。

A．函数返回值的数据类型　　B．函数形参的数据类型

C．调用该函数时，实参的数据类型　　D．任意指定的数据类型

5．若有以下调用语句，则正确的 fun 函数头是（　　）。

```
int main()
{
    …
        int a;float x;
    …
        fun(x, a);
    …
        return 0;
}
```

A．void fun(int a, float x)　　B．void fun(float a, int x)

C．void fun(float x; int a)　　D．void fun(int x, float a)

6．以下关于函数的叙述中，不正确的是（　　）。

A．C 语言程序是函数的集合，包括标准库函数和用户自定义函数

B．在 C 语言程序中，被调用的函数必须在 main 函数中定义

C．在 C 语言程序中，函数的定义不能嵌套

D．在 C 语言程序中，函数的调用可以嵌套

7．在 C 语言中，以下正确的说法是（　　）。

A．实参和与其对应的形参各占用独立的存储单元

B．实参和与其对应的形参共占用一个存储单元

C．只有当实参和与其对应的形参同名时才共占用存储单元

D．形参是虚拟的，不占用存储单元

8．函数调用时，当实参和形参都是简单变量时，它们之间数据传递的过程是（　　）。

A．实参将其地址传递给形参，并释放原先占用的存储单元

B．实参将其地址传递给形参，调用结束时形参再将其地址回传给实参

C．实参将其值传递给形参，调用结束时形参再将其值回传给实参

D．实参将其值传递给形参，调用结束时形参并不将其值回传给实参

9．在一个 C 程序源文件中定义的全局变量，其作用域为（　　）。

A．所在文件的全部范围　　B．所在程序的全部范围

C．所在函数的全部范围　　D．由具体定义位置和 extern 说明来决定范围

10．若在程序中定义函数：

```
float add(float a, float b)
{
   return a + b;
}
```

并将其放在调用语句之后，则在调用之前应对该函数进行声明。以下声明中错误的是（　　）。

A．float add(float a, b);　　B．float add(float b, float a);

C．float add(float, float);　　D．float add(float a, float b);

11．如果一个变量在整个程序运行期间都存在，但是仅在说明它的函数内是可见的，这个变量的存储类型应该被声明为（　　）。

A．静态变量　　B．动态变量　　C．外部变量　　D．内部变量

12．下面的说法中，不正确的是（　　）。

A．静态局部变量的初值是在编译时赋予的，在程序执行期间不再赋予初值

B．若全局变量和某一函数中的局部变量同名，则在该函数中，此全局变量被屏蔽

C．静态全局变量可以被其他文件所引用

D．所有自动类局部变量的存储单元都是在进入这些局部变量所在的函数体（或复合语句）时生成，退出其所在的函数体（或复合语句）时消失

13．若在一个 C 程序源文件中定义了一个允许被其他源文件引用的实型外部变量 a，则在另一文件中可使用的引用声明是（　　）。

A．extern static float a;　　B．float a;

C．extern auto float a;　　D．extern float a;

14．若用数组名作为函数调用的实参，则传递给形参的是（　　）。

A．数组的首地址　　B．数组的第一个元素的值

C．数组中全部元素的值　　D．数组元素的个数

15．sizeof(float)是（　　）。

A．一种函数调用　　B．一个不合法的表达式

C．一个整型表达式　　D．一个浮点表达式

三、简答/分析/编程题

1．编写 do_it()函数的函数头，该函数接收 2 个 char 型的实参，并将 float 型的值返回主调函数。

参考代码：float do_it(char a, char b)。

2．编写一个程序，使用一个函数计算用户输入的 5 个 float 型数值的平均值。

参考代码：

```
1  #include<stdio.h>
2  average(float a[], int n);
3  int main(int argc, char** argv)
4
5  float a[5];
6  printf("请输入 5 个数：\n");
7  for (int i = 0; i < 5; i++)
8  {
9     scanf("%f", &a[i]);
10 }
11 printf("平均值是：%.2f",average(a, 5));
12 return 0;
13
14 average(float a[], int n)
15
```

```
16 float  res=0;
17 for (int i = 0; i < n; i++)
18 {
19     res += a[i];
20 }
21 return res / n;
22 }
```

3．按下面要求编写程序：

① 定义函数 fact(n)计算 n!，函数返回值类型是 double；

② 定义函数 main()，输入正整数 n，计算并输出下列算式的值。要求调用函数 fact(n)计算 n!。

$$s=\frac{n}{1!}+\frac{n-1}{2!}+\cdots+\frac{1}{n!}$$

参考代码：

```
1  #include<stdio.h>
2  double fact(int n);
3
4  int main(int argc, char** argv)
5  {
6    int n;
7    double s = 0;
8    printf("请输入 n 的值:\n");scanf("%d" , & n);
9    for (int i = 1; i <= n; i++)
10   {
11     s += ((double)n + 1 - i) / fact(i);
12   }
13
14   printf("计算结果是:%.2lf\n", s);
15   return 0;
16  }
17  double fact(int n)
18  {
19    double r=1.0;
20    for (int i = 1; i <= n; i++)r = r * n;
21    return r;
22  }
```

第 13 课　配套代码下载

第 14 课　功能封装的利器——函数 2

【学习目标】

1. 掌握递归函数的概念及其应用。
2. 掌握指针在函数中的应用。
3. 熟悉常见的库及库函数。

导学视频

【OBE 成果描述】

1. 善用递归函数的概念进行程序设计。
2. 善用指针配合函数进行功能设计。
3. 会用常用的库函数设计程序。

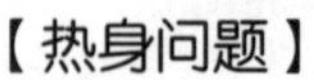

给你一把钥匙，你站在门前面，请问用这把钥匙能打开几扇门？你打开面前这扇门，看到屋里面还有一扇门，你走过去，发现手中的钥匙还可以打开它，你推开门，发现里面还有一扇门，你继续打开，……若干次之后，你打开面前一扇门，发现只有一间屋子，没有门了。你开始原路返回，每走回一间屋子，你数一次，走到入口的时候，你可以回答出你到底用这钥匙开了几扇门吗？

14.1　递归

递归

递归是一种直接或者间接调用自身函数或者方法的算法（分别称作直接递归和间接递归），是一种计算思维的模式。递归作为一种抽象表达的手段，在程序设计语言中有广泛应用。

【例程 14-1】计算 1+2+3+…+100 的值（直接递归）。

```
1  #include <stdio.h>
2
3  int f(int n)
4  {
5     if (n == 1) return 1;          //递归出口
6     else
7        return n + f(n - 1); //问题的分解
8  }
9  int main(int argc, char* argv[])
10  {
11     int sum = f(100);
12     printf("1+2+3+...+100=%d\n", sum);
13     return 0;
14  }
```

程序运行结果见图 14-1。之前你曾经通过循环完成这个问题的编程，现在【例程 14-1】给了你一个采用递归的解决办法：

要用 f(100)求出 1+2+3+…+100 的值，须先求出 f(99)的值，并返回 100+f(99)的值。

要用 f(99)求出 1+2+3+…+99 的值，须先求出 f(98)的值。

……

要用 f(2)求出 1+2 的值，须先求出 f(1)的值。

f(1)的值是 1。

返回 2+f(1)的值，得 f(2)的值。

……

返回 99+f(98)的值，得 f(9)的值。

返回 100+f(99)的值，得 f(100)的值。

Microsoft Visual Studio 调试控制台

1+2+3+...+100=5050

图 14-1　【例程 14-1】的运行结果

可见递归的精髓在于：

① 递——问题不断往下深入或者不断被分解。

② 归——在分解到终点或者给定的临界点时，完成简单问题的解决，并且回溯解决上一个问题，直到解决最初始的问题。

打个比方：

① “递归是看着你一步一步走向深渊，再一步一步走回来。”

② “循环则更像是突然把你扔进深渊，让你在底下跑，到点了再把你捞上来。”

递归算法应该具有如下两个特点：

① 明确的递归终止条件（一个递归必须有递推到终点的界定，否则将会是无限递归）和终止时的处理方法。

② 重复调用自身（直接或间接）并缩小问题规模。

【例程 14-2】小青蛙跳台阶：一只青蛙一次可以跳上 1 级台阶，也可以跳上 2 级。求该青蛙跳上一个 8 级的台阶总共有多少种跳法？

```
1  #include <stdio.h>
2
3  int f(int n) {
4      if (n == 2 || n ==1) {
5          return n;//青蛙第一次跳 1 个台阶或 2 个台阶
6      }
7      /*青蛙第一次跳 1 个台阶，剩下的 n-1 个台阶的跳法有 f(n-1)种；
8      青蛙第一次跳 2 个台阶，剩下的 n-1 个台阶的跳法有 f(n-2)种；
9      小青蛙的全部跳法就是这两种跳法之和*/
10
11
12      else
13          return f(n - 1) + f(n - 2);
14  }
15
16  int main(int argc, char* argv[])
17  {
18      int sum = f(8);
19      printf("青蛙跳 8 级台阶共有%d 种跳法\n", sum);
20      return 0;
21  }
```

程序运行结果见图 14-2。你也看到了递归具有**代码可读性高，程序简洁**，在解决某些特殊问题时有天然优势的特点，但是它也存在明显的缺点（图 14-3），因此在实际编程时，要综合考虑，不能“为了递归而递归”。

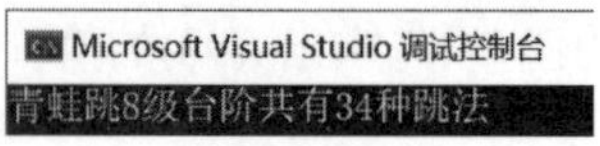

Microsoft Visual Studio 调试控制台
青蛙跳8级台阶共有34种跳法

图 14-2 【例程 14-2】的运行结果

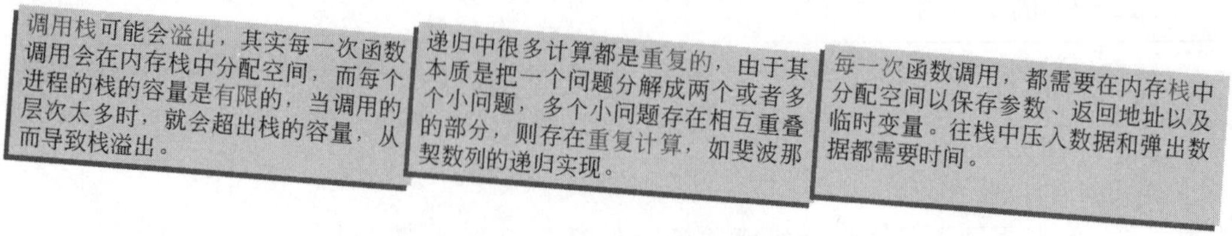

调用栈可能会溢出，其实每一次函数调用会在内存栈中分配空间，而每个进程的栈的容量是有限的，当调用的层次太多时，就会超出栈的容量，从而导致栈溢出。

递归中很多计算都是重复的，由于其本质是把一个问题分解成两个或者多个小问题，多个小问题存在相互重叠的部分，则存在重复计算，如斐波那契数列的递归实现。

每一次函数调用，都需要在内存栈中分配空间以保存参数、返回地址以及临时变量。往栈中压入数据和弹出数据都需要时间。

图 14-3 递归的缺点

【例程 14-3】 汉诺塔（图 14-4）问题的递归实现。

```
/*汉诺塔（又称河内塔）问题是源于印度一个古老传说的益智玩具。大梵天创造世界的时候做了三根金刚石柱子，在一根柱子上从下往上按照大小顺序摞着 64 片黄金圆盘。大梵天命令婆罗门把圆盘从下面开始按大小顺序重新摆放在另一根柱子上。并且规定，在小圆盘上不能放大圆盘，在三根柱子之间一次只能移动一个圆盘。*/
1  #include <stdio.h>
2  void hanoi(int n, char A, char B, char C)
3  {
4      if (n == 1)
5      {
6         printf("将圆盘%d 从 %c 移到 %c\n", n, A, C);
7      }
8      else
9      {
10         hanoi(n - 1, A, C, B);
11         printf("将圆盘%d 从 %c 移到 %c\n", n, A, C);
12         hanoi(n - 1, B, A, C);
13      }
14  }
15  main()
16  {
17     int n;
18     printf("请输入数字 n 以解决 n 阶汉诺塔问题：\n");
19     scanf("%d", &n);
20     hanoi(n, 'A', 'B', 'C');
21  }
```

程序运行结果见图 14-5。

图 14-4 汉诺塔

图 14-5 【例程 14-3】的运行结果

14.2　指针在函数中的应用

14.2 节与 14.3 节讲解视频

一种用法是：指针用作函数参数，传递的是变量的地址（或存有该地址的指针变量的值），使得被调用函数可以通过指针使用调用方的栈帧中的变量，也可以将被调用函数的运算结果直接保存在调用方的栈帧中的变量中，而不必通过 return 语句返回值。

【例程 14-4】定义矩形，并计算长和宽。

```
1  #include "stdio.h"
2
3  typedef struct {
4     int left;
5     int top;
6     int right;
7     int bottom;
8  }rect_t;
9  void rect_init(rect_t* r, int left, int top, int right, int bottom)
10  {
11      int temp;
12      if (left > right) {
13          temp = left;left = right;right = left;
14      }
15
16      if (top > bottom)
17      {
18          temp = top;top = bottom;bottom = top;
19      }
20      //传址方式，可以通过指针修改所关联的内存变量
21      r->left = left;
22      r->right = right;
23      r->top = top;
24      r->bottom = bottom;
25  }
26  int lenght(rect_t* r)//传址：只复制了 4 个字节长度的指针（变量的地址），推荐
27  {
28      return (r->right - r->left);
29  }
30  int width(rect_t r)/*传值：复制了含 4 个 int 成员的结构体变量（16 个字节），对
    结构体变量来说不推荐*/
31  {
32      return (r.bottom - r.top);
33  }
34  char* rect_area_compare(rect_t *rect1, rect_t *rect2)
35  {//函数类型是 char*要求返回指向 char 类型的指针
36      /*static 用于保证 return 返回的指针所关联的变量仍然有效（如果没有 static,
37      则 ch 是局部变量，ch 会在函数返回后随着栈帧的释放而变得无效，需要注意避免）*/
38      static char ch = 'Y';
39      int area1 = lenght(rect1) * width(*rect1);
40      int area2 = lenght(rect2) * width(*rect2);
41      if (area1 != area2)
```

```
42      {
43          ch = 'N';
44      }
45
46      return &ch;//返回地址
47  }
48  int main(int argc, char* argv[])
49  {
50      rect_t rect;
51      rect_t tmp = {
52          .left = 20,
53          .right = 120,
54          .top = 10,
55          .bottom = 200
56      };
57      char* p = NULL;
58
59      rect_init(&rect, 10, 50, 230, 250);//第1个参数需给出 rect 的地址
60
61      printf("矩形 tmp：%d,%d,%d,%d\n", tmp.left, tmp.top, tmp.right,
        tmp.bottom);
62      printf("矩形 rect：%d,%d,%d,%d\n",rect.left,rect.top,rect.right,
        rect.bottom);
63      printf("矩形 tmp 的长：%d,宽：%d\n", lenght(&tmp), width(tmp));
        //lenght()是传址，width()是传值
64      printf("矩形 rect 的长：%d,宽：%d\n", lenght(&rect), width(rect));
65
66      p = rect_area_compare(&rect, &tmp);
67      printf("tmp 和 rect 的面积是否相等？答案是：%c\n", *p);
68
69      return 0;
70  }
```

程序运行结果见图 14-6。函数也可以**返回指针类型**，如【例程 14-4】中第 34～47 行中的 rect_area_compare 函数：

```
char* rect_area_compare(rect_t *rect1, rect_t *rect2)
```

但需要确保该函数返回后，return 返回的指针所关联的变量仍然有效。

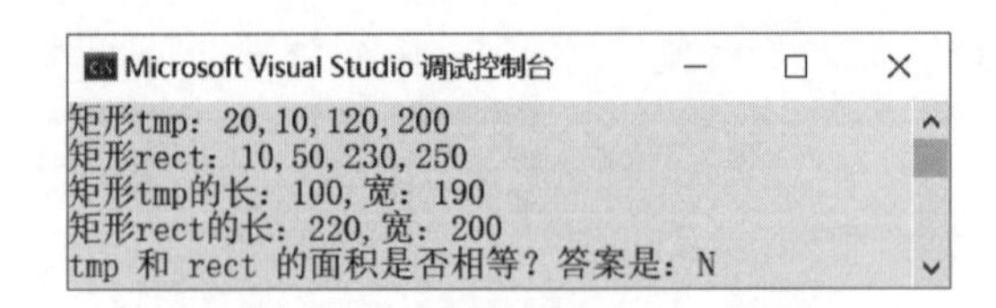

图 14-6 【例程 14-4】的运行结果

再有一种用法是，一个函数的函数名本身就是一种地址（即指针），可以定义**指向函数的指针变量**来关联它，然后通过该指针变量来调用该函数。函数指针变量定义的一般形式为：

```
类型说明符  (*指针变量名)( );
```

【例程 14-5】某些嵌入式系统中用于初始化硬件模块的方法。

```
1  #include "stdio.h"
2  int lcd_init( void ) {
3     printf("初始化 lcd 模块! \n");
4     return 0;
5  }
6
7  int keypad_init( void )
8  {
9     printf("初始化 keypad 模块\n");
10     return 0;
11  }
12
13  int usb_init( void )
14  {
15     printf("初始化 usb 模块\n");
16     return 0;
17  }
18
19  typedef int  (*fun_t)(); //定义数据类型:“函数的指针”类型
20
21  int main(int argc, char* argv[])
22  {
23     fun_t fun[3]; //定义数组，其元素是“函数的指针”类型的变量
24
25     fun[0] = lcd_init;
26     fun[1] = keypad_init;
27     fun[2] = usb_init;
28
29     for (int i = 0;i < sizeof(fun) / sizeof(fun_t);i++)
30     {
31         fun[i]( );
32     }
33
34     return 0;
35  }
```

程序运行结果见图 14-7。

再提一句，请注意区分 int * p();和 int (*p)();这两种形态：

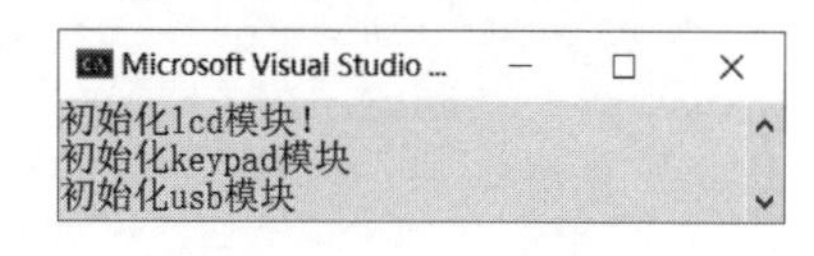

图 14-7 【例程 14-5】的运行结果

① int * p();说明 p 是一个指针型函数，其返回值是一个指向整型量的指针，*p 两边没有括号。作为函数说明，在括号内最好写入形式参数。

② int (*p)();说明 p 是一个指向函数入口的指针变量，该函数的返回值是整型量，(*p)两边的括号不能少。

14.3 常见的库及库函数

至此，已经全面学习了 C 语言中函数相关的内容，已经可以设计一些特定功能的函数了。

实际软件产品开发中，往往需要将一段时间内积累的函数打包成一个函数库，方便将来如果要用到这些函数时，只要在编译时链接库中的这些函数，而不需要重新设计，以此提高生产效率。

一般开发环境在安装时都已经安装好了符合 C 语言标准的常用库，如 stdio、math、stdlib、string、ctype、time 等，使用前包含相应库的头文件就可以了，如#include “stido.h”、#include “math.h”等，之前一直在用的像 printf、scanf 等都是 stdio 标准输入输出库中的预定义函数。

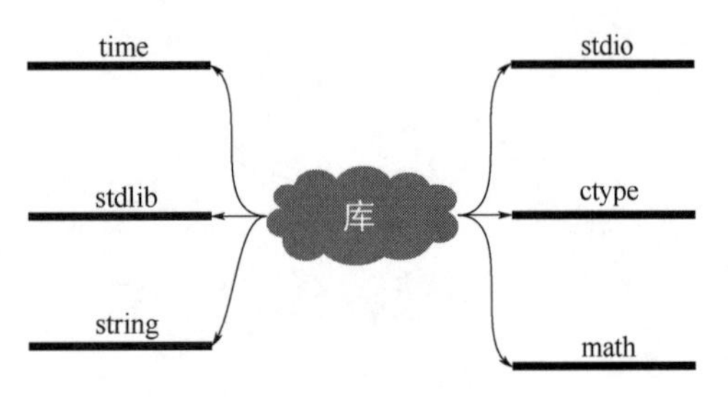

图 14-8 常见的库

这里所说的库一般是在链接时直接与用户代码结合，成为应用程序的一部分，这是静态库，库本身不需要与可执行文件一起发布。（注：动态库的知识不在本书的范围之内。）常见的库见图 14-8。

【例程 14-6】中，system()、printf()、Sleep()分别由 stdio.h、stdlib.h、windows.h 等头文件从相应的库中导入。

【例程 14-6】弹跳小球。

```
1  #include <stdio.h>
2  #include <stdlib.h>
3  #include <windows.h>
4
5  struct rect_t {
6      int left,top,right,bottom;
7  } rect = { 0,0,80,10 };
8  int main(int argc, char* argv[])
9  {
10     int i, j, x = 0,y = 5, vx = 1,vy = 1;
11
12     printf("\033[?25l");//消隐光标
13     while (1)
14     {
15         x = x + vx; y = y + vy;
16
17         system("cls");   // 清屏
18         for (i = 0; i < x; i++) printf("\n");// 输出小球前的空行
19         for (j = 0; j < y; j++) printf(" ");
20         printf("o\n");  // 输出小球 o
21         Sleep(50);  // 等待若干毫秒
22
23         if ((x == rect.top) || (x == rect.bottom)) vx = -vx;
24         if ((y == rect.left) || (y == rect.right)) vy = -vy;
25     }
26     return 0;
27 }
```

项目实践　用递归方法解猴子吃桃问题

（1）要求

使用递归方法解猴子吃桃问题（结果见图 14-9）。猴子第一天摘下若干个桃子，当即吃了一半，还不过瘾，又多吃了一个。第二天早上又将剩下的桃子吃掉一半，又多吃了一个。以后每天早上都吃了前一天剩下的一半零一个。到第 10 天早上想再吃时，见只剩下一个桃子了。编写程序求第一天共摘了多少桃子？

（2）目的

① 理解递归函数的概念、定义方法。

② 掌握递归函数的函数栈、局部变量的生存期及作用域等。

（3）步骤及记录

步骤 1：启动 Visual Studio 2019。

步骤 2：点击菜单项“文件|新建|项目”，选择创建空项目，然后确定解决方案、项目的名称、路径，点击“创建”，如此就建好了一个解决方案和项目。

步骤 3：在源文件夹中新建 C 语言源文件 main.c，输入代码，保存。

步骤 4：编译、链接［菜单“生成|生成 xx（项目名称）”］。

步骤 5：运行程序。

（4）参考代码

```
1  #include<stdio.h>
2  #include<stdlib.h>
3
4  int peach(int day)
5  {
6      if (day == 10) return 1;
7      else
8      {
9          return (peach(day + 1)+1) * 2 ;
10     }
11  }
12
13  int main(void) {
14      printf("第 1 天共摘了%d 个。", peach(1));
15      return 0;
16  }
```

本项目有助于启发编程思维。注意第 4～11 行递归函数的定义及如何明确递归终止条件和终止时的处理方法，理解递归算法是如何重复调用自身（直接或间接）并缩小问题规模的。

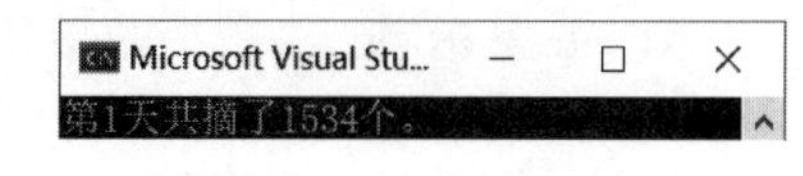

图 14-9　运行结果

小　结

1．递归函数的概念及优缺点。递归函数使得代码简洁，可读性高，是解决一些特殊问题的不二选择，但它也具有调用栈可能溢出，重复性运算突出，及每次的入栈、出栈时间消耗的问题。

2．指针在函数中的应用，强调指针作为函数的参数、函数返回指针及用于调用函数的指向函数的指针。

3．一些常用的库，用好程序库可以加速软件开发过程。

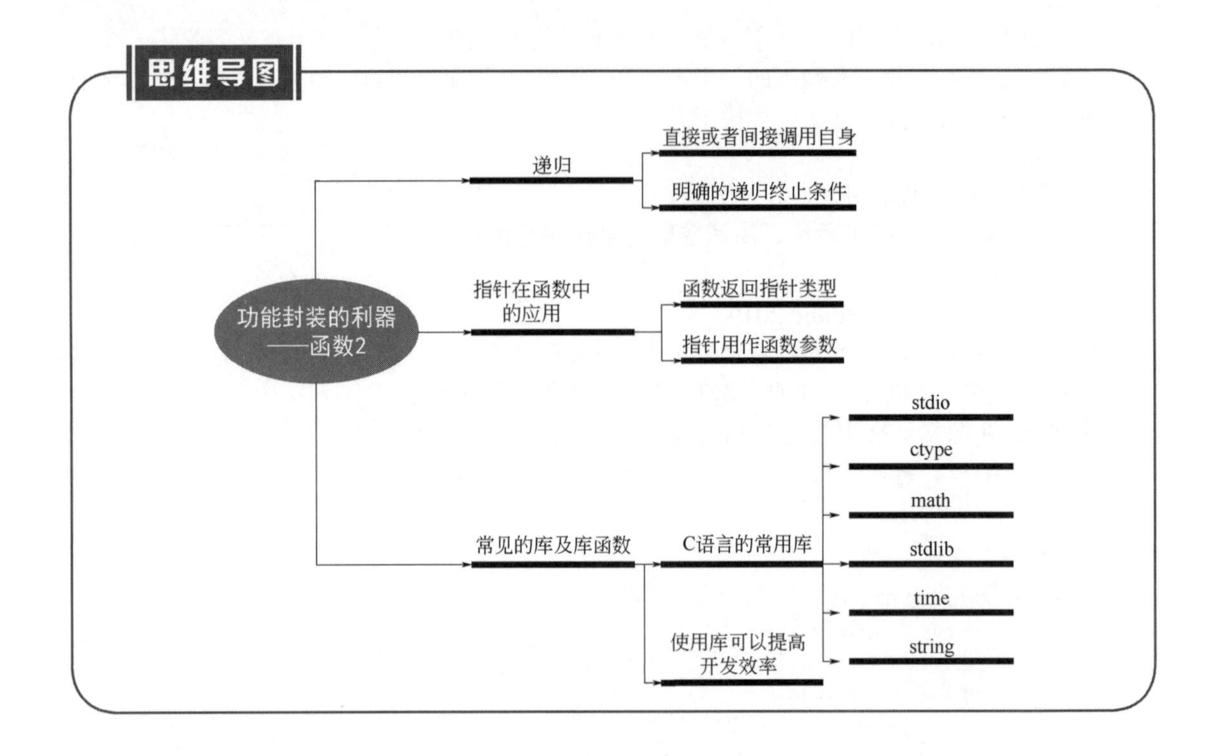

成果测评

一、判断题

1．函数名和数组名可以看作指针常量。（　　）

2．函数的返回类型可以是指针类型，但返回的地址不能是局部变量的地址。（　　）

3．数组名作为函数返回值，实际上不是返回数组值，而是返回数组的首地址。（　　）

二、选择题

1．语句 int (*ptr)( );的含义是（　　）。

A．ptr 是指向一维数组的指针变量

B．ptr 是指向 int 型数据的指针变量

C．ptr 是指向函数的指针，该函数返回一个 int 型数据

D．ptr 是一个函数名，该函数的返回值是指向 int 型数据的指针

2．若有函数 max (a ,b)，并且已使函数指针变量 p 指向函数 max，则利用函数指针调用 max 函数的正确形式是（　　）。

A．(*p)max (a , b)　　B．*pmax(a, b)　　C．p->max (a, b)　　D．(*p)(a, b)

3．若运行以下程序时，从键盘上输入 OPEN THE DOOR<回车>，则程序的运行结果是（　　）。

```
1  #include <stdio.h>
2  char f(char* ch)
3  {
4      if (*ch <= 'Z' && *ch >= 'A')
5          *ch -= 'A' - 'a';
6      return *ch;
```

```
7  }
8  int main()
9  {
10     char s1[81], * q = s1;
11     gets(s1);
12     while (*q)
13     {
14         *q = f(q);
15         putchar(*q);
16         q++;
17     }
18     putchar('\n');
19     return 0;
20  }
```

A．oPEN tHE dOOR　　B．OPENTHEDOOR

C．open the door　　D．OpenTheDoor

4．为整型指针变量 p 所指向的变量输入值，可以使用命令（　　）。

A．scanf("%p", & p);　　B．scanf("%p", p);

C．scanf("%d", & p);　　D．scanf("%d", p);

三、简答/分析/编程题

1．编写一个函数，接受一个字符串和一个字符。该函数能查找字符串中指定字符首次出现的位置，并返回指向该位置的指针。

参考代码：

```
1   #include "stdio.h"
2   #include "string.h"
3
4   char* my_strchr(char* str, int c);
5   int main(int argc, char* argv[])
6   {
7       char s[256];
8       char ch,*p=NULL;
9       printf("请输入一个字符串(字数小于 256) :\n");
10      gets(&s);
11      printf("请输入要查找的字符: \n");
12      ch = getch();
13
14      p = my_strchr(s, ch);
15      if(p!=NULL)printf("找到了,位于%p 开始的字符串%s 中,地址是%p 处!\n",s,s,p);
16      else
17      {
18          printf("没有找到!\n");
19      }
20
21      return 0;
22  }
23
24  char* my_strchr(char* str, int c)
25  {
26      while (*str != c)
```

```
27      {
28          str++;
29      }
30      return str;
31  }
```

2．声明一个函数指针，该函数返回 char 型且接受一个指向 char 型的指针数组。

3．下面分别声明了什么？

```
char* z[10];
char* y(int field);
char (*x)(int field);
```

4．用递归法编写一个函数，求 n！的值。

参考代码：

```
1  #include "stdio.h"
2  #include "string.h"
3
4  int f(int n)
5  {
6     if (n == 1)return 1;
7     else
8        return n * f(n - 1);
9  }
10  int main(int argc, char* argv[])
11  {
12     int n;
13     printf("请输入n的值:\n"); scanf("%d", &n);
14     printf("n!=%d\n", f(n));
15     return 0;
16  }
```

5．用递归的方法显示如下的三角形图案。

```
    1
   222
  33333
 4444444
555555555
```

参考代码：

```
1  #include <stdio.h>
2  #define  N 5
3  void line(n)
4  {
5     int spaces= N - n;
6
7     for (int i = 0;i < spaces;i++)printf(" ");
8     for (int i = 0;i < 2 * n - 1;i++)printf("%d", n);
9     printf("\n");
10  }
11  void f(int n) {
12
13     if (n == 1)
14     {
```

```
15          line(1);
16          return;
17      }
18      /* 先输出前 n-1 行，然后输出第 n 行（共 2n-1 个 n） */
19      f(n - 1);
20      line(n);
21      return;
22  }
23
24  int main(int argc, char* argv[])
25  {
26      f(N);
27
28      return 0;
29  }
```

第 14 课　配套代码下载

第 15 课　数据的再认识——使用链表

【学习目标】

1．掌握动态分配和释放内存。
2．掌握链表的创建、增删等操作。
3．掌握链表的反转、合并、销毁等操作。

导学视频

【OBE 成果描述】

1．熟用动态分配、释放内存，并对内存进行复制、置位等操作。
2．学会链表的常用操作。
3．善用链表进行数据管理。

【热身问题】

这是 17 世纪法国数学家加斯帕在《数的游戏问题》中讲的一个故事：15 个教徒和 15 个非教徒在深海上遇险，必须将一半的人投入海中，其余的人才能幸免于难，于是想了一个办法，30 个人转成一个圆圈，从第一个人开始报数，每数到第九个人就将他扔入大海，如此循环，直到仅余 15 个人为止。问题是，怎样的排法才能使每次投入大海的都是非教徒呢？这个问题要是你是来解，该怎么解呢？

内存的动态分配

15.1　内存的动态分配

一个程序运行时所占用的内存空间见图 15-1。在之前的课中，都是在程序的源代码中声

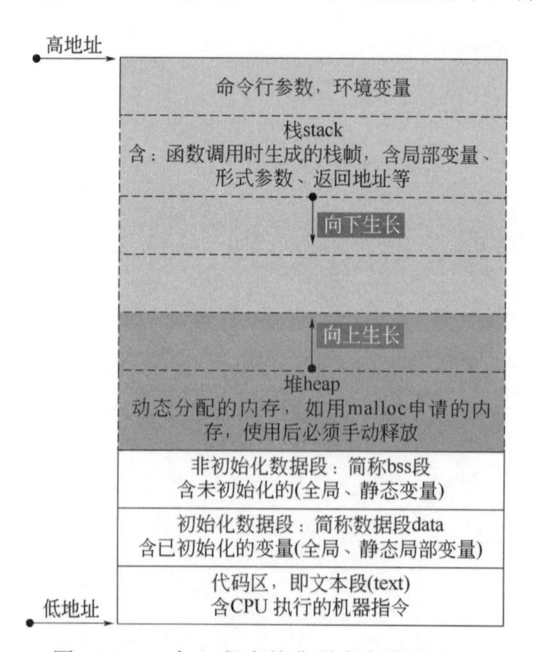

图 15-1　一个 C 程序的典型内存区段分布

明变量、结构和数组，这种分配内存的方法称为静态内存分配（包括全局变量、静态变量及在栈中分配的局部变量），这要求在编写程序时就要确定需要多少内存空间。

实际上，有很多时候在程序的运行期才能确定分配多少内存存储空间，这就是动态内存分配，用户需要自己负责在何时释放内存。这样，动态内存的生存期由用户决定，使用非常灵活，不过问题也最多。

在 stdlib 库提供了一个 malloc 函数，可以在内存中动态分配内存（在堆中），不过应检查内存分配函数的返回值，确保成功分配内存，如果内存分配请求失败，则加以适当处理：

```
void* malloc(size_t size); //分配成功则返回指向被分配内存空间的指针，不然，返回空指针 NULL
```

malloc 分配的内存一定要用 free 函数释放：

```
void free(void* ptr) //被释放的空间通常被送入可用存储池，ptr 被置为空，以后可在调用 malloc 函数来再分配该内存区域
```

注意

malloc 开辟的空间是连续的，但它不知道开辟的空间的类型（返回 void*），具体类型在使用时决定。请务必在使用完动态分配的内存后 free 它，以免造成内存泄漏，但也不要用 free 对非动态开辟的内存进行释放。

【例程 15-1】动态内存的申请与释放。

```
1  #include <stdio.h>
2  #include <stdlib.h>//使用 malloc 需要包含该库
3
4  typedef struct {//位域
5     unsigned char files: 1;
6     unsigned char letter_of_admission : 1;
7     unsigned char receipt : 1;
8     unsigned char photo : 1;
9  }MAP;
10  typedef struct {
11     int serial_number;//学号
12     char name[10];//姓名
13     char phone[12];//电话
14     char address[64];//地址
15     char dormitory[32];//宿舍
16     MAP require;//使用位域保存信息
17  }Mate;
18  int main(int argc, char* argv[])
19  {
20     int x;
21     Mate* pmate = (Mate*)malloc(sizeof(Mate));
22     if (pmate == NULL) {//处理内存申请失败的情形
23        printf("malloc 分配内存失败！\n");
24        return 0;
25     }
26     printf("请输入报到同学的信息:\n");
27     printf("学号: ");scanf("%d", &pmate->serial_number);
```

```
28      printf("姓名：");scanf("%s", pmate->name);
29      printf("电话：");scanf("%s", pmate->phone);
30      printf("地址：");scanf("%s", pmate->address);
31      printf("宿舍：");scanf("%s", pmate->dormitory);
32
33      printf("\n 请检查报到应交材料(输入 0 或 1):\n");
34      printf("档案：");scanf("%d", &x);
35      pmate->require.files = (x == 1) ? 1 : 0;
36      printf("录取通知书：");scanf("%d", &x);
37      pmate->require.letter_of_admission = (x == 1) ? 1 : 0;
38      printf("缴费回执：");scanf("%d", &x);
39      pmate->require.receipt = (x == 1) ? 1 : 0;
40      printf("照片：");scanf("%d", &x);
41      pmate->require.photo = (x == 1) ? 1 : 0;
42
43      printf("\n 同学，您好！您的信息如下，请核对！\n");
44      printf("学号：%d\t",pmate->serial_number);
45      printf("姓名：%s\t", pmate->name);
46      printf("电话：%s\t\n", pmate->phone);
47      printf("地址：%s\t", pmate->address);
48      printf("宿舍：%s\t", pmate->dormitory);
49
50      printf("\n 递交材料情况：档案(%d),录取通知书(%d),缴费回执(%d),照片(%d)\n", \
51          pmate->require.files, pmate->require.letter_of_admission, \
52          pmate->require.receipt, pmate->require.photo\
53      );
54
55      free(pmate);//内存使用结束时，如果确认不再使用，务必释放
56      pmate = NULL;
57
58      return 0;
59  }
```

程序运行结果见图 15-2。内存申请到后，有时需要对内存进行整块设置初值，或内存块之间进行整块数据的复制，这时可以用 string 库中提供的 memset 和 memcpy 函数（需要

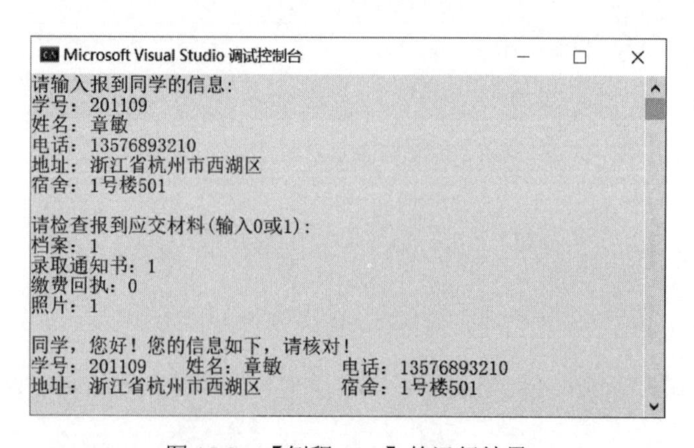

图 15-2 【例程 15-1】的运行结果

#include "string.h")，其函数接口如下：

```
void* memset(void* dest, int c, size_t count);  //把dest确定的所有的字节，统一设置为某个值，如0
void* memcpy(void* dest, void* src, unsigned int count);//由src所指内存区域复制count个字节到dest所指内存区域
```

15.2　使用链表

使用链表-链表的基本知识

使用链表-链表的常用操作

链表是物理存储单元上非连续的、非顺序的存储结构，它是由一个个结点（或元素），通过指针联系起来的，其中每个结点包括数据和指针，这里数据具体是什么元素，取决于程序的需求，而指针用于链接链表中的各项。

其实这与数组的特性在某种程度上是互补的：数组元素的查询快捷，而链表结点的查询则需要从头到尾遍历寻找；数组元素的增加（需要移动其他元素以腾出位置）或删除（需要在删除后移动其他元素以消除空位）不易，链表元素的增加或删除仅需要修改指针位置即可，其他元素无需做任何移动操作。链表与数组的存储结构形态见图 15-3。

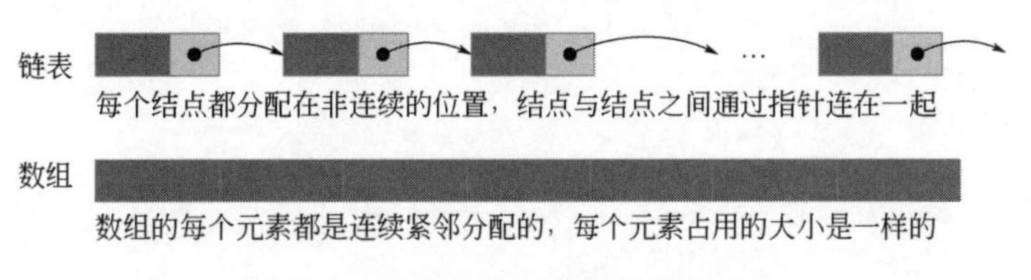

图 15-3　链表与数组的存储结构形态

一般来说，如果数据以查询为主，很少涉及增加和删除，则应选择数组；如果数据涉及频繁的插入和删除，或元素所需分配空间过大，则倾向于选择链表。以下以单链表为例进行讲解。

15.2.1　链表的基本知识

通常链表会设置一个头结点 head 以标识链表（俗称哨兵结点），它有一个 next 指针指向链表的第 1 个结点，而第 1 个结点又指向第 2 结点，如此类推，而最后一个结点的指针为 NULL。

有两种方法构造链表："尾插法"，每次新结点加入到链表的末尾，这个理解起来比较直观（图 15-4），但是实现时需要先遍历链表到最后一个元素；"头插法"，每次新结点加入到链表的开头，其分解动作如图 15-5 所示，相比"尾插法"来说，实现起来要简单些。

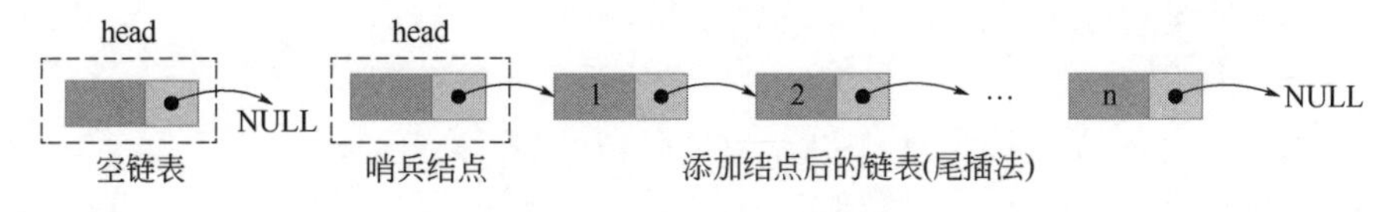

图 15-4　链表的一般结构

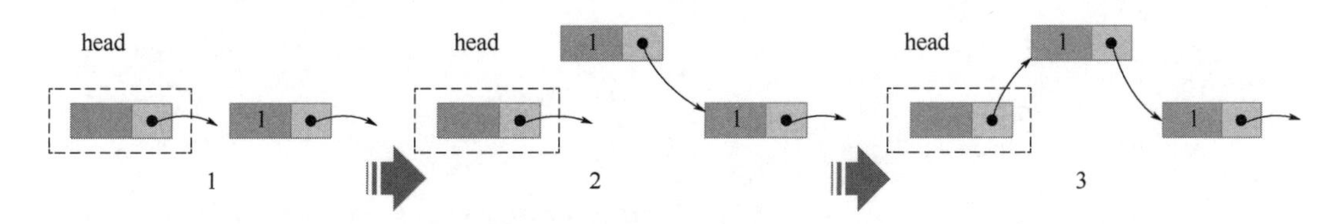

图 15-5　"头插法"加入新结点

【例程 15-2】使用“尾插法”或“头插法”构造链表。

```
1  #include <stdio.h>
2  #include <stdlib.h>//使用 malloc 需要包含该库
3
4  typedef struct node{
5      int data;
6      struct node* next;
7  }node_t;
8
9  node_t head;//哨兵结点
10  void init_list(node_t* phead)
11  {
12      if (phead == NULL) return;//确保 phead 指针有效
13      phead->data = 0;//存储长度
14      phead->next = NULL;
15  }
16  void tail_add(node_t* phead,int val)
17  {
18      if (phead == NULL) return;
19      node_t* p = (node_t*)malloc(sizeof(node_t));
20      if (p == NULL) return;//内存分配失败，直接返回
21      /*新增结点初始化*/
22      p->data = val;
23      p->next = NULL;
24      /*从头结点开始直到最后*/
25      node_t* tmp = phead;
26      while (tmp->next != NULL) {
27          tmp = tmp->next;
28      }
29      tmp->next = p;//接入链表
30      phead->data++;//计数加 1
31      printf("\n 加入结点%d", p->data);
32      return;
33  }
34  void  head_add(node_t* phead,int val)
35  {
36      if (phead == NULL) return;//确保 phead 指针有效
37      node_t* p = (node_t*)malloc(sizeof(node_t));
38      if (p == NULL) return;
39      /*新增结点初始化，并插入链表末尾*/
40      p->data = val;
41      p->next = phead->next;
42
43      phead->next =  p;//接入链表
44      phead->data++;//计数加 1
45      printf("\n 加入结点%d", p->data);
46
47      return;
48  }
49
50  void show(node_t* phead)
51  {
52      if (phead == NULL) return;//确保 phead 指针有效
53      printf("\n---链表共有%d 个元素----\n", phead->data);
```

```
54      for (node_t* tmp = phead->next;tmp != NULL;tmp = tmp->next)
55      {
56          printf("%d", tmp->data);
57      }
58  }
59
60  void free_list(node_t* phead)
61  {
62      if (phead == NULL) return;//确保 phead 指针有效
63      node_t* tmp = phead->next;
64      node_t* next;
65      while(tmp != NULL)
66      {
67          next = tmp->next;
68          printf("\n 释放结点%d", tmp->data);
69          free(tmp);
70          tmp = next;
71      }
72
73  }
74  int main(int argc, char* argv[])
75  {
76      node_t* phead = &head;
77      init_list(phead);//确保 phead 指针有效
78      printf("----开始构建链表----");
79      for (int i = 0;i < 10;i++)
80      {
81          tail_add(phead,i);
82          //head_add(phead, i);
83      }
84      show(phead);
85      free_list(phead);/*释放链表，注意头结点不需要 free（不是 malloc 得到的）*/
86      return 0;
87  }
```

程序运行结果见图 15-6。对于链表的操作，常见的还有：释放链表（【例程 15-2】第 60～73 行）、在链表中查找某一个元素、从链表中删除一个元素、链表翻转、链表排序、链表合并等。

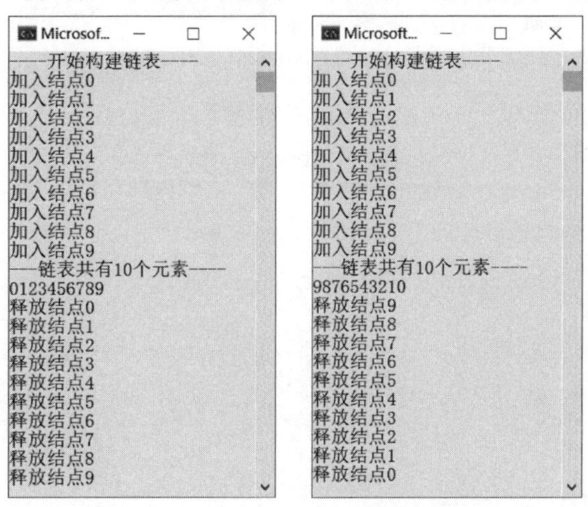

图 15-6　【例程 15-2】的运行结果

（左：尾插法；右：头插法）

15.2.2 链表的常用操作

对于查找结点来说，给出查找的关键字，从链表的表首元素开始，逐个比对，确认是否找到就可以了。

但是如果是删除一个结点，则要求做到：在从链表中脱开“链”后，先把被删除结点前后结点先串起来，然后释放被删除结点的内存（图 15-7）。

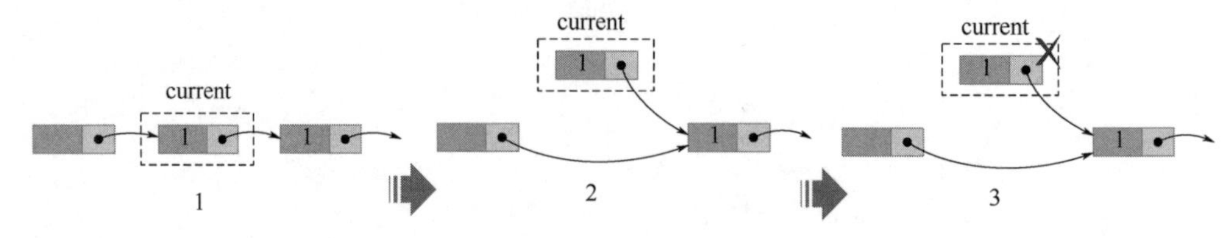

图 15-7 删除一个结点

【例程 15-3】用关键字查找结点（图 15-8）。

```
1  node_t* find_node(node_t* phead,int key)
2  {
3     if (phead == NULL) return NULL;//确保phead指针有效
4     node_t* tmp = phead->next;
5     while (tmp != NULL)
6     {
7        if (tmp->data == key)
8        {
9           break;
10        }
11        tmp = tmp->next;
12     }
13     return tmp;
14 }
```

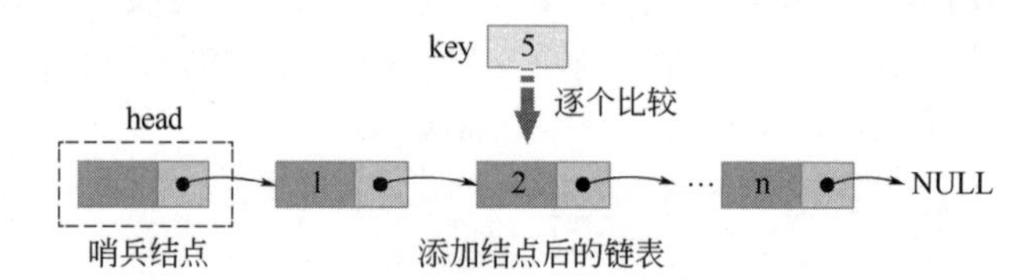

图 15-8 用关键字查找结点

【例程 15-4】删除结点。

```
1  void delete_node(node_t* phead, int key)
2  {
3     if (phead == NULL) return;//确保phead指针有效
4     node_t* tmp = phead->next;
5     node_t* current=tmp, * previous= phead;
6
7     while (tmp != NULL)
8     {
9        current = tmp;
```

```
10          if (current->data == key)
11          {
12              previous->next = current->next;
13              phead->data--;
14              printf("结点%d 已从链表移除！\n", current->data);
15
16              free(current);//必须释放该结点的内存，以防止内存泄漏
17              break;
18          }
19          previous = tmp;
20          tmp = tmp->next;
21      }
22  }
```

【例程 15-5】链表的合并（把第 2 个链表接在第 1 个链表的末尾，同时调整元素个数）。

```
1  void merge_list(node_t* phead1, node_t* phead2)
2  {
3      node_t* tmp = phead1;
4      while (tmp->next != NULL)tmp = tmp->next;
5      tmp->next = phead2->next;
6      phead1->data += phead2->data;
7  }
```

【例程 15-6】链表的反转。

```
1  void reverse_list(node_t* phead) {
2
3      node_t* previous = phead->next;
4      node_t* current = previous->next;
5      previous->next = NULL;/*把 previous 指针去掉，否则之后链表翻转，current 会
       指 previous 形成环*/
6
7      while (current != NULL) {
8      /*注意：在 current 指向 previous 之前一定要先保留 current 的后继结点，
9      不然 current 指向 previous 后就再也找不到后继结点了，
10     也就无法对 current 后继之后的结点进行翻转了*/
11
12
13         node_t *next = current->next;
14         current->next = previous;
15         previous = current;
16         current = next;
17     }
18     // 此时 previous 为头结点的后继结点
19     phead->next = previous;
20 }
```

为便于理解，图 15-9 给出了【例程 15-6】中对链表反转所进行的步骤。

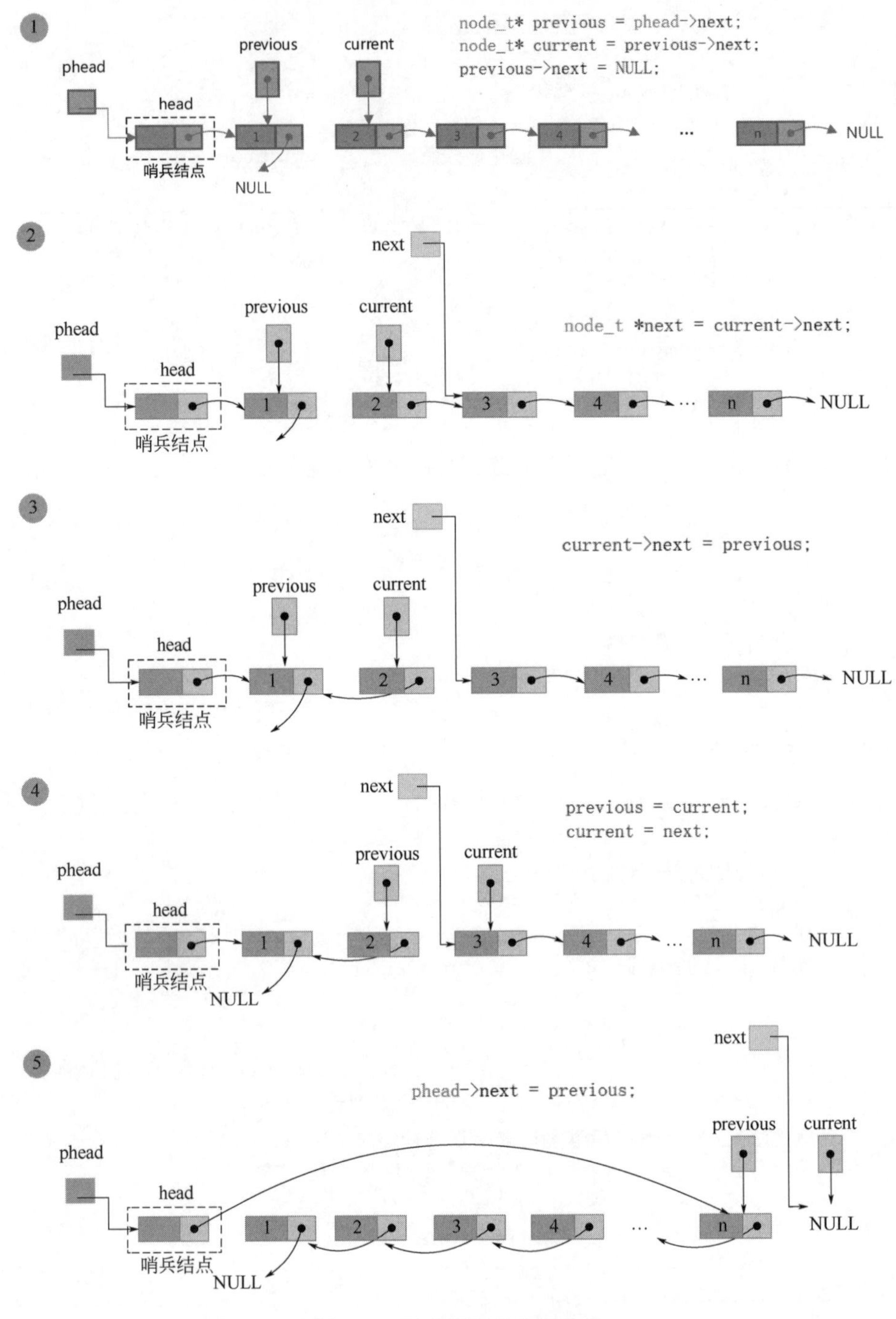

图 15-9　反转链表的分解动作

项目实践　约瑟夫问题——死里逃生

（1）要求

回到本课开始时的“热身问题”（约瑟夫问题），要求合理利用链表使每次投入大海的都是非教徒。基本的解题思路是这样的：首先，做一个 30 个节点的循环列表；每个节点需要有这么几个数据，自己的编号 ID，是否已经被扔进海里 dead，下一个节点的指针 next；然后从第一个节点开始，每循环 15 个节点，就设置这个节点的扔进海里的序号，当然，你循环的时候，必须只循环统计（报数）没有被扔进海里的；循环 15 次之后，就可以了。把这个循环链表中的所有死了的节点的编号记录下来，就是非教徒的位置。

（2）目的

① 掌握动态分配和释放内存。

② 掌握链表的创建、增删等操作。

③ 掌握链表的反转、合并、销毁等操作。

（3）步骤及记录

步骤 1：启动 Visual Studio 2019。

步骤 2：点击菜单项“文件|新建|项目”，选择创建空项目，然后确定解决方案、项目的名称、路径，点击“创建”，如此就建好了一个解决方案和项目。

步骤 3：在源文件夹中新建 C 语言源文件 main.c，输入代码，保存。

步骤 4：编译、链接［菜单“生成|生成 xx（项目名称）”］。

步骤 5：运行程序。

（4）参考代码

```
1  #include <stdio.h>
2  #include <stdlib.h>//使用 malloc 需要包含该库
3
4  typedef struct node{
5     int data;//表示 ID
6     int dead;//表示扔海里死亡序号
7     struct node* next;
8  }node_t;
9
10  void init_list(node_t* phead)
11  {
12     if (phead == NULL) return;//确保 phead 指针有效
13     phead->data = 0;//存储长度
14     phead->dead = 0;//存储死亡人数
15     phead->next = phead;//构成一个环
16  }
17
18  void  head_add(node_t* phead, int val)
19  {
20     if (phead == NULL) return;//确保 phead 指针有效
21     node_t* p = (node_t*)malloc(sizeof(node_t));
22     if (p == NULL) return;
23     /*新增结点初始化，并插入链表末尾*/
24     p->data = val;p->dead = 0;
25     p->next = phead->next;
26     phead->next = p;//接入链表
27
28     phead->data++;//计数加 1
29     return;
30  }
```

```
31 /* n:每轮次报数最大值; m: 从表头开始的第几个人开始报*/
32 void kill(node_t* phead, int n,int m)
33 {
34     int skip, i,count=0;
35     node_t *kill,*begin;
36     if (phead == NULL) return;
37 
38     //skip 为杀第 n 个人要跨越的人数
39     skip = n - 1;
40     node_t* p = phead;
41     for (int i = 0;i < m;i++)p = p->next;
42     //begin 指向开始数的第 1 个人
43     while (1)
44     {
45         begin = p;
46         if (phead->dead == 15) break;
47 
48         //找到投海者的前一个位置
49         i = 0;
50         while (i < skip - 1)
51         {
52             int k = p->dead;
53             p = p->next;
54             if(k==0)i++;//k!=0 表明已死亡
55         }
56 
57         kill = p->next;
58         phead->dead++;
59         kill->dead = phead->dead; //记录投海者的序号
60 
61         printf("%d:%d\t",kill->dead,kill->data);
62         if (++count % 5 == 0) printf("\n");
63         p = kill->next;//下一轮报数开始
64     }
65     return ;
66 }
67 
68 void free_list(node_t* phead)
69 {
70     if (phead == NULL) return;//确保 phead 指针有效
71     node_t* tmp = phead->next;
72     node_t* next;
73     while(tmp != phead)
74     {
75         next = tmp->next;
76         free(tmp);
77         tmp = next;
78     }
79 }
80 
```

```
81  node_t head1;//哨兵结点
82  int main(int argc, char* argv[])
83  {
84      node_t* phead = &head1;
85      init_list(phead);
86
87      for (int i = 30;i >0 ;i--) head_add(phead,i);
88      kill(phead, 9,1);/*每轮报数至 9,
        从表头开始的第 1 个人开始报数*/
89
90      free_list(phead);
91      return 0;
92  }
```

程序运行结果见图 15-10。

投海序号　ID

Microsoft Visual Studio 调试控...

```
1:9     2:18    3:27    4:6     5:16
6:26    7:6     8:16    9:26    10:6
11:16   12:26   13:6    14:16   15:26
```

图 15-10　运行结果

小　结

1．学习了如何进行动态内存分配，以及释放内存。

2．讲述链表这一数据结构，给出创建、查找、合并、删除元素等常用操作的例子，最后通过约瑟夫问题的解答进行了举例说明。

由于本课涉及的内容在实际软件产品中会经常出现，需要重点掌握内存分配、链表的概念，并会对链表进行一些常用操作。

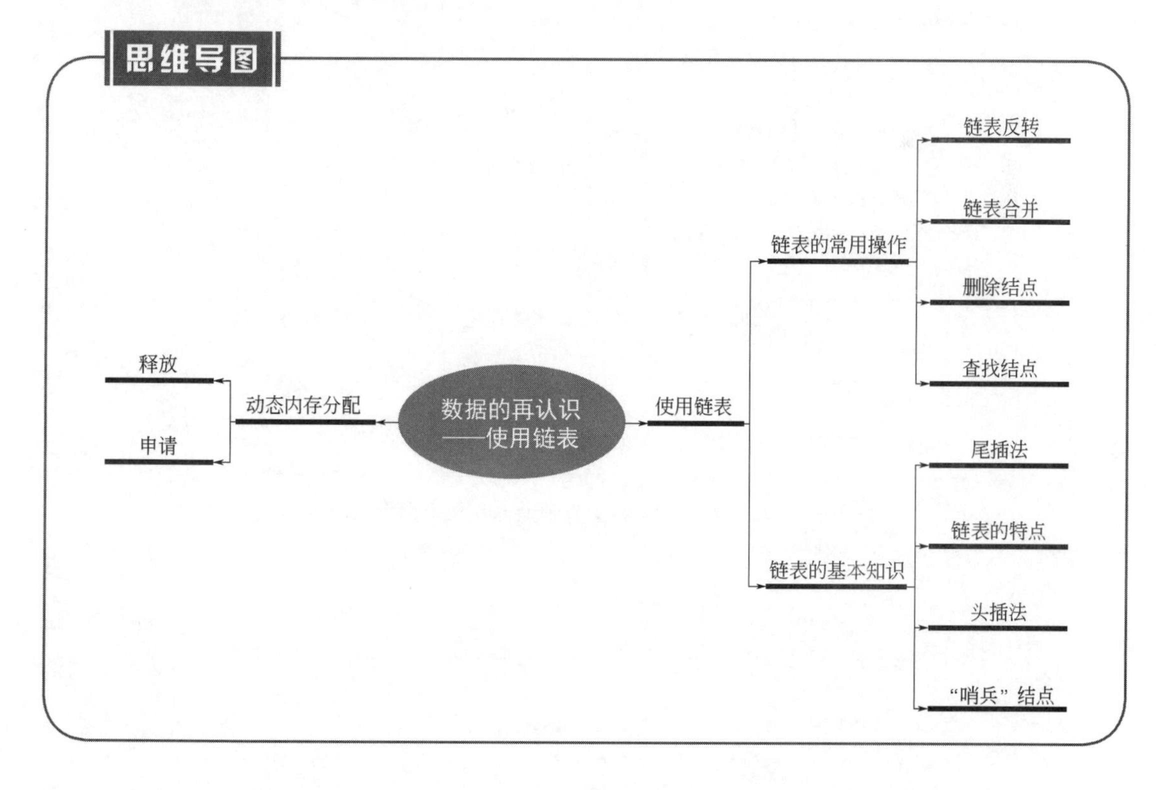

成果测评

一、判断题

1．链表删除结点后，必须释放结点所占的内存，以免内存泄漏。(　　)

2．如果数据涉及频繁的插入和删除，或元素所需分配空间过大，则倾向于选择数组。(　　)

3．有很多时候在程序的运行期才能确定分配多少内存存储空间，这就是动态内存分配。(　　)

4．链表是物理存储单元上非连续的、非顺序的存储结构。(　　)

二、简答/分析/编程题

1．编写一个单向链表所使用的结构，该结构可以储存朋友的姓名和地址。

2．请构建如下的单向链表，链表结点是上一题中的信息（题图 15-1）。

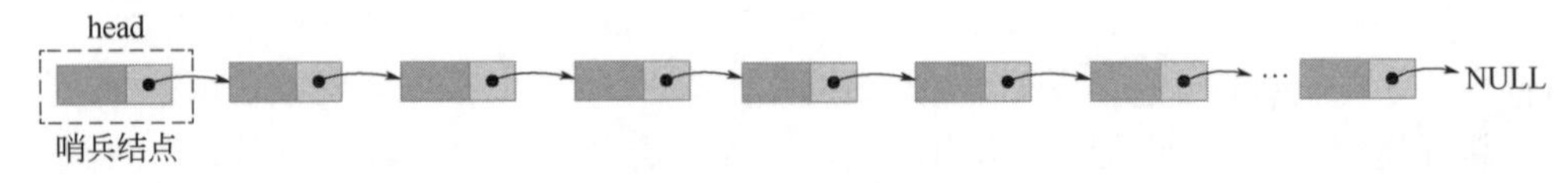

题图 15-1　单向链表

参考代码：

```
1  #include <stdio.h>
2  #include <stdlib.h>//使用 malloc 需要包含该库
3
4  typedef struct friend {
5     char name[20];//姓名
6     char address[256];
7     struct friend_t* next;
8  }friend_t;
9  typedef struct head {
10     struct friend_t* next;
11  }head_t;
12
13  void init_list(head_t* phead)
14  {
15     if (phead == NULL) return;//确保 phead 指针有效
16     phead->next = NULL;
17  }
18
19  void  head_add(head_t* phead, char *name,char* address)
20  {
21     if (phead == NULL) return;//确保 phead 指针有效
22     friend_t* p = (friend_t*)malloc(sizeof(friend_t));
23     if (p == NULL) return;
24     strcpy(p->name, name);
```

```
25     strcpy(p->address, address);
26     p->next = phead->next;
27
28     phead->next = p;//接入链表
29     return;
30  }
31
32
33  void free_list(head_t* phead)
34  {
35     if (phead == NULL) return;//确保phead指针有效
36     friend_t* tmp = phead->next;
37     friend_t* next;
38     while (tmp != NULL)
39     {
40        next = tmp->next;
41        free(tmp);
42        tmp = next;
43     }
44  }
45
46  head_t head1;//哨兵结点
47  int main(int argc, char* argv[])
48  {
49     head_t* phead = &head1;
50     init_list(phead);
51
52     head_add(phead, "张大军", "浙江杭州");
53     head_add(phead, "张一军", "浙江宁波");
54     head_add(phead, "张二军", "浙江绍兴");
55     head_add(phead, "张三军", "浙江温州");
56     head_add(phead, "张三军", "浙江湖州");
57     friend_t* p;
58     int i = 0;
59     for (p = phead->next; p != NULL; p = p->next)
60     {
61        printf("%d-姓名：%s,地址：%s\n", i++, p->name, p->address);
62     }
63     free_list(phead);
64     return 0;
65  }
```

3．编写程序，使用 malloc 函数为 1000 个 int 型变量分配内存，然后将所有变量初始化为 0。

参考代码：

```
1  #include <stdio.h>
2  #include <stdlib.h>//使用malloc需要包含该库
```

```
3
4  int main(int argc, char* argv[])
5  {
6     int* p = (int*)malloc(1000*sizeof(int));
7     if (p == NULL)return 0;
8
9     memset(p, 0, 1000 * sizeof(int));
10     free(p);
11     return 0;
12  }
```

第 15 课　配套代码下载

第 16 课　定制编译过程——预编译

【学习目标】

1. 熟悉 C 程序的编译过程。
2. 掌握预定义符号和宏。
3. 掌握条件编译。

导学视频

【OBE 成果描述】

1. 熟用宏定义增强代码可读性。
2. 学会使用条件编译防止头文件被重复包含。
3. 善用条件编译设置编译配置。

【热身问题】

相信你应该有所体会了：C 语言编译器在编译时是以 C 文件为单位进行的（如果项目中一个 C 文件都没有的话，它将无法编译），编译生成多个目标文件(.obj 文件)，如图 16-1 所示。

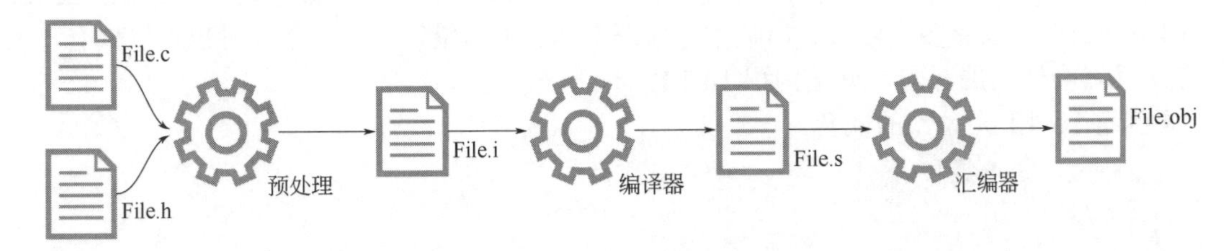

图 16-1　编译过程

编译后，链接器以目标文件为单位，将一个或多个目标文件进行函数与变量的重定位，生成最终的可执行文件（.exe 文件）。

那编译前呢？编译器在编译前要进行一个编译预处理过程，预处理的输入作为编译器的输入，以供编译器进行词法扫描和语法分析。预处理会对程序中所有“#”开头的预处理语句进行预处理，即宏定义、文件包含、条件编译等。

16.1　预定义符号

大多数编译器都有预定义符号，以帮助形成程序调试信息（图 16-2），这些预定义符号都会在预处理时展开成字符串常量或十进制常量，如_DATE_和_TIME_会分别替换成为当前的日期和时间，而_FILE_和_LINE_会替换为当前的源文件的文件名和当前源文件中当前行的行号。

在进行调试时，有时可以运用这些预定义符号快速定位错误的位置，如下所示：

printf("在文件 % s(% d 行)中发生错误：初始化 LCD 失败。",_FILE_,_LINE_);

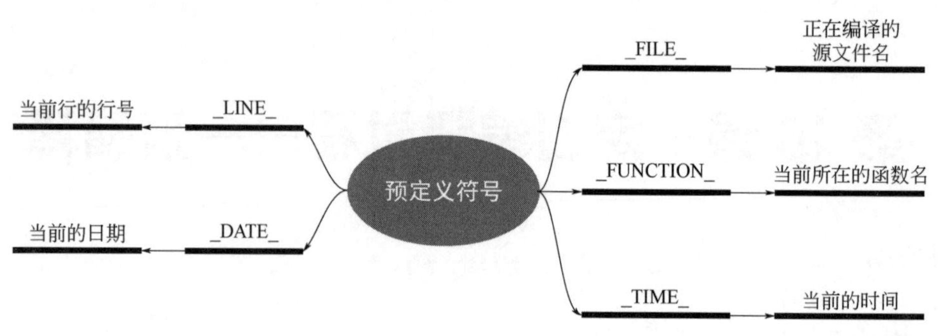

图 16-2 预定义符号

16.2 宏

使用 define 可以创建符号常量，还可以创建函数宏（function macro），宏最常见的使用场景就是减少重复，以减少犯错。当然宏不是 C 语句，行末不必加分号。

#define 宏名 替换文本

这里“替换文本”可以是任意常量、表达式、字符串等。在预处理工作过程中，代码中所有出现的“宏名”，都会被“替换文本”替换，这个替换的过程被称为“宏代换”或“宏展开”（macro expansion）。例如，如果程序经常出现 3.14159265 这样的数字，建议使用：#define PI 3.14159265 ，以免多次输入这串数字，保证不漏、不出错。宏定义必要时也可以嵌套，此时预编译器会逐层展开宏，见【例程 16-1】。

【例程 16-1】 宏替换的嵌套。

```
1  #include <stdio.h>
2
3  #define N 5                          // 宏定义
4  #define NN N * N                     // 宏的嵌套
5
6  int main(int argc, char* argv[])
7  {
8     printf("NN = %d\n", NN);     //NN 被替换为:NN = N*N, 然后又变成 NN = 5*5
9
10    return 0;
11 }
```

函数宏允许宏带有参数，在宏定义中这些参数称形式参数，具体的定义格式：

#define 宏名(形参表) 字符串

函数宏之所以称为“函数”，是因为这种宏能接受参数，就像真正的 C 函数那样，但它对参数类型不敏感，可以把任何数值变量类型传递给接受数值参数的函数宏。例如：

```
#define max(x,y)  (x)>(y)?(x):(y)
#define LOWORD(xxx)  ((unsigned char) ((short int)(xxx) & 255))
#define outp(port, val)   (*((volatile unsigned char *) (port)) = ((unsigned char) (val)))
#define  ARR_SIZE(a)  (sizeof((a)) / sizeof((a[0])))
#define assert(x) ((x)?(void)0:_assert(#x, _FILE_, _LINE_))
```

注意　宏的使用有时存在隐患，如【例程 16-2】所示。解决的办法是把第 3 行改为：#define ADD(X,Y) (X+Y)，因此在书写宏时，一般应在替换字符串两边加上括号。

【例程 16-2】宏替换中可能存在隐患。

```
1  #include <stdio.h>
2
3  #define ADD(X,Y) X+Y
4
5  int main(int argc, char* argv[])
6  {
7     int a = 5, b = 8;
8     int c = 3;
9
10     printf("%d+%d = %d\n", a,b,ADD(a,b));//此时没有问题
11     /*本意是 c*(a+b),但由 define 只是简单地进行宏展开，实际成了 c*a+b*/
12     printf("%d*(%d+%d)=%d", c, a, b, c * ADD(a, b));
13
14     return 0;
15  }
```

关于函数宏的参数，还有两个特殊的运算符#和##：#运算符可以将传入的参数替换为由双引号括起来的字符串（如果传入的实际参数中有特殊字符，此时会自动在其前面添加反斜杠），而##运算符则可以用于拼接两个字符串，【例程 16-3】中就用这两个运算符使数组的初始化代码更清晰了。

【例程 16-3】预编译代码中#和##运算符的作用。

```
1  #include <stdio.h>
2  #include "string.h"
3  struct command
4  {
5     char* name;
6     void (*function) (void);
7  };
8  static void quit_command(void); //仅在本文件内部使用的，静态函数
9  static void help_command(void);
10  static void find_command(void);
11  #define  ARR_SIZE(a)  (sizeof((a))/sizeof((a[0]))) //计算数组元素个数
12  #define TEXT_OUT(s) printf("%s\n",#s)
13  /*
14  struct command commands[] =
15  {
16    { "quit", quit_command },
17    { "help", help_command },
18    { "find", find_command }
19  };
20  */
21  /* 上面被注释的一段代码，在 COMMAND 宏的作用下，可以写得更清晰*/
22  #define COMMAND(NAME)  { #NAME, NAME ##_command }
23  struct command commands[] =
24  {
```

```
25    COMMAND(quit), // 可以用 COMMAND 宏，简单地添加数组元素
26    COMMAND(help),
27    COMMAND(find)
28  };
29
30
31  int main(int argc, char* argv[])
32  {
33
34      for (int i = 0; i < ARR_SIZE(commands); i++)
35      {
36          /*argv[1]是命令行的第 1 个参数，第 0 个参数是可执行文件名 Project1，arc 是
            命令行参数个数*/
37          if (strcmp(commands[i].name, argv[1])==0)
38          {
39              commands[i].function();
40          }
41      }
42
43      return 0;
44  }
45
46  static void quit_command(void)
47  {
48      TEXT_OUT(quit_command);//宏展开为: printf("%s\n","quit_command");
49  }
50  static void help_command(void)
51  {
52      TEXT_OUT(help_command);
53  }
54  static void find_command(void)
55  {
56      TEXT_OUT(find_command);
57  }
```

宏与函数在形参、实参乃至调用表达式的形式上都是差不多的，甚至程序的运行结果也一样（【例程 16-4】）。但是，实际上宏是在预编译阶段进行简单的替换展开，不需要考虑数据类型；而函数则是在运行时建立栈帧，结束时销毁，存在调用和返回的“额外开销”。

【例程 16-4】宏与函数的相同与不同。

```
1  #include <stdio.h>
2  //#define max(x,y) (x>y?x:y)
3  int max(x, y) {
4      return (x > y ? x : y);
5  }
6  int a[10] = { 0 };
7
8  int main(int argc, char* argv[])
9  {
10     int size = sizeof(a) / sizeof(int);
11     int m ;
```

```
12
13      printf("请为数组 a 输入 10 个元素的值：\n");
14      for (int i = 0; i < size; i++)scanf("%d", &a[i]);
15
16      printf("您之前输入的数字是：\n");
17      for (int i = 0; i < size; i++)printf("%d ", a[i]);
18
19      m = a[0];
20      for (int i = 1; i < size - 1; i++)
21      {
22          m = max(m, a[i]);
23      }
24      printf("最大值是%d\n",m);
25
26  return 0;
27  }
```

程序运行结果见图 16-3。

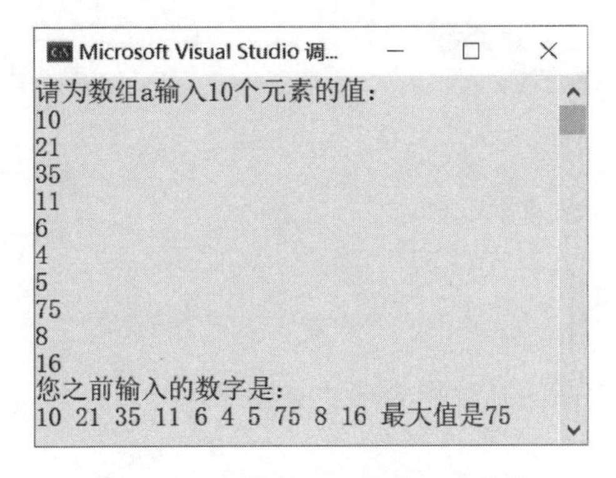

图 16-3　【例程 16-4】的运行结果

16.3　条件编译

16.3 节与 16.4 节讲解视频

条件编译使得用户可以控制预编译的输出，来定制程序的编译过程，即根据某个特定的宏或表达式（编译条件），来决定编译哪些代码或不编译哪些代码。所涉及的指令如图 16-4 所示。

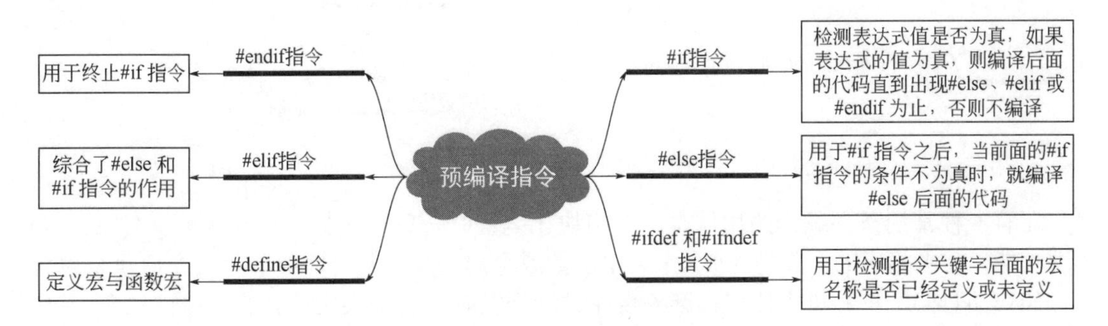

图 16-4　与条件编译相关的预编译指令

例如在电子产品功能开发过程中，同一产品可能会有不同配置，但各个配置的功能可能都已开发完成。在产品发布前，此时只需要使用条件编译，在同一套源代码中，根据具体项目的配置去生成不同的软件产品就可以了，见【例程 16-5】。

【例程 16-5】用条件编译来设置不同的编译配置。

```
1  #include <stdio.h>
2  #define _DEBUG //调试阶段开启，用于控制 LOG 宏用于输出信息
3  #if _DEBUG
4  #define LOG(s) printf("[%s:%d] %s\n", __FILE__, __LINE__, s)
5  #else
6  #define LOG(s) NULL
7  #endif
8
9  int main()
10 {
11     LOG("进入 main() ...");
12
13     printf("1. 查询\n");
14     printf("2. 记录\n");
15     printf("3. 删除\n");
16     printf("4. 退出\n");
17
18     LOG("退出 main() ...");
19
20     return 0;
21 }
```

在一般情况下，条件编译的几种指令形式见图 16-5。

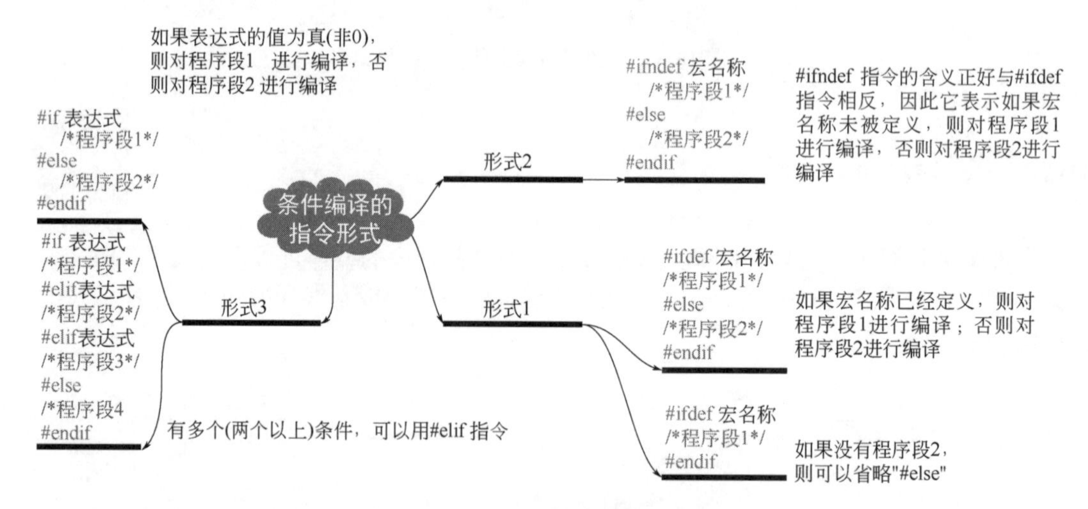

图 16-5　条件编译的几种指令形式

还有一种常用条件编译的用法是：在模块化编程时，每一个模块由一个源文件（.c）来实现功能，并由相应的头文件（.h）来导出函数或全局变量，此时需要防止头文件重复包含。

如在 STM32 单片机中使用标准外设库进行开发时，各种头文件会交织地被包含，这时就需要控制头文件被预处理器预编译一次（图 16-6）。

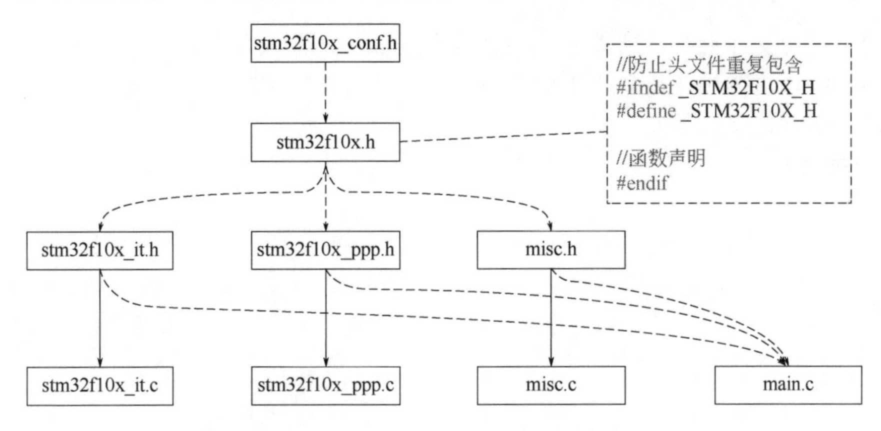

图 16-6　在 STM32 中用于防止头文件被重复包含

16.4　#include 包含头文件

#include 指令有两种方式指定文件名。如果文件名用尖括号括起来（如，#include <stdio.h>），则预处理器会首先在标准目录（由编译环境指定）中查找该文件。如果没有找到或者没有指定的标准目录，预处理器会在当前目录查找。

另一种方式是，用双引号把文件名括起来（如，#include "myfile.h"）。在这种情况下，预处理器会查找被编译的源代码文件所在的目录，不会查找标准目录。一般而言，所编写的头文件应保存在源代码文件所在的目录中，并用双引号将其括起来。标准目录只用于保存编译器提供的头文件。

项目实践　计算几何图形的面积

（1）要求

编写程序计算圆、梯形、三角形、矩形等不同几何形状的面积。分别建立 circle.h/.c、trapezoid.h/.c、triangle.h/.c、rectangle.h/.c、main.h/.c，见图 16-7，并各自实现圆、梯形、三角形、矩形等的面积的计算。

使用编译指令实现程序功能方便的切换，比如：修改 SHAPE 的预定义值为 0、1、2、3，选择相应程序编译，即可实现对圆、梯形、三角形、矩形的面积的计算。

图 16-7　project 的结构

（2）目的

① 熟悉 C 程序的编译过程。

② 掌握预定义符号和宏。

③ 掌握条件编译。

（3）步骤及记录

步骤 1：启动 Visual Studio 2019。

步骤 2：点击菜单项“文件|新建|项目”，选择创建空项目，然后确定解决方案、项目的名称、路径，点击“创建”，如此就建好了一个解决方案和项目。

步骤 3：在源文件夹中，新建 C 语言源文件 main.c，输入代码，保存。

步骤 4：编译、链接［菜单“生成|生成 xx（项目名称）”］。

步骤 5：运行程序。

（4）参考代码

① main.h 文件

```
1 #ifndef __MAIN_H__
2 #define __MAIN_H__
3 #include "stdio.h"
4
5 typedef int (*AREA)(double*);
6 extern AREA f;
7 #define SHPAE 3  //请尝试修改 0~3
8 #if SHPAE == 0
9 #include "circle.h"
10 #elif SHPAE == 1
11 #include "trapezoid.h"
12 #elif SHPAE == 2
13 #include "triangle.h"
14 #elif SHPAE == 3
15 #include "rectangle.h"
16 #endif
17 #endif
```

② main.c 文件

```
1 #include "main.h"
2 char shape[][10] = { "圆","梯形","三角形","矩形" };
3 AREA f;
4 int main(int argc, char** argv)
5 {
6  double s;
7  int n = 0;
8
9 #if SHPAE == 0
10  f = get_circle_area;
11 #elif SHPAE == 1
12  f = get_trapezoid_area;
13 #elif SHPAE == 2
14  f = get_triangle_area;
15 #elif SHPAE == 3
16  f = get_rectangle_area;
17 #endif
18  n = f(&s);
19  if (n != -1) {
20   printf("%s 的面积是%3.2lf\n", shape[SHPAE],s);
21  }
22 }
```

具体形状的面积计算程序以截图形式（图 16-8）给出，请你自行输入，并编译。

circle.h

```
#ifndef __CIRCLE_H__
#define __CIRCLE_H__
#include "stdio.h"
int get_circle_area(double* s);
#endif
```

circle.c

```
#include "circle.h"

#define PI 3.14159
int get_circle_area(double *s)
{
    double r=0;

    printf("请输入圆的半径:\n");
    scanf("%lf", &r);

    *s = PI * r * r;
    return 0;
}
```

(a)

rectangle.h

```
#ifndef __RECTANGLE_H__
#define __RECTANGLE_H__
#include "stdio.h"
int get_rectangle_area(double* s);
#endif
```

rectangle.c

```
#include "rectangle.h"

int get_rectangle_area(double *s)
{
    double a=0, b=0;

    printf("请输入矩形的长和宽a,b:\n");
    scanf("%lf%lf", &a, &b);
    *s = a * b;
    return 0;
}
```

(b)

triangle.h

```
#ifndef __TRIANGLE_H__
#define __TRIANGLE_H__
#include "stdio.h"
int get_triangle_area(double* s);
#endif
```

triangle.c

```
#include "triangle.h"
#include "math.h"
int get_triangle_area(double *s)
{
    double a = 0, b = 0, c = 0, S = 0;

    printf("请输入三角形的三条边长a,b,c:\n");
    scanf("%lf%lf%lf", &a, &b, &c);
    if (a + b <= c || a + c <= b || b + c <= a) {
        printf("输入错误！\n");
        return -1;
    }
    else {
        S = (a + b + c) / 2;
        S =  sqrt(S* (S - a) * (S - b) * (S - c));
        return 0;
    }
}
```

(c)

trapezoid.h

```
#ifndef __TRAPEZOID_H__
#define __TRAPEZOID_H__
#include "stdio.h"
int get_trapezoid_area(double* s);
#endif
```

trapezoid.c

```
#include "trapezoid.h"

int get_trapezoid_area(double *s)
{
    double a = 0, b = 0, h = 0;

    printf("请输入上底边、下底边和高a,b,h:\n");
    scanf("%lf%lf%lf", &a, &b, &h);
    if (a <= 0 || b <= 0 || h <= 0) {
        printf("输入错误！\n");
        return -1;
    }
    else
    {
        *s = (a + b) * h / 2;
        return 0;
    }
}
```

(d)

图 16-8　几种形状的面积计算程序

这个项目里，请理解 main.h 文件中第 7 行 SHAPE 的定义值更改对程序功能的影响，注意函数指针类型 AREA 的使用，也需要注意每个头文件中#ifndef…#define…#endif 对于头文件被重复包含时，避免被重复编译的“防护”作用。

小　结

1．程序设计时利用预定义符号，可帮助形成程序调试信息。

2．使用宏，可以减少代码的重复，并避免犯错，增加程序的可读性。

3．使用条件编译来控制预编译过程，可得到不同的编译输出结果，在软件开发常用这种方法来得到 debug 版和 release 版。

4．最后通过一些实例演示了如何使用预处理器指令来创建函数宏，以实现有条件的编译或其他任务。

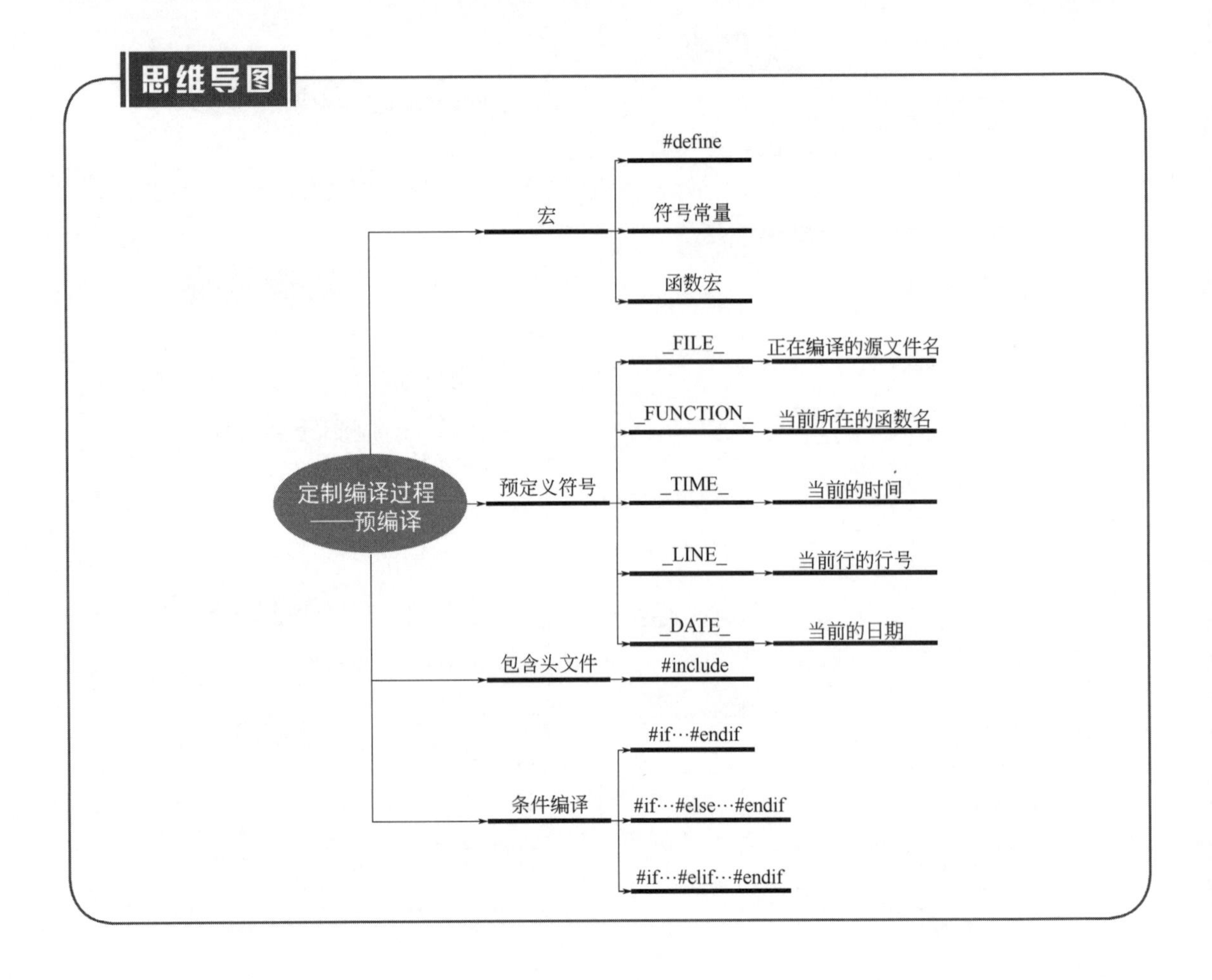

成果测评

一、判断题

1. 若有宏定义“#define S(a,b) t=a;a=b;b=t”，由于变量 t 没定义，所以此宏定义是错误的。(　　)

2. 预处理命令的前面必须加一个“#”号。(　　)

3. C 语言中，编译预处理后所有的符号常量名和宏名都用相应的字符串替换。(　　)

4. 宏展开不作语法检查，展开时不替换关键字和常量。(　　)

二、选择题

1. 以下叙述中正确的是(　　)。

A. 预处理命令行必须位于源文件的开头

B. 在源文件的一行上可以有多条预处理命令

C. 宏名必须用大写字母表示

D. 宏替换不占用程序的运行时间

2. 在文件包含的预处理语句中，被包含文件名用“< >”括起时，寻找被包含文件的方式是(　　)。

A. 直接按系统设定的标准方式搜索目录

B．先在源程序所在目录搜索，再按系统设定的标准方式搜索
C．仅仅在源程序所在目录搜索
D．仅仅搜索当前目录

3．有宏定义：

```
#define MUL1 (a,b) a*b
#define MUL2(a,b) (a)*(b)
```

在后面的程序中有宏引用：

```
x = MUL1(3 + 2, 5 + 8);
y = MUL2(3 + 2, 5 + 8);
```

则 x、y 的值是（　　）。

A．x = 65, y = 65　　B．x = 21, y = 65　　C．x = 65, y = 21　　D．x = 21, y = 21

4．设有以下宏定义：

```
#define N 3
#define Y(n) ((N+1)*n)
```

则执行语句 z = 2 * (N + Y(5 + 1));后 z 的值为（　　）。

A．出错　　B．42　　C．48　　D．54

5．对下面程序段，正确的判断是（　　）。

```
#define A 3
#define B(a) ((A+1)*a)
…
x = 3 * (A + B(7));
```

A．程序错误，不许嵌套宏定义　　B．x = 93
C．x = 21　　D．程序错误，宏定义不许有参数

6．下列定义不正确的是（　　）。

A．#define PI 3.141592　　B．#define S345
C．int max(x, y) { int x, y; }　　D．static char c;

7．以下描述中，正确的是（　　）。

A．预处理是指完成宏替换和文件包含中指定的文件的调用
B．预处理指令只能位于 C 源文件的开始
C．C 源程序中凡是行首以#标识的控制行都是预处理指令
D．预处理就是完成 C 编译程序对 C 源程序的第一遍扫描，为编译词法和语法分析做准备

三、简答/分析/编程题

1．代码 #include <lcd.h>与代码#include "lcd.h"，有何区别？

2．已知 1 千克等于 2.20462 磅，定义一个宏，把用千克表示的体重 g，转用磅数来表示。规定宏的定义格式为：#define Pounds（g）（要求设计相应的宏）。

3．用宏代替普通函数，有哪些优缺点？

第 16 课　配套代码下载

第 17 课　利用文件保存数据

【学习目标】

1．理解流、文本文件和二进制文件。
2．掌握文件操作的基本函数：打开、关闭、读、写等。
3．了解文件指针及文件偏移。

【OBE 成果描述】

1．学会文件的打开和关闭操作。
2．学会文件数据的读取和写入。
3．善用文件进行有用数据的存取。

导学视频

【热身问题】

你一定对电脑中的文件有一些概念，比如用文件扩展名来区分文件类型，不同类型的文件可能需要不同的应用程序才能打开，才能解析该文件中数据的含义。有些文件是直接可以用记事本打开的，而有些文件被记事本打开后，则完全是“它认识你，而你不认识它”。

文件中究竟存在什么奥秘呢？怎样创建、读写文件呢？怎样修改文件中的数据呢？

17.1　文件与流

17.1 节与 17.2 节
讲解视频

C 语言中将文件看作是一个字符（字节）的序列，即一个一个字符（字节）的数据按顺序组成。文件可分为文本流(ASCII)文件和二进制流文件两种。

文本流文件由行组成，每行包含 0 个或多个字符，并以一个或多个字符标记行的末尾（在 Windows 中一个回车符+一个换行符表示行尾）。二进制流中没有任何带特殊含义的特殊字符（如回车），全部被作为数据字节以统一的方式处理。

流充当了程序和流源或流目标之间的桥梁，C 程序以相同的方式对待来自键盘的输入和来自文件的输入。输入时，程序从输入流中抽取字节；输出时，程序将字节插入到输出流中。输入流中的字节可能来自键盘，也可能来自存储设备（如硬盘）或其他程序。同样，输出流中的字节可以流向屏幕、打印机、存储设备或其他程序，此时程序通过流与输出目标关联起来（图 17-1）。

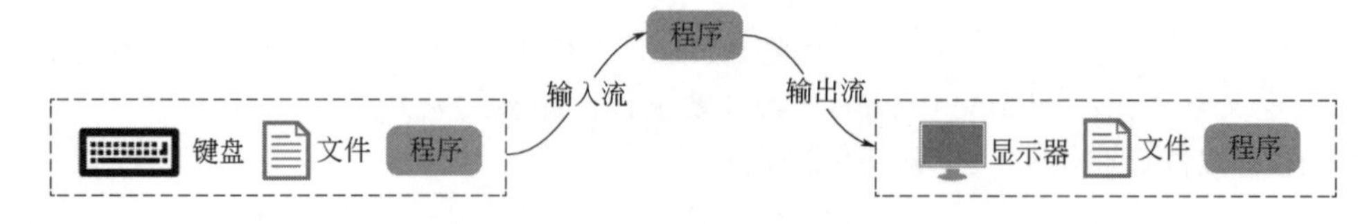

图 17-1　输入流与输出流

对于流操作来说，程序通常从输入设备一次性地读取大量信息，并将这些信息存储在**缓冲区**中，然后每次从容地从缓冲区里读取一个字节，进行处理。输出时，程序首先填满缓冲区，然后把整块数据传输给输出设备，并清空缓冲区，以备下一次输出使用。

C 语言对文件操作的头文件是“stdio.h”，其中定义了 FILE 结构，对文件的操作需要通过 FILE 结构的成员来完成（必须深入了解 FILE 结构，主要与缓冲区相关），后面要说的对文件的操作函数通常都涉及指针 FILE*（图 17-2），有三个特定的文件（计算机的输入输出设备都被视为文件）指针需要记住，分别是标准输入 stdin（指键盘文件）、标准输出 stdout（指屏幕文件）、标准错误 stderr，C 程序运行时会自动打开这三个文件。

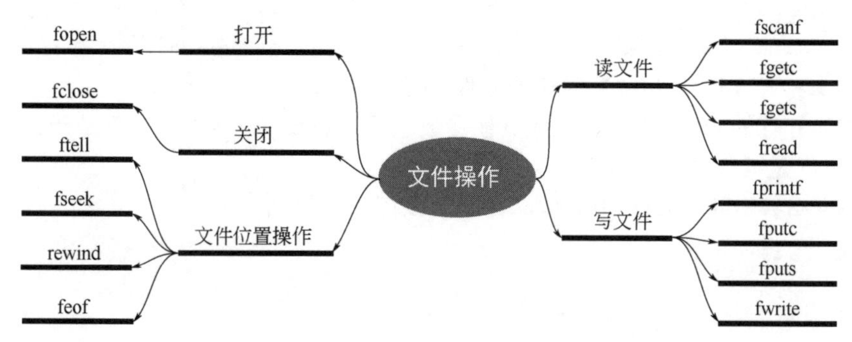

图 17-2　文件操作函数

17.2　打开和关闭文件

以 mode 指明的方式（图 17-3），打开一个以 filename(指针类型)命名的文件［可以带有路径，如 int fclose(FILE* stream);］。

```
FILE* fopen(const char* filename, const char* mode)
```

fclose()用来关闭先前用 fopen()打开的文件，将文件缓冲区的数据写入文件中，并释放系统提供的文件资源。成功返回 0；失败返回−1(EOF)。

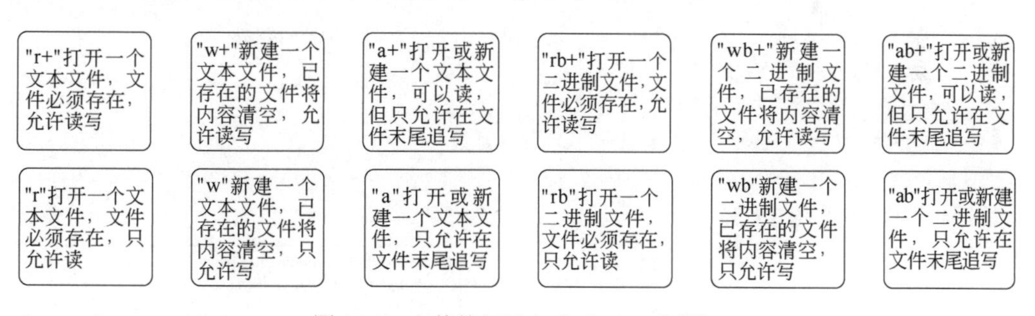

图 17-3　文件的打开方式（mode 参数）

【例程 17-1】创建文件并写入数据。

```
1  #include <stdio.h>
2
3  int main(int argc,char *argv[])
4  {
5      FILE* fp;
6      fp = fopen("test.txt", "w");
       //以"w"的方式打开一个名为"test.txt"的文件,文件不存在则创建
7      if (fp == NULL)
8      {//打开失败
```

```
9          printf("文件无法打开! \n");
10           return -1;
11       }
12       fputs("中国加油，武汉加油! \n",fp);//向文件中写入信息
13       fclose(fp);//关闭文件
14
15       return 0;
16  }
```

用记事本打开【例程 17-1】创建的文件，见图 17-4。

可以将第 6 行的 mode 参数，改成其他参数选项，如 a、w+等，试一下是什么结果。第 12 行 fputs 的作用是写数据到文件中。

【例程 17-2】读取 main.c 源文件，并显示在控制台界面。

```
1  #include <stdio.h>
2
3  int main(int argc,char *argv[])
4  {
5      FILE* fp;
6      char c;
7      fp = fopen("main.c", "r+");
8      if (fp == NULL)
9      {//打开失败
10         printf("文件无法打开! \n");
11         return -1;
12      }
13      while (feof(fp) == 0)
14      {
15          c = fgetc(fp);
16          printf("%c", c);
17      }
18      fclose(fp);//关闭文件
19
20      return 0;
21  }
```

程序运行结果见图 17-5。

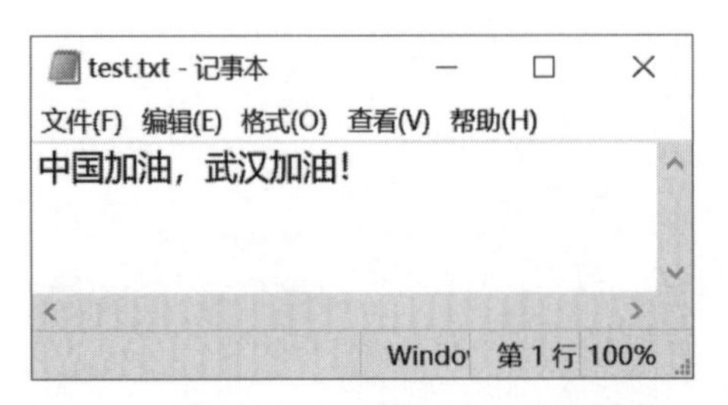

图 17-4　用记事本打开【例程 17-1】创建的文件

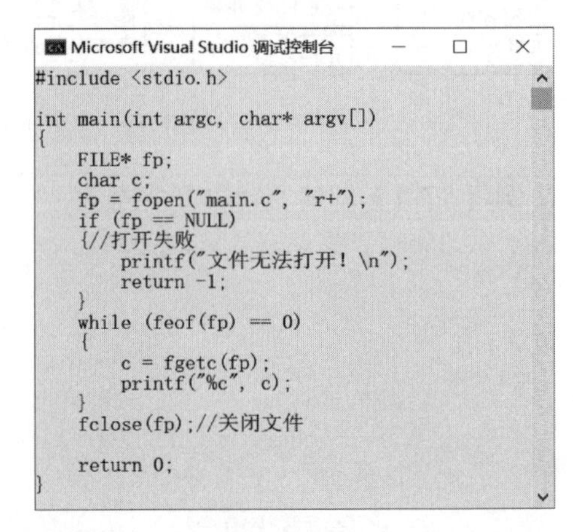

图 17-5　【例程 17-2】的运行结果

17.3　读写文件

17.3 节与 17.4 节讲解视频

文件的读取有三种方式：格式化输入 fscanf、字符输入 fgetc/fgets、直接输入 fread。相应地，写数据到文件有三种方式：格式化输出 fprintf、字符输出 fputc/fputs、直接输出 fwrite。相关函数的原型如下：

```
int fscanf(FILE* fp, const char* fmt, ...);
int getc(FILE* fp);    // getc()和 fgetc()函数完全相同，可交替使用，用于单个字符输入
char* fgets(char* str, int n, FILE* fp);   // 用于读取文件中的一行字符
int fprintf(FILE* fp, char* fmt, ...);
int putc(int ch, FILE* fp);   // putc()和 fputc()都是将单个字符写入指定流中
char fputs(char* str, FILE* fp);   // 将一行字符写入流中
```

fread 与 fwrite 是针对二进制文件的。直接输出 fwrite 是将数据块从内存写入磁盘中；直接输入 fread 则相反，将数据块从磁盘中读取至内存中。

```
int fwrite(void* buf, int size, int count, FILE* fp);
int fread(void* buf, int size, int count, FILE* fp);
```

【例程 17-3】文件的复制。

```
1  #include <stdio.h>
2  #include <stdlib.h>
3
4  #define  BUFFSIZE  512     // 缓冲区大小
5
6  int main(int argc, char* argv[])
7  {
8     FILE* src;  // 源文件
9     FILE* dst; // 目标文件
10     char* buff; // 缓冲区指针
11
12     int ret;    // 用于检查函数是否操作成功
13
14     /* 检查参数 */
15     if (argc != 3)
16     {
17        printf("用法: %s 源文件 目标文件\n", argv[0]);
18        return -1;
19     }
20
21     /* 以读的方式打开源文件 */
22     src = fopen(argv[1], "r");
23     if (NULL == src)
24     {
25         return -1;
26     }
```

```
27
28      /* 以写的方式打开目标文件 */
29      dst = fopen(argv[2], "w");
30      if (NULL == dst)
31      {
32          fclose(src);
33          return -1;
34      }
35
36      /* 分配缓冲区内存空间 */
37      buff = malloc(BUFFSIZE);
38      if (NULL == buff)   // 检查分配空间是否成功
39      {
40          fprintf(stderr, "内存分配失败\n");
41          return -1;
42      }
43
44      /* 循环读写文件 */
45      while (1)
46      {
47          /* 从源文件中读取内容 */
48          ret = fread(buff, 1, BUFFSIZE, src);
49
50          /* 把从源文件读取到的容写入到目标文件中 */
51          if (ret != BUFFSIZE)
52          {
53              fwrite(buff, ret, 1, dst);//不足 BUFFSIZE 部分
54          }
55          else
56          {
57              fwrite(buff, BUFFSIZE, 1, dst);
58          }
59
60          if (feof(src))
61              break;
62      }
63
64      /* 关闭打开的文件 */
65      fclose(src);
66      fclose(dst);
67
68      /* 释放动态分配的内存空间 */
69      free(buff);
70      return 0;
71  }
```

程序运行结果见图 17-6。

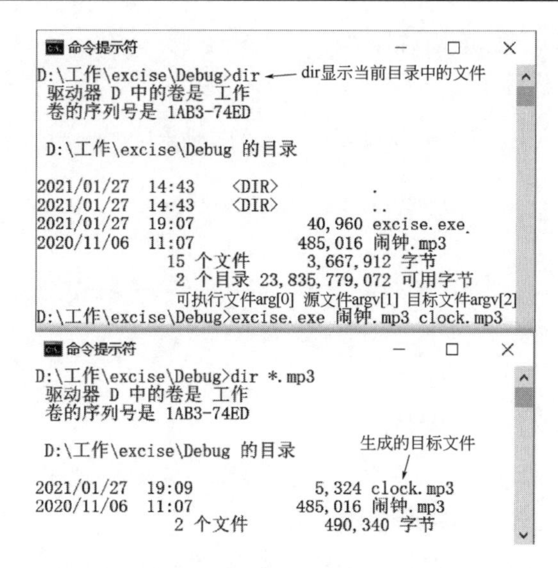

图 17-6　【例程 17-3】的运行结果

17.4　文件的定位

有时需要在打开文件后，直接定位到文件中的某个位置，然后再进行读、写等操作，这时可以使用：

```
int fseek(FILE * stream, long offset, int fromwhere);//用于移动文件位置指针
```

fromwhere 是位置量的基准点，可有三个取值，即 SEEK_SET、SEEK_CUR、SEEK_END，相应的数值分别是 0、1、2。offset 说明了以起始点为基准所偏移的字节数。如：

```
fseek(fp, 128L, 0); /*文件位置指针向前移到距文件头 128 字节*/
fseek(fp, 100L, 1); //把 fp 指针移动到离文件当前位置 100 字节处
fseek(fp, -100L, 2); //把 fp 指针退回到离文件结尾 100 字节处
```

函数 ftell 可以返回相对于文件头的偏移位置，若返回-1，则表示出错：

```
long int ftell(FILE * stream);//获取文件当前位置
```

函数 rewind 可以将文件位置指针重新设置到文件的开头：

```
void rewind(FILE * stream);
```

【例程 17-4】计算文件的字节数。

```
1   #include "stdio.h"
2
3   int main(int argc, char* argv[])
4   {
5
6       FILE* fp;
7       int len;
8
9       fp = fopen("file.txt", "r");
10      if (fp == NULL)
11      {
```

```
12          perror("打开文件错误");
13          return(-1);
14      }
15      fseek(fp, 0, SEEK_END);//定位到文件末尾
16
17      len = ftell(fp);//相对于文件头的偏移位置
18      fclose(fp);
19
20      printf("file.txt 的总大小 = %d 字节\n", len);//文件的总大小
21
22      return 0;
23  }
```

假设有一个 file.txt 文件，内容是：

```
Hello everyone!
```

编译并运行上面的程序，这将产生以下结果：

```
file.txt 的总大小 = 15 字节
```

项目实践 输出全年的日历

（1）要求

编写程序，输出全年的日历（以下只显示了2020年1月份的日历），并在文件中保存下来，文件名是年.txt，如2020.txt。

----2020年--1月----

一	二	三	四	五	六	日
		1	2	3	4	5
6	7	8	9	10	11	12
13	14	15	16	17	18	19
20	21	22	23	24	25	26
27	28	29	30	31		

需要完成：

① 判别该年份是否是闰年；

② 求出某一个月有几天；

③ 求出该年份每一天是星期几；

④ 按日历格式输出；

⑤ 输出至文件保存起来。

（2）目的

① 理解流、文本文件和二进制文件。

② 掌握文件操作的基本函数：打开、关闭、读、写等。

③ 了解文件指针及文件偏移。

（3）步骤及记录

步骤1：启动Visual Studio 2019。

步骤2：点击菜单项“文件|新建|项目”，选择创建空项目，然后确定解决方案、项目的名称、路径，点击“创建”，如此就建好了一个解决方案和项目。

步骤3：在源文件夹中新建C语言源文件main.c，输入代码，保存。

步骤 4：编译、链接［菜单“生成|生成 xx（项目名称）”］。

步骤 5：运行程序。

（4）参考代码

```
1  #include "stdio.h"
2  #include "string.h"
3  #define PRINT(I)\
4          do{\
5              printf(I);\
6              fprintf(fp,"%s",I);\
7          }while(0);
8
9  int isleapyear(int year)
10  {//闰年:能被 4 整除并且不能被 100 整除（非整百年），或是可以被 400 整除（整百年）
11  return ((year % 4 == 0) && (year % 100 != 0) || (year % 400 == 0)) ? 1 : 0;
12  }
13  int month_days(int month, int year)
14  {//求出每月的天数
15  int day = -1;
16  switch (month)
17  {
18  case 1:case 3:case 5:case 7:case 8:case 10:case 12:day = 31; break;
19  case 4:case 6:case 9:case 11:day = 30; break;
20  case 2:day = isleapyear(year) ? 29 : 28; break;//闰年 29 天,平年 28 天
21  default:break;
22  }
23  return day;
24  }
25  int year_month_first_day(int month,int year)
26  {//求 year 的 month 月的第一天是自公元始的第几天
27  int days, i;
28  days = year - 1 + (year - 1) / 400 + (year - 1) / 4 - (year - 1) / 100;
29  for (i = 1; i < month; i++)
30  {
31  days += month_days(i, year);
32  }
33  return days ;
34  }
35  void show_calendar(FILE *fp,int year)
36  {
37  int month, days, weekday, i, d;
38  char buf[100] = { 0 };
39
40  for (month = 1; month <= 12; month++)
41  {
42      days = year_month_first_day(month, year);
43      weekday = days % 7;
44
45      sprintf(buf, "\t\t----%d年--%d月----\n", year,month);PRINT(buf);
46      sprintf(buf, "一\t二\t三\t四\t五\t六\t日\t\n"); PRINT(buf);//表头
47      for (i = 0; i < weekday; i++) {
48          PRINT("\t");   //输出前面的空格
49      }
50
```

```
51      for (d = 1; d <= month_days(month, year); d++)
52      {//按日历格式，输出日期
53          weekday = days % 7;
54          if (weekday == 6)   //每一星期要换行
55          {
56              sprintf(buf, "%d\n", d); PRINT(buf);
57          }
58          else         //不是星期六的输出后不换行
59          {
60             sprintf(buf, "%d\t", d); PRINT(buf);
61          }
62          days++;
63      }
64      sprintf(buf, "\n"); PRINT(buf);//一整月后换行
65   }
66  }
67  int main()
68  {
69      int year = 2020;
70      FILE* fp;
71  
72      char buf[100] = { 0 };
73      sprintf(buf, "%d.txt", year);
74      fp = fopen(buf, "w");
75      if (fp == NULL)
76  {
77      perror("打开文件错误");
78      return -1;
79  }
80  show_calendar(fp, year);
81  
82  fclose(fp);
83  return 0;
84  }
```

本项目中，要注意文件的操作流程，即打开、读、写、关闭等，同时也请注意闰年的识别算法，以及日历的排版输出格式等。

小　结

1．文件分为文本流文件和二进制流文件，流是程序和流源或流目标之间的桥梁，stdio库中定义了关于文件操作的FILE结构和标准输入输出函数，如printf、scanf等。

2．学习了文件的打开函数fopen和关闭函数fclose，使用fopen时要根据实际需要，注意相关的打开方式（见参数mode），如a、w、r+等。

3．文件的读取有三种方式：格式化输入fscanf、字符输入fgetc/fgets、直接输入fread。相应地，写数据到文件有三种方式：格式化输出fprintf、字符输出fputc/fputs、直接输出fwrite。

4．文件的定位函数fseek，使得可以在文件的指定位置进行文件读写操作，使用时要关注偏移位置量的基准点，如SEEK_SET、SEEK_CUR、SEEK_END。

通过一些实例演示了关于文件操作的相关函数，有了这些函数可以方便地将一些重要信息通过文件进行输出了。

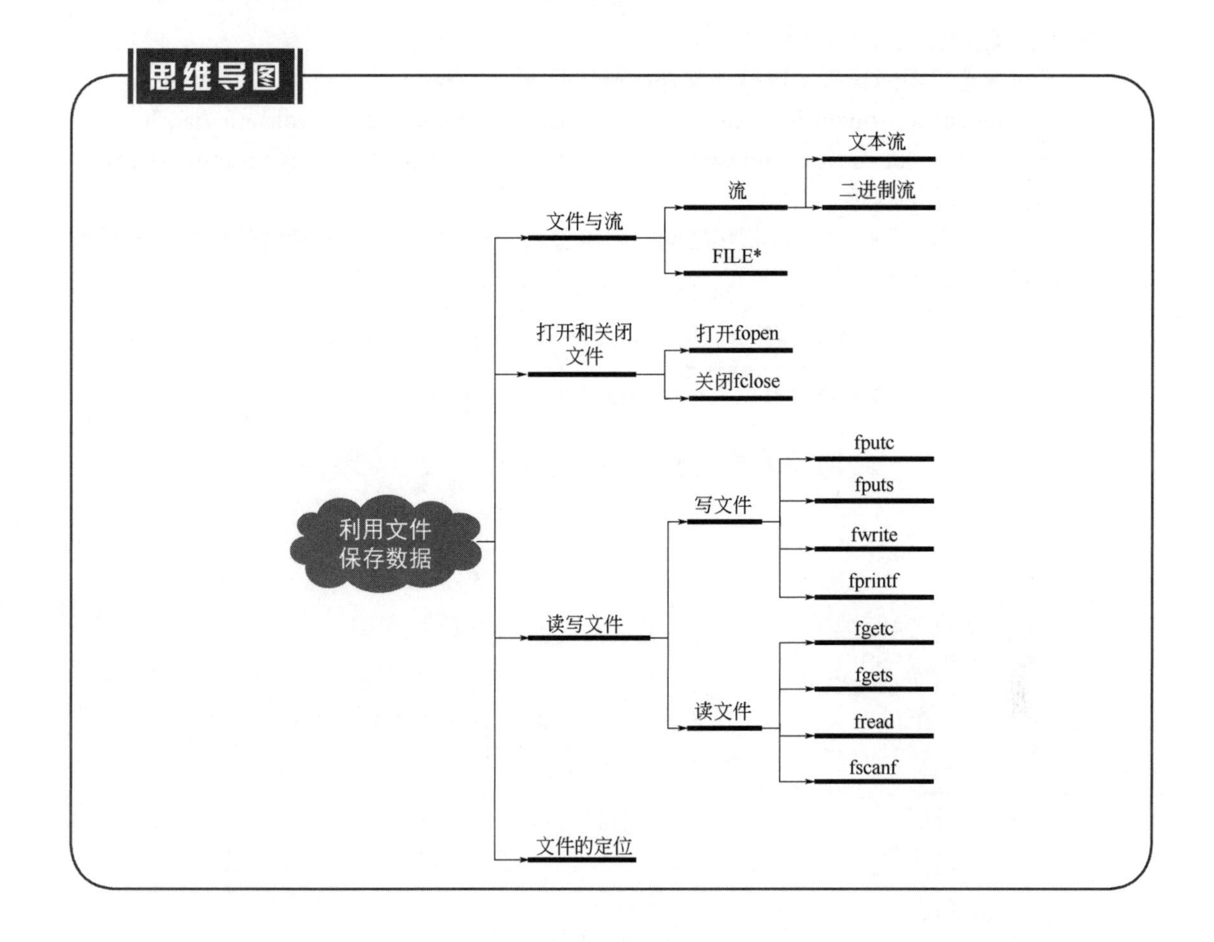

成果测评

一、判断题

1．二进制流中没有任何带特殊含义的特殊字符（如回车），全部被作为数据字节以统一的方式处理。（　　）

2．FILE 结构在“stdio.h”中定义。（　　）

3．rewind 函数将文件指针移动到文件的结尾。（　　）

二、选择题

1．若要用 fopen 函数打开一个新的二进制文件，该文件要既能读也能写，则文件方式字符串应是（　　）。

A．"ab+"　　B．"wb+"　　C．"rb+"　　D．"ab"

2．利用 fseek 函数可实现的操作是（　　）。

A．改变文件的位置指针　　B．文件的顺序读写

C．文件的随机读写　　D．以上答案均正确

3．若以"a+"方式打开一个已存在的文件，则以下叙述正确的是（　　）。

A．文件打开时，原有文件内容不被删除，位置指针移到文件末尾，可做添加和读操作

B．文件打开时，原有文件内容不被删除，位置指针移到文件开头，可做重写和读操作

C．文件打开时，原有文件内容被删除，只可做写操作

D．以上各种说法皆不正确

4．下面各选项中能正确实现打开文件的操作是（　　）。

A．fp = fopen（c：mydir\info.dat, "r"）

B．fp = fopen（c：\mydir\info.dat, "r"）

C．fp = fopen（"c：\mydir\info.dat", "r"）

D．fp = fopen（"c：\\mydir\\info.dat", "r"）

三、简答/分析/编程题

编写一个程序，产生 20 个[10,90]之间的随机整数（题图 17-1），并把这些整数全部写入名为 myresult.txt 的文本文件中。

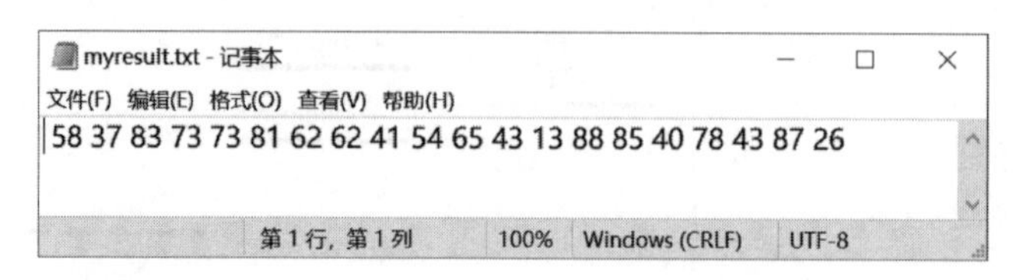

题图 17-1　输出文件的内容

参考代码：

```
1   #include "stdlib.h"
2   #include "stdio.h"
3   #include "time.h"
4   //产生 20 个[10,90]之间的随机整数，并全部写入名为 myresult.txt 的文件中
5   int main(int argc, char* argv[])
6   {
7      FILE* fp;
8
9      int i,n;
10      //创建文件
11      fp = fopen("myresult.txt", "w");
12      if (fp == NULL)
13      {//打开失败
14         printf("文件无法打开！\n");
15         return -1;
16      }
17
18      srand((unsigned)time(NULL)); //设置随机数种子
19      for (i = 0; i < 20; i++)
20      {
21         n = 10 + rand() % 80;
22         fprintf(fp, "%3d", n);
23      }
24      fclose(fp);
25   }
```

第 17 课　配套代码下载

附　录

附录 A　ASCII 码字符表

ASCII（American Standard Code for Information Interchange，美国信息交换标准代码）一共规定了 128 个字符，包括可显示的 26 个字母（大小写）、10 个数字、标点符号以及特殊的控制符（附图 1）。

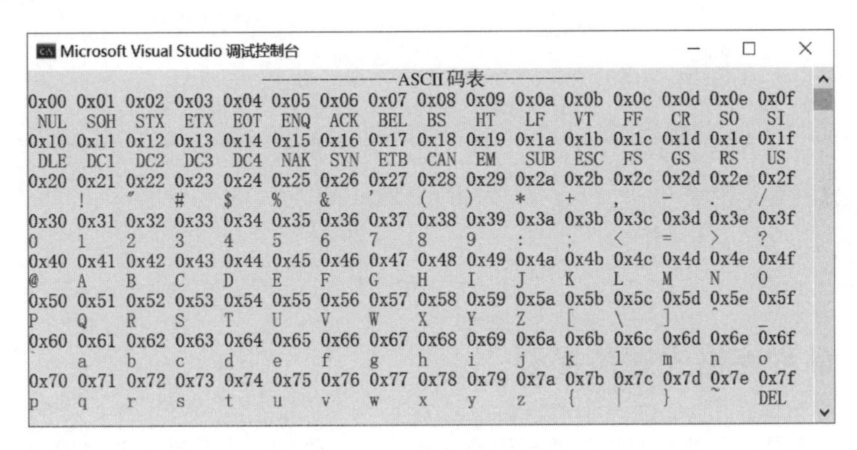

```
Microsoft Visual Studio 调试控制台
---------------ASCII码表-----------
0x00 0x01 0x02 0x03 0x04 0x05 0x06 0x07 0x08 0x09 0x0a 0x0b 0x0c 0x0d 0x0e 0x0f
 NUL  SOH  STX  ETX  EOT  ENQ  ACK  BEL  BS   HT   LF   VT   FF   CR   SO   SI
0x10 0x11 0x12 0x13 0x14 0x15 0x16 0x17 0x18 0x19 0x1a 0x1b 0x1c 0x1d 0x1e 0x1f
 DLE  DC1  DC2  DC3  DC4  NAK  SYN  ETB  CAN  EM   SUB  ESC  FS   GS   RS   US
0x20 0x21 0x22 0x23 0x24 0x25 0x26 0x27 0x28 0x29 0x2a 0x2b 0x2c 0x2d 0x2e 0x2f
      !    "    #    $    %    &    '    (    )    *    +    ,    -    .    /
0x30 0x31 0x32 0x33 0x34 0x35 0x36 0x37 0x38 0x39 0x3a 0x3b 0x3c 0x3d 0x3e 0x3f
0     1    2    3    4    5    6    7    8    9    :    ;    <    =    >    ?
0x40 0x41 0x42 0x43 0x44 0x45 0x46 0x47 0x48 0x49 0x4a 0x4b 0x4c 0x4d 0x4e 0x4f
@     A    B    C    D    E    F    G    H    I    J    K    L    M    N    O
0x50 0x51 0x52 0x53 0x54 0x55 0x56 0x57 0x58 0x59 0x5a 0x5b 0x5c 0x5d 0x5e 0x5f
P     Q    R    S    T    U    V    W    X    Y    Z    [    \    ]    ^    _
0x60 0x61 0x62 0x63 0x64 0x65 0x66 0x67 0x68 0x69 0x6a 0x6b 0x6c 0x6d 0x6e 0x6f
`     a    b    c    d    e    f    g    h    i    j    k    l    m    n    o
0x70 0x71 0x72 0x73 0x74 0x75 0x76 0x77 0x78 0x79 0x7a 0x7b 0x7c 0x7d 0x7e 0x7f
p     q    r    s    t    u    v    w    x    y    z    {    |    }    ~   DEL
```

附图 1　ASCII 码字符表

平时使用时，对于小于 0x20 的控制字符，只需要留意常用的 0x00（空 NUL）、0x07（响铃 BEL）、0x08（退一格 BS）、0x0a（回车 LF）、0x0d（换行 CR）、0x7f（删除 DEL）、0x1b（换码 ESC）等，其余的可在需要时在网上查询。

附图 1 由以下程序输出，可自行验证（涉及输出颜色控制部分设置可参见第 9 课相关内容）：

```
1  #include<stdio.h>
2  #include<stdlib.h>
3  //ASCII 是美国信息交换标准代码
4  #define N 16 //应该是可以被 128 整除的数，以便于输出对齐
5  #define SPACE 32
6  char key_name[][4] = {
7   "NUL","SOH","STX","ETX","EOT","ENQ","ACK","BEL",\
8   "BS ","HT ","LF ","VT ","FF ","CR ","SO ","SI ",\
9   "DLE","DC1","DC2","DC3","DC4","NAK","SYN","ETB",\
10  "CAN","EM ","SUB","ESC","FS ","GS ","RS ","US "
11  };
12  int main()
13  {
14   int i = 0, k = 0;
15
```

```
16  printf("\t\t\t--------------ASCII 码表----------\n");
17  while (i <= 0x7f)
18  {
19      printf("0x%02x ", i);
20      i++;
21      //每 N 个 ASCII 码后需要换行，输出对应的字符
22      if (i % N == 0)
23      {
24          printf("\n");
25          while (k < i)
26          {/* ASCII 码 值小于 0x20 的为不显示的特殊控制字符*/
27              if (k < 0x20) printf("\033[34m%4s \033[0m",key_name[k]);
28              else if(k == 0x7f) printf("\033[34mDEL \033[0m");
29              else
30              {
31                  printf("\033[31m%-4c \033[0m", k);
32              }
33              k++;
34          }
35          printf("\n");
36          k = i;
37      }
38  }
39 }
```

附录 B　C 程序格式规范提要

代码规范不是强制的，但规范的代码有利于阅读、维护，也是许多单位提倡的，具体参见国家标准 GB/T 28169—2011《嵌入式软件　C 语言编码规范》。一般主要体现在**空行**、**空格**、**成对书写**、**缩进**、**对齐**、**代码行**、**注释**七方面的规范上。

（1）空行

空行起着分隔程序段落的作用。空行得体将使程序的布局更加清晰。空行不会浪费内存，虽然打印含有空行的程序会多消耗一些纸张，但是值得。

规则一：定义变量后要空行。尽可能在定义变量的同时初始化该变量，即遵循就近原则。如果变量的引用和定义相隔比较远，那么变量的初始化就很容易被忘记。若引用了未被初始化的变量，就会导致程序出错。

规则二：每个函数定义结束之后都要加空行。

总规则：两个相对独立的程序块、变量说明之后必须要加空行。比如上面几行代码完成的是一个功能，下面几行代码完成的是另一个功能，那么它们中间就要加空行。

（2）空格

规则一：关键字之后要留空格。像 const、case 等关键字之后至少要留一个空格，否则无法辨析关键字。像 if、for、while 等关键字之后应留一个空格再跟左括号，以突出关键字。

规则二：函数名之后不要留空格，应紧跟左括号，以与关键字区别。

规则三：左括号向后紧跟，右括号、顿号、分号这三个向前紧跟，紧跟处不留空格。

规则四：逗号之后要留空格。如果分号不是一行的结束符号，其后要留空格。

规则五：赋值运算符、关系运算符、算术运算符、逻辑运算符、位运算符，如 =、==、!=、+=、－=、*=、/=、%=、>>=、<<=、&=、^=、|=、>、<=、>、>=、+、－（减）、*（乘）、/、%、&（按位与）、|、&&、||、<<、>>、^ 等双目运算符的前后应当加空格。注意，运算符“%”是求余运算符，与 printf 中 %d 的“%”不同，所以 %d 中的“%”前后不用加空格。

规则六：单目运算符 !、~、++、－－、－（负号）、*（取值）、&（取地址）等前后不加空格。

规则七：像数组符号（[]）、结构体成员运算符（.）、指向结构体成员运算符（->），这类操作符前后不加空格。

（3）成对书写

成对的符号一定要成对书写，如 ()、{}。不要写完左括号然后写内容最后再补右括号，这样很容易漏掉右括号，尤其是写嵌套程序的时候。

（4）缩进

缩进是通过键盘上的 Tab 键实现的，缩进可以使程序更有层次感。原则是：如果地位相等，则不需要缩进；如果属于某一个代码的内部代码就需要缩进。

（5）对齐

对齐主要是针对大括号{}说的。

规则一：{ 和 } 分别都要独占一行，互为一对的 { 和 } 要位于同一列，并且与引用它们的语句左对齐。

规则二：{}之内的代码要向内缩进一个 Tab，且同一地位的要左对齐，地位不同的继续缩进。

（6）代码行

规则一：一行代码只做一件事情，如只定义一个变量，或只写一条语句。这样的代码容易阅读，并且便于写注释。

规则二：if、else、for、while、do 等语句自占一行，执行语句不得紧跟其后。此外，非常重要的一点是，不论执行语句有多少行，就算只有一行也要加{}，并且遵循对齐的原则，这样可以防止书写失误。

（7）注释

C 语言中，一行注释一般采用//…，多行注释必须采用/*…*/。注释通常用于重要的代码行或段落提示。在一般情况下，源程序有效注释量必须在 20% 以上。虽然注释有助于理解代码，但注意不可过多地使用注释。

规则一：注释是对代码的“提示”，而不是文档。程序中的注释不可“喧宾夺主”，注释太多会让人眼花缭乱。

规则二：如果代码本来就是清楚的，则不必加注释。例如下面这个就是多余的注释：

```
i++;  //i 加 1
```

规则三：边写代码边注释，修改代码的同时要修改相应的注释，以保证注释与代码的一致性，不再有用的注释要删除。

规则四：当代码比较长，特别是有多重嵌套的时候，应当在段落的结束处加注释，这样便于阅读。

规则五：每一条宏定义的右边必须要有注释，以说明其作用。

附录 C　各种运算符的结合性和优先级

优先级	运算符	名称或含义	使用形式	结合方向	说明	优先级助记口诀
1	[ ]	数组下标	数组名[常量表达式]	左到右		括号成员第一
	( )	圆括号	(表达式)/函数名(形参表)			
	.	成员选择（对象）	对象.成员名			
	->	成员选择（指针）	对象指针->成员名			
2	−	负号运算符	−表达式	右到左	单目运算符	全体单目第二
	(类型)	强制类型转换	(数据类型)表达式			
	++	自增运算符	++变量名/变量名++		单目运算符	
	−−	自减运算符	−−变量名/变量名−−		单目运算符	
	*	取值运算符	*指针变量		单目运算符	
	&	取地址运算符	&变量名		单目运算符	
	!	逻辑非运算符	!表达式		单目运算符	
	~	按位取反运算符	~表达式		单目运算符	
	sizeof	长度运算符	sizeof(表达式)			
3	/	除	表达式/表达式	左到右	双目运算符	乘除余三
	*	乘	表达式*表达式		双目运算符	
	%	余数（取模）	整型表达式/整型表达式		双目运算符	
4	+	加	表达式 + 表达式	左到右	双目运算符	加减四
	−	减	表达式 − 表达式		双目运算符	
5	<<	左移	变量 << 表达式	左到右	双目运算符	移位五
	>>	右移	变量 >> 表达式		双目运算符	
6	>	大于	表达式 > 表达式	左到右	双目运算符	关系六
	>=	大于等于	表达式 >= 表达式		双目运算符	
	<	小于	表达式 < 表达式		双目运算符	
	<=	小于等于	表达式 <= 表达式		双目运算符	
7	==	等于	表达式 == 表达式	左到右	双目运算符	等于不等排第七
	!=	不等于	表达式 != 表达式		双目运算符	
8	&	按位与	表达式 & 表达式	左到右	双目运算符	位与异或和位或八、九、十
9	^	按位异或	表达式 ^ 表达式	左到右	双目运算符	
10	|	按位或	表达式 | 表达式	左到右	双目运算符	
11	&&	逻辑与	表达式 && 表达式	左到右	双目运算符	逻辑与或十一、二
12	||	逻辑或	表达式 || 表达式	左到右	双目运算符	
13	?:	条件运算符	表达式 1? 表达式 2: 表达式 3	右到左	三目运算符	条件十三
14	=	赋值运算符	变量 = 表达式	右到左		赋值十四
	/=	除后赋值	变量 /= 表达式			
	*=	乘后赋值	变量 *= 表达式			
	%=	取模后赋值	变量 %= 表达式			
	+=	加后赋值	变量 += 表达式			

续表

优先级	运算符	名称或含义	使用形式	结合方向	说明	优先级助记口诀
14	-=	减后赋值	变量 -= 表达式	右到左		赋值十四
	<<=	左移后赋值	变量 <<= 表达式			
	>>=	右移后赋值	变量 >>= 表达式			
	&=	按位与后赋值	变量 &= 表达式			
	^=	按位异或后赋值	变量 ^= 表达式			
	|=	按位或后赋值	变量 |= 表达式			
15	,	逗号运算符	表达式，表达式，…	左到右	从左向右顺序运算	逗号最后

附录　配套代码下载

参 考 文 献

[1] 罗坚, 李雪斌, 徐文胜. C 语言程序设计实验教程[M]. 2 版. 北京: 中国铁道出版社, 2016.

[2] PRATA S. C Primer Plus[M]. 姜佑, 译. 6 版. 北京: 人民邮电出版社, 2016.

[3] 党松年, 方泽波. 教孩子学编程: 信息学奥赛 C 语言版[M]. 北京: 人民邮电出版社, 2019.

[4] 张春燕. C 语言从入门到精通[M]. 北京: 人民邮电出版社, 2019.

[5] 彭顺生. C 语言项目式系统开发教程[M]. 北京: 人民邮电出版社, 2016.

[6] EAGLE C. IDA Pro 权威指南[M]. 石华耀, 译. 北京: 人民邮电出版社, 2010.

[7] 谭浩强. C 程序设计[M]. 北京: 清华大学出版社, 2010.

[8] 全国信息技术标准化技术委员会. 嵌入式软件 C 语言编码规范: GB/T 28169—2011[S]. 北京: 中国标准出版社, 2012.